—

*Mit dem Balkenkreuz
zum Mond*

1. Auflage August 2008

Originalausgabe
Copyright © 2008 bei
Kopp Verlag, Pfeiferstraße 52, D-72108 Rottenburg

Alle Rechte vorbehalten

Lektorat: Dr. Renate Oettinger
Umschlaggestaltung: Angewandte Grafik/Peter Hofstätter, München
Satz und Layout: Agentur Pegasus, Zella-Mehlis
Druck und Bindung: CPI – Clausen & Bosse, Leck

ISBN 978-3-938516-67-6

Gerne senden wir Ihnen unser Verlagsverzeichnis
Kopp Verlag
Pfeiferstraße 52
D-72108 Rottenburg
E-Mail: info@kopp-verlag.de
Tel.: (0 74 72) 98 06-0
Fax: (0 74 72) 98 06-11

Unser Buchprogramm finden Sie auch im Internet unter:
www.kopp-verlag.de

Friedrich Georg

Mit dem Balkenkreuz zum Mond

Die verborgene Wahrheit über das
geheime Raumfahrtprogramm des
Dritten Reiches und seine Erben

KOPP VERLAG

*»Deutschland hatte einen so großen Vorsprung vor den Alliierten
in allem, beginnend bei den Raketen bis hin zu suborbitalen
Flugzeugen, dass man sich wundert, wie die den Krieg
verlieren konnten.«*

Steven Cain, Top 1000 reviewer, *www.amazon.com*

*»Dramatische Erfolge im Weltraum symbolisieren die technologische
Macht und organisatorische Kapazität einer Nation. Aus diesen
Gründen tragen große Erfolge im Weltraum zum nationalen
Prestige bei.«*

Memorandum von NASA-Chef James E. Webb und
US-Verteidigungsminister Robert McNamarra an
Präsident John F. Kennedy 1961

Inhalt

Vorwort

Die Raketentechnik gilt neben der Atombombe als wichtigste technische Leistung des Zweiten Weltkriegs. Wie bei den nuklearen Waffen gibt es aber auch in Bezug auf die Raketentechnologie Hinweise, dass hier die Wahrheit noch nicht erzählt wurde.

Eine flatternde Fahne, mysteriöser Staub, verschwundene Sterne und »verlorene« Originalaufnahmen ließen schon bisher unter dem Reizwort »›Apollo‹-Mondfotos« mancherorts Zweifel aufkommen, ob wir es bei der bisher berichteten Geschichte der Weltraumfahrt mit dem größten Bluff der Nachkriegsgeschichte zu tun haben.

Heute wird auf erschreckende Weise immer klarer, dass auf keinem Gebiet so gelogen wurde wie bei der Raumfahrt. Viel zu bedrückend sind die Hinweise auf Walt-Disney-artige Inszenierungen bei den »Apollo«-Mondlandungen. Dazu kommen Betrügereien bei Raummissionen der Amerikaner und Russen sowie das plumpe Verschweigen von Fehlschlägen bis hin zum mutmaßlichen Mord an Astronauten.

Zwischenzeitlich ist nicht einmal mehr sicher, dass Gagarin wirklich der erste Kosmonaut war – sofern er überhaupt jemals die Erde umkreiste.

Trotz allem gilt die Weltraumfahrt aber immer noch als die größte Erfolgsgeschichte der Menschheit, als eine Art Heldenepos mutiger Wissenschaftler, Kosmonauten und Astronauten.

Amerika und Russland sahen im Kalten Krieg die Raumfahrt als entscheidendes Mittel an, die andere Seite propagandistisch mit eigenen Erfolgen im Kampf um die Herzen der Menschheit zu übertrumpfen und das eigene System durch große Erfolge im Weltraum zu stabilisieren. So war für Präsident Kennedy eine führende Rolle im Weltraum in vielerlei Hinsicht der Schlüssel für die Zukunft der USA auf der Erde. Tatsächlich gilt die »Eroberung des Mondes« durch die NASA als einer der Gründe für den Sieg der USA im Kalten Krieg.

Das Problem für Amerikaner und Sowjets war jedoch, dass der Ehrgeiz die eigenen Fähigkeiten überstieg, sodass man über Jahrzehnte Zuflucht zu Lügen und Tricks nehmen musste.

Nach etwa 45 Jahren bemannter und unbemannter Raumfahrt der Großmächte weiß heute immer noch niemand, was in diesen Ländern wirklich alles geschah.

Weder die USA noch Russland hatten ein Interesse daran, dass der – untrennbar mit der glänzenden Fassade der zivilen Raumfahrt verbundene – »dunkle Zwilling« ins Licht der Öffentlichkeit treten konnte. Noch peinlichere Fragen über die Herkunft vieler Ideen und Grundlagen der Raketen- und Raumfahrttechnik hätten das »Heldenepos« vollends zerstören können. Es kann als sicher gelten, dass die wahre und vollständige Geschichte der Raumfahrt bis heute nicht bekannt ist. Dazu gehört, dass die während des Dritten Reiches entwickelten Raketen- und Raumfahrttechnologien die unverzichtbare Basis der Entwicklungen aller anderen Länder in der Nachkriegszeit darstellen.

Die Entwicklung der Deutschen auf dem Hochtechnologiegebiet »Raumfahrt« war den Bemühungen der Siegermächte bei Kriegsende um Jahrzehnte voraus. Allein die Zahl innovativer Luft- und Raumfahrtprojekte 1944/45 sucht bis heute ihresgleichen.

Die Folge der radikalen Übernahme deutscher Entwicklungen in der Nachkriegszeit war ein heute gern verleugneter Technologiesprung der 1945 technisch weitgehend veralteten Materialschmieden USA und Russland.

Dieses Buch wird enthüllen, dass es kein Zufall war, dass keine der Siegermächte sich das Monopol über das Erbe Peenemündes aneignen konnte, obwohl es erbitterte Bemühungen der USA in dieser Richtung gab. Zahlreiche neue Details über die mit Härte geführten Verteilungskämpfe der Alliierten beim Streit um die deutsche Zukunftstechnologie konnten zwischenzeitlich aufgedeckt werden. Das Ganze begann schon lange vor Kriegsende mit Geheimkontakten zu deutschen Stellen und führte zu peinlichen Situationen unter den Siegermächten, über die man heute nur ungern spricht.

Dennoch wird über 60 Jahre nach Kriegsende der Versuch unternommen, all die Ungereimtheiten über Peenemünde und seine Erben aufzudecken. Freilich ist das ein schwieriges Unternehmen, denn gerade die Raketenentwicklung in Deutschland litt besonders unter Bombenangriffen der Alliierten. Selbst kleine und kleinste Entwicklungsbüros wurden, wie die BMW- Raketenabteilung in Zühlsdorf, Opfer gezielt aussehender alliierter Luftschläge. Bei diesen häufig durch Verrat und Spionage verursachten Zerstörungen gingen viele Dokumente für immer verloren.

Neu aufgefundenes Material zeigt aber, dass fast alle der bis heute wesentlichen Entwicklungen der Weltraumfahrt bereits auf deutschen Reißbrettern aufgezeichnet waren. Teilweise waren die deutschen Projekte so zukunftsweisend, dass ihre Realisierung in der Nachkriegszeit noch Jahrzehnte benötigt hätte oder, wie im Falle des Hyperschall-Raumgleiters, nach wie vor auf sich warten lässt.

Der ins Auge fallende Mangel an wirklichen Neuentwicklungen von Raumfahrttechnologien seit 1945 durch die USA oder Russland weist genauso darauf hin, dass das »größte Abenteuer« der Menschheit dringend von Lügen und lieb gewordenen Märchen gereinigt werden muss.

In Bezug auf das von mir bearbeitete Thema gilt jedoch auch der Siddharta zugeschriebene Satz: »Drei Dinge können nicht lange verborgen werden: die Sonne, der Mond und die Wahrheit.«

1. KAPITEL

Wie das größte Abenteuer der Menschheit begann

Vernichtete Wahrheit: Hitlers Geheimarchiv

Nach der Lagebesprechung am 22. April 1945 im Kartenraum des Führerbunkers in Berlin beauftragte Hitler seinen persönlichen Adjutanten und Vertrauten Julius Schaub damit, alles in Berlin, München und in Berchtesgaden zu verbrennen, was sich in seinen Stahlschränken befand. Schaub führte diesen Befehl der restlosen Vernichtung der Dokumente in Hitlers Panzerschränken komplett durch. (1)

Die vernichteten Papiere müssen eine besondere Bedeutung gehabt haben, deren Bewahrung Hitler selbst nach seinem Tod für unbedingt geboten hielt. Schaub berichtete, Hitler hätte sich nur in kurzen Andeutungen über den Inhalt dieser Dokumentenbestände gegenüber ihm und anderen Vertrauten geäußert. Aber auch diese sparsamen Hinweise hätten ihm genügt, um sich ein Bild zu machen. Die meisten dieser Dokumente waren auf Wunsch Hitlers nur in einem Exemplar angefertigt worden, und was sie an wertvollem Inhalt geborgen haben mögen, ist durch die Vernichtung für immer verloren gegangen. Nach den Worten Schaubs sei vieles davon nicht nur historisch, sondern auch für Wissenschaft und Technik verwertbar gewesen. Hitler habe sich sehr häufig Zwischenberichte über alle wichtigen Forschungen und Versuchsreihen erstatten lassen. In erster Linie habe es sich dabei natürlich um kriegstechnische Untersuchungen gehandelt. Schaub berichtete weiter, dass Hitler sich bekanntlich auch gern mit gewaltigen Zukunftsprojekten beschäftigte. So enthielt sein Dokumentenschatz auch viele Planungen solcher Art, beispielsweise über sogenannte »Künstliche Monde«, die neuen Erdsatelliten, die als Zwischenstation für Raketenexpeditionen zunächst zum Mond dienen sollten und die man natürlich auch militärisch zu verwerten gedachte: Von dort hätten gewaltige Raketen auf die Lebenszentren feindlicher Länder abgeschossen werden können. Man glaubte das wenigstens in den Kreisen der Projektanden, und auch Hitler hielt viel davon.

Darüber hinaus war die Vernichtung der Akten in Hitlers Panzerschrank in Wirklichkeit ein letzter Freundschaftsdienst für hochstehende Sympathisanten des Nationalsozialismus in den Ländern der Alten und Neuen Welt. Schaub schrieb, dass 1945 die Eröffnung der Hitlerschen Panzerschränke für die Welt eine Sensation mit unabsehbaren praktischen und wissenschaftlichen Folgen bedeutet hätte. Gleichzeitig wies er auf das Problem der von den Deutschen selbst angeordneten Aktenvernichtung im Dritten Reich hin: Noch niemals in der neueren Zeit seien staatliche und politische Dokumente von solcher Bedeutung und in solchem Maße mit systematischer Gründlichkeit vernichtet worden.

Dieser Sachverhalt erklärt auch die Schwierigkeiten, die bei unseren Nachforschungen auftreten, wenn Geheimentwicklungen der damaligen Zeit, also von 1939 bis 1945, beschrieben werden sollen.

Es bleibt also hauptsächlich die Methode der Zeugenaussagen übrig, wenn es darum geht, Informationen über diverse Geheimprojekte zu gewinnen. Aber auch sie werden den Forschern kein lückenloses Bild vermitteln. Denn erstens sind die wichtigsten Tatzeugen zumeist tot, oder sie haben, wenn sie noch leben, aus Gründen des Selbstschutzes kein Interesse daran, sich zu Wort zu melden. Was aber an Zeugnissen zu ihrer Lebenszeit vorlag, ist durchwegs zum Zweck der Verteidigung erfasst.

Es bleibt die Hoffnung auf unvorhergesehene Entdeckungen vergessener Aktenstücke, Nachlässe und Fotos.

Die vielversprechendste Methode war bis jetzt der Versuch, aus der Fülle der Akten der Siegermächte diejenigen Teile herauszufischen, die aus Versehen oder Unachtsamkeit der Veröffentlichung zugeführt wurden und an nicht auf den ersten Blick erkenntlichen Stellen amtlich Tatsachen bestätigten, die bisher abgestritten worden waren.

Wie die Raumfahrt wirklich entstand

Anders als gern geglaubt wird, war die Raumfahrt keine deutsche Entdeckung. Schon 1885 führte in Kaluga, Russland, der Mittelschullehrer Konstantin E. Ziolkowski als Erster streng wissenschaftlich grundlegende

Untersuchungen zu Problemen der Raumfahrt durch, die er später systematisch mit viel Arbeit über Theorie und Praxis von Raketen- und Raumflugtechnik vertiefte.

Er behandelte Themen wie Raumschiffnavigation mithilfe von Kreiseln, Rückstoßantrieb durch Kugeln und Fragen der Schwerelosigkeit. In seiner Wohnung baute er sogar einen mit einem Gebläse ausgestatteten Windkanal ein. Völlig auf sich allein gestellt erarbeitete er das Grundgesetz über die Raketenendgeschwindigkeit und schlug vor, Flüssigkeitsraketen zu entwickeln.

Ziolkowski war einer der Ersten, die in der Rakete ein Mittel erkannten, der Erde zu entkommen. Er schlug die Stufenrakete ebenso vor wie Satelliten, Sonnenenergie und »Ätheranzüge« (heute Raumanzüge).

Nach vielen Anfeindungen gelang es Ziolkowski um das Jahr 1930 herum, anerkannt zu werden. 1935 verstarb er und erhielt ein Staatsbegräbnis.

Die Arbeiten der deutschen Raketenforscher wie Wernher von Braun, Hermann Oberth und General Dr. Walter Dornberger waren dann die ersten praktischen Schritte zur Verwirklichung der Raumfahrt. Schon damals begann aber die erste große Lüge in der Weltraumfahrt: Der Bau von ballistischen Raketen zur Vernichtung des Feindes wurde zur friedlichen »Raumfahrt« umfrisiert.

General Dr. Walter Dornberger und Wernher von Braun ließen dann auch in der Nachkriegszeit nicht nach, den friedlichen Zweck ihrer Raumfahrtbemühungen in den Vordergrund zu stellen. Wenn es also wirklich wahr sein sollte, dass die deutschen, russischen und amerikanischen Ingenieure ihre Raketen ausschließlich für Reisen in den Weltraum, zum Mond und zu anderen Planeten bauen wollten und ihre Arbeitgeber mit militärischen Projekten täuschen konnten, waren ihre Ergebnisse nicht besonders überzeugend: Ungefähr zehn zivilen Raketen, die angeblich zum Mond flogen, standen Tausende Atomraketen gegenüber, die Menschen vernichten sollten. – Man kann es aber auch anders formulieren: »Wernher von Braun zielte mit seinen Raketen auf die Sterne, traf aber zufällig immer London.«

Als Deutschland zum Mond fliegen wollte: Weltraumträume im Dritten Reich

1938 begannen die »Bavaria Filmkunst«-Ateliers einen Science-Fiction-Film unter dem Titel *Weltraumschiff I startet* zu drehen. Dafür wurde ein geschossförmiges Weltraumschiffmodell mit einer Länge von 50 Zentimeter konstruiert, das über Stummelflügel verfügte. Der Film wurde unter der Regie von Anton Kutter unter der technischen Leitung von Ingenieur Fritz Beck gedreht. (2)

Als der Krieg ausbrach, stoppten die Deutschen derartige Filme. Jedoch wurde ein Filmfragment daraus 1940 als Teil des Dokumentarfilms *Geschichte der Raketenentwicklung* in die deutschen Kinos gebracht. (3) *Weltraumschiff I startet* bildete hier den grandiosen Abschluss des Filmes: Das Raumschiff wird beim Start aus einem ehemaligen Zeppelinhangar gezeigt und umkreist nach seinem Katapultstart schließlich erfolgreich den Mond in 1200 Kilometern Höhe.

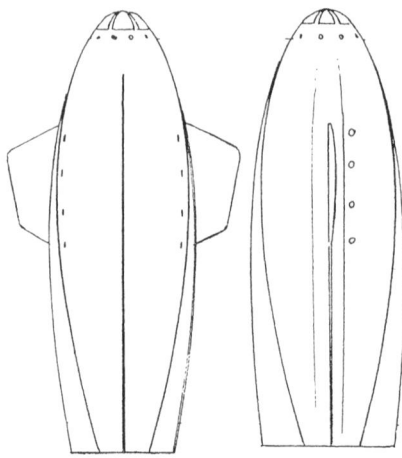

Wie bei den heutigen modernen Raumflügen, wurde auch schon im Film von 1938 der Ablauf des Fluges von Beobachtungsstationen in weit entfernten Ländern und Erdteilen verfolgt und aufgezeichnet. Im Film wird eine imaginäre Beobachtungsstation auf dem Kilimandscharo in »Deutsch-Ostafrika« genannt. Den Zuschauern wurde so nebenbei suggeriert, dass die englische Kolonie Kenia wieder ein deutsches Schutzgebiet geworden war.

»Weltraumschiff I« – nach dem Modell aus dem deutschen Propaganda-Science-Fiction-Film von 1938/40

Auch hier sieht man den Optimismus des Jahres 1940 hervorscheinen, als das Kriegsende schon nahe bevorzustehen schien. Im Überschwang der Erwartung dieser Sommertage des Jahres 1940 begannen bereits zivile Zukunftsforschungsvorhaben Gestalt anzunehmen. Die wissenschaftliche Leitung des Filmes verlegte den ersten bemannten Mondflug auf das Jahr 1963. In Wirklichkeit sollte es noch bis 1969 dauern, bevor mit dem Raumschiff »Apollo 11« der erste Mondflug erfolgen konnte.

Die gescheiterten Hoffnungen auf ein Ende des Zweiten Weltkriegs ließen *Weltraumschiff I startet* bald wieder in den Archiven verschwinden. Das Weltraumschiff wurde aber wirklich während des Zweiten Weltkrieges erfunden. Manche sagen zufällig, manche sagen absichtlich.

Mit der Realität der A-4 wurde der Griff nach dem Weltraum vom völlig

spekulativen Gedanken zur realen Möglichkeit. Nur, dass mitten im erbittert geführten Weltkrieg der Zweck dieser Bemühungen klar auf der Hand
liegen musste …

Von Brauns Weltraumpläne und das
Heereswaffenamt – eine weitere Legende wird zerstört

Bereits 1935 diskutierte Wernher von Braun mit dem Chef des Heeres-
waffenamtes General Dr. Karl Becker auf der Versuchsstelle West in
Kummersdorf über die Möglichkeiten der Raumschifffahrt. Die Pläne über
Raketenflüge zum Mond und Mars wirkten auf den General nach den
Worten von Arthur Rudolph (4) nicht abschreckend, wie zu erwarten
gewesen wäre; vielmehr wurde dieses Treffen zum Fundament für die
weitere Zusammenarbeit zwischen Forschern und Militärs! Damit war
schon vor der Gründung Peenemündes klar, dass von Brauns Weltraum-
pläne mit Wissen und Hilfe der Wehrmacht realisiert würden. Es kann
daher künftig keine Rede mehr davon sein, dass dies heimlich oder gegen
den erklärten Willen der zuständigen Militärs geschah.

Pläne für den Krieg aus dem All –
Teil 2 der Weltraumträume im Dritten Reich

Als Hitler am 7. Juli 1943 General Walter Dornberger, Wernher von Braun
und Minister Albert Speer empfing, war dies auch der »offizielle« Beginn
von Deutschlands Raumfahrtprogramm.
Hitler erklärte danach über Wernher von Braun: »Dieser junge Gelehrte hat
eine Rakete herausgebracht, deren Prinzip alle bekannten ballistischen
Gesetze umwirft. Ich bin überzeugt, dass dieser junge Wissenschaftler
recht hat, wenn er sagt, dass seiner Ansicht nach stärkere Raketen in der
Lage wären, das die Erde umgebende Nichts zu erforschen und vielleicht
sogar einige Planeten unseres Sonnensystems. Von Braun werden wir die
Enthüllung großer Geheimnisse zu verdanken haben.« (5)
Natürlich sollte das deutsche Raumfahrtprogramm in Kriegszeiten nicht
der Forschung dienen, sondern es wurde wohl als eine der Möglichkeiten

aufgefasst, mit dieser »Raumrevolution«, wie sie Hitler nannte, (6) Deutschlands künftige Herrschaft auf lange Sicht sichern!

Der zivile »Griff nach den Sternen« dürfte folgerichtig kaum die Rolle gespielt haben, die heute den angeblichen »Peenemünder Träumern« gern zugestanden wird. Die Bedeutung einer erfolgreichen Landung auf dem Mond war dem Führer aber nicht entgangen und er versprach Wernher von Braun, dass er seine Mondrakete nach Kriegsende bauen dürfe. Ein Engländer sprach deshalb 1946 den lakonischen Satz aus: »Hitler wanted the moon«, als er über die letzten Peenemünder Projekte referierte. Vorher hatte er von Braun verpflichtet, dass seine Raketen mithelfen mussten, den Sieg zu erringen.

Auch die SS strebte einer Mitteilung des Adjutanten von Obergruppenführer Dr. Kammler zufolge nach Weltraumwaffen. (7)

Der solchen Zukunftsprojekten zugrunde liegende Gedanke dürfte möglicherweise der gewesen sein, dass Hitler damit rechnete, dass selbst nach einem gewonnenen Krieg andere Staaten früher oder später ebenfalls über nukleare Waffen verfügen würden.

Als Herrscher über den Weltraum hätte er dann aber auch diesen Ländern seinen Willen aufzwingen können! Plante Hitler für die Zukunft die Kriegsführung aus einer neuen Dimension?

Bereits drei Tage nach ihrer Gefangennahme im Mai 1945 sollen führende Wissenschaftler des nach Kochel verlegten Peenemünder Windkanals gegenüber den anfangs noch ungläubigen Agenten der *US Naval Technical Mission* die erregenden Details aus dem Weltraumprogramm des Dritten Reiches ausgeplaudert haben. (8)

Daraufhin begann eine systematische Befragung durch die alarmierten Alliierten.

Dazu trat Major Robert B. Staver unter der Führung von Oberst Gervais Trichel, dem Chef der Raketenabteilung des Pentagons in Europa, in Aktion. (9)

Die US-Armee hatte damals im Prominentenlager von Garmisch-Partenkirchen alles, was an deutschen Raketenspezialisten verfügbar war, zusammengezogen. Schließlich wurden dort 400 deutsche Spezialisten und Wissenschaftler konzentriert. Einer nach dem anderen mussten sie lange Verhöre über sich ergehen lassen. Den Amerikanern eröffnete sich eine neuartige Welt bei den Verhören der deutschen Forschern. Sie sprachen über Reisen in den Weltraum, über interkontinentale ballistische Raketen, künstliche Satelliten (damals »Künstliche Monde« genannt) und andere, nicht weniger fantastische Pläne.

SCIENCE

Extra-Atmospheric War

It will not come in a year, nor perhaps in ten years, but U.S. scientists and military lookers-ahead are already planning soberly for war beyond the atmosphere. Eventually, they are convinced, the earth can be decked out with man-made satellites, revolving in orbits hundreds of miles out, keeping baleful watch with instruments on man's little world. Even before that day, they believe missiles can be sent through the atmosphere's outer reaches, and directed to hit any target on earth.

Such developments had been long predicted, but usually by freewheeling prophets or Buck Rogers artists who ignored an obvious deficiency: power supply. No known fuel contained enough chemical energy to lift a useful payload above the atmosphere. But new knowledge of the possibilities of atomic power (details secret) has changed all that.

Levels of World War III. Military scientists agreed that it was neither practical nor safe to try for the "ultimate weapon" in one jump. It would have to be reached step by step. Furthermore, war might come before it was ready, so the in-between steps had to be taken first, anyhow. The climb toward extra-atmospheric warfare would be in three stages.

First stage will be vastly improved airplanes stemming from conventional designs. If the scientists are right, they will fly faster than sound, climb to the lower edge of the stratosphere, be bigger and longer-ranged than anything now known. Their functions: patrolling, old-fashioned atomic bombing, fighting their enemy opposite numbers.

Middle Level. Chemical-fueled rockets, V-2 and its relatives, will fill the second stage of preparation for war. Thanks to the Germans, they are already effective weapons-in-being, known in Russia and Britain as well as in the U.S. If war were to start in five years, improved V-2s with atomic warheads might be the dominant weapons.

At the end of the war in Europe, Nazi scientists had designed, but never tested, several advanced rockets. One, the A-9, had wings. When it plunged into denser air from the top of its trajectory, it was expected to glide for 1,500 miles before striking the earth. The A-10, even more ambitious, was a composite rocket, weighing 85 tons. Part would drop off at 15 miles up, allowing the remainder, an A-9, to reach an altitude of 165 miles. Theoretical range: 3,500 miles. The German A-14 was still secret last week, which might mean that either the U.S. or Russia does not have its details.

V-2 type rockets will be intensively improved in the U.S., and presumably elsewhere. Radio controls are being refined; atomic warheads will make the pinpoint accuracy of World War II unnecessary.

Scientists are also busy on defense. The

Army has a smallish rocket called GAP. (Ground to Air Pilotless Aircraft) "believed capable of seeking out and destroying enemy weapons." Fired in salvos toward V-2s picked up by radar, GAPA and its successors might "home" on them by magnetic attraction or heat radiation and destroy them high in the air.

Into the Blue. Ten years of uneasy peace, say military scientists, should bring outer space missiles close to maturity. By that time atomic power (looking constantly better) should give them enough energy to travel almost anywhere in space at almost unlimited speed.

Such a missile could easily be turned into a satellite. If made to move at the proper speed outside the atmosphere's drag, it would settle itself on a stable orbit, circling the earth indefinitely. Such satellites might serve as observation posts or radio relay stations. They could be "called down" to their base (or upon an enemy city) by proper use of their atomic power plants.

Basic Research. These triumphs of technology, if not of cultural achievement, will require an enormous amount of basic research. During the war, the world used up its accumulation of unutilized discoveries in physics. Theoretical mysteries were left unsolved while scientists worked feverishly on practical applications like radar and atomic bombs. Now the nation's research reservoir will have to be filled again.

This is being done. Government funds are pouring into universities and special foundations for laboratories packed with costly apparatus. The Navy is paying a Harvard astronomer for work on meteors, which had never before attracted an admiral's eye. Both Army and Navy are helping M.I.T. to study cosmic rays.

Both projects are typical of the push for outer space. Meteors are nature's flak, which space ships must withstand. Cosmic rays, mysterious high-energy particles striking into the atmosphere from outside the solar system, are another kind of spatial flak. They play tricks with electrical apparatus at high altitudes, may do other damage which science needs to know about.

Cosmic rays, besides, are the only dependable source of "mesons," subatomic particles of varying size whose properties are only vaguely known. They seem to be associated with the atom's nucleus while not forming part of it. Scientists believe they may guide the world to a vastly more violent source of atomic energy.

Eciton Matriarchy

Dr. Theodore Christian Schneirla of the New York Museum of Natural History has one absorbing interest in life. An animal psychologist of renown, he would rather study the army ant than any insect he knows. Last week he was back in Manhattan from the Canal Zone with new lore about the most predatory of ants and its life in a society of fierce complexity.

Army ants march through tropical forests in narrow, hurrying columns or large

OUTWARD BOUND

Atom-powered, radio controlled satellite ships

200 mi.- Fringe of earth's atmosphere

165 mi.- German-designed A-10 theoretical range 3500 mi.

Cosmic rays from outer space

104 mi.- New Mexico V-2

65 mi.- Wartime V-2

Aurora

13.7 mi.- Balloon
12 mi.- Future airplane ceiling
7.5 mi.- B-29
Earth

TIME, Diagram by R.M.C.

Schon 1946 sprach die Zeitschrift Time *vom »extra-atmosphärischen Krieg« – und bildete einen wie der spätere »Sputnik« aussehenden, atomar betriebenen, funkgesteuerten Satelliten ab. All diese Zukunftsprojekte stammten direkt von deutschen Reißbrettern!*

Dies war die Geburtsstunde des amerikanischen Weltraumprogramms als direkte Folge von Hitlers »Raumrevolution«.

In umfangreichen, dort zusammengetragenen Protokollen wurde alles auf das Genaueste enthüllt: technische Einzelheiten, wissenschaftliche Fragen, Arbeitsbedingungen, Erfolge und Misserfolge. Ein großer schwarzer Band, der bis zum heutigen Tag in den Archiven der US-Armee in Alexandria (Virginia) aufbewahrt wird, enthält den Gesamtbericht aller Vernehmungen. Bis jetzt sind daraus nur Teile freigegeben worden.

Nach Angaben von General Dr. Dornberger, die in der März-Ausgabe des Magazins *Astronautics* aus dem Jahr 1958 publiziert wurden, sah Hitlers Raumfahrtprogramm zehn Entwicklungsstufen vor. (10) Es wurde bereits 1942 in Peenemünde aufgestellt:

1. Automatische einstufige Langstreckenraketen (A4)
2. Automatische Langstreckengleiter (A-9A, A-4B)
3. Bemannte Langstreckengleiter (A-9B, A-6, A-4Bp)
4. Automatische Mehrstufenraketen (A9/10 – die Amerika-Rakete)
5. Bemannte Weltraum-Überschallgleiter (A-9B/10, Sänger-Antipodenflugzeug)
6. Unbemannte Satelliten (künstlicher Mond – A11?)
7. Bemannte Raketenfähren zu Satellitenbahnen
8. Bemannte Satelliten
9. Unbemannte Raumfahrzeuge für Interplanetarexpeditionen
10. Bemannte Raumfahrzeuge für Interplanetarexpeditionen

Wie weit man bis zum 8. Mai 1945 gelangte und was die Siegermächte mit diesem Wissen anfingen, soll Gegenstand dieses Buches sein. Das »größte Abenteuer der Menschheit« hatte deutsche Väter!

2. Kapitel:

Der dunkle Zwilling
der Raumfahrt

Der Stoff, aus dem die Raumfahrt entstand, oder:
Rakete plus Atombombe gleich Weltmacht

Auch wenn es heute nicht in die politische Landschaft passt, so liegt das erste große Ziel des deutschen Raketenprogramms dennoch klar auf der Hand: der Transport von Atomladungen durch neuartige Trägersysteme, gegen die eine Abwehr nicht möglich war. Dies galt für die A-4 genauso wie für die A-9 und die »Amerika-Rakete«. Zukunftsprojekte sahen noch weitere interkontinentale oder aus dem Weltraum abzuschießende Atomraketenkonzepte vor. Die Führungsspitze des Dritten Reiches erwartete vom Einsatz dieser Waffen nichts anderes als das Ende des Krieges.

Nach dem Zweiten Weltkrieg setzten die Siegermächte alles daran, die Unterlagen, Waffenprototypen und Raketenkonstrukteure Hitlers in die eigenen Hände zu bekommen.

Ein Problem war nur, dass man auf alliierter Seite öffentlich nicht eingestehen wollte, dass die Deutschen überhaupt an einer Atombombe gearbeitet hatten, denn schließlich sollte die Nuklearwaffe Sinnbild für die Überlegenheit der Alliierten-Technologie sein.

Welchen Sinn hätte es ergeben zu erklären, dass die Deutschen bereits nukleare Sprengköpfe auf Raketen mit Hunderten, wenn nicht gar Tausenden von Kilometern Reichweite montierten, während die Amerikaner ihre eigenen Atombomben noch mit veralteten viermotorigen Propellermaschinen des Typs B-29 transportieren mussten? Zum Glück für die USA hatten die Japaner ab Juni 1945 ihre Jagdabwehr kaum mehr im Einsatz, um sie für die Abwehr einer gefürchteten amerikanischen Invasion in Reserve zu halten. Die Japaner glaubten auch immer noch an – seit dem Zusammenbruch des Dritten Reiches veraltete – Agentenmeldungen, die von großen amerikanischen Schwierigkeiten beim Atombombenprojekt sprachen. So schenkte man den einzelnen einfliegenden Boeing-B-29-Bombern auf ihren Hiroshima- und Nagasaki-Flügen vonseiten der japanischen Luftverteidigung fatalerweise keine große Bedeutung.

Natürlich konnte man sich in der Nachkriegszeit auf das erneute Eintreten eines solchen Glücksfalls nicht mehr verlassen. So war der Beginn der »zivilen Raumfahrt« 1945 in Wirklichkeit der Beginn der Atomraketenrüstung der Nachkriegszeit.

Endlich: dokumentarischer Bericht für das deutsche Atombombenprojekt

Neu aufgefundene amtliche Geheimdokumente der USA sprechen dann auch das aus, was bisher nie zugegeben worden war.

Am 15. Juli 1946 veröffentlichte das Büro des amerikanischen Marinegeheimdienstes die als »Top Secret« eingestufte Studie No. 13/1 unter dem Titel »Signifikante Entwicklungen und Trends bei Flugzeugen und Luftantrieben, Luftabwehr und gelenkten Raketen«.

In Kapitel 3 des Dokuments, das sich mit den diesbezüglichen Entwicklungen der UdSSR beschäftigte, ging es um die Abschätzung der Gefahren, die vom Einströmen neuer deutscher Militärtechnologien in den sowjetischen Machtbereich ausgingen. Die Amerikaner ließen sich dabei von dem richtigen Schluss leiten, dass das russische Raketenpotenzial nur zutreffend beurteilt werden könne, wenn man dazu das deutsche Lenkraketenprogramm heranzog, das in russische Hände gefallen war

In dem US-Dokument wurde bestätigt, dass die A-4- bis A-10-Raketen bis zu dem Punkt entwickelt wurden, an dem die Deutschen die sich aus ihnen ergebenden Möglichkeiten voll einschätzen konnten. Liegt hier zunächst »nur« ein Hinweis auf die weit fortgeschrittene Entwicklung der A-10 vor, wird das Dokument unter dem »Punkt E: Russische Atomenergie« völlig klar in seiner Aussage. Der Marinegeheimdienst schrieb: **»Die Entwicklung von Atomwaffen und gelenkten Raketen geht Hand in Hand. Es waren die Deutschen, die realisierten, dass die Rakete ›das ideale Vehikel für atomare Gefechtsköpfe‹ darstellte, und es ist nachgewiesen, dass sie vorhatten, die A-4 (V-2)-Rakete als ein solches Vehikel zu benutzen (…)«**

Links und unten (Auszug): Neu entdeckte US-Dokumente beweisen, dass die Deutschen auf dem Gebiet der Atomphysik viel größere Fortschritte erzielten, als bisher behauptet wurde.

An anderer Stelle des Dokumentes (Punkt h, Seite 27 unten) wird erwähnt, dass deutsche Wissenschaftler große Fortschritte bei der Entwicklung der H-Bombe erzielt hätten. Darauf wird in einer anderen Veröffentlichung zu gegebener Zeit noch einzugehen sein.

Die USA mussten richtigerweise davon ausgehen, dass die deutschen Pläne zur Schaffung nuklear bewaffneter Interkontinentalraketen nach Kriegsende auch in andere Hände als die ihrigen gefallen sein konnten.

General Arnold bereitete deshalb die US-Öffentlichkeit im November 1945 auf diese Möglichkeit in einem groß aufgemachten Beitrag im Magazin *Life* vor.

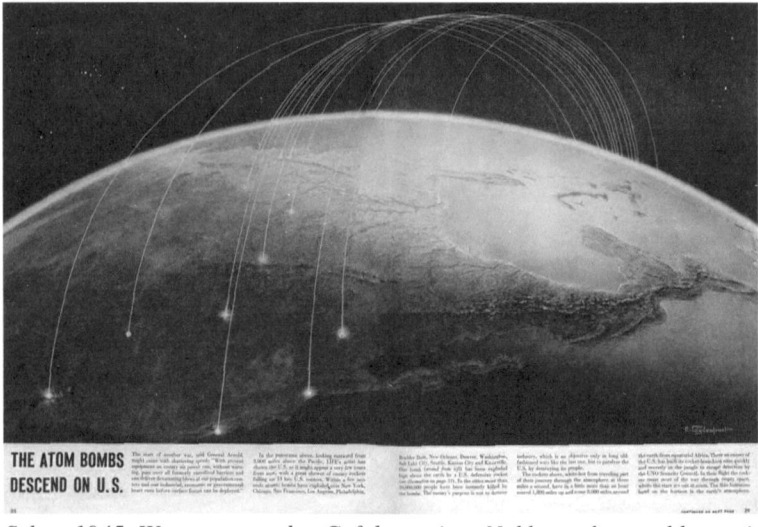

Schon 1945: Warnung vor den Gefahren eines Nuklearraketenschlags mit deutscher Beutetechnik gegen die USA

Amerikas Luftspionagekrieg: eine Spätfolge des deutschen Siegeswaffenprogramms?

Die Furcht vor einem überraschenden feindlichen Nuklearraketenschlag führte nach 1945 u. a. zum US-Weltraumprogramm. Das Problem war, dass auch die Sowjetunion mit dem »Dunklen Zwilling« in Kontakt gekommen war, als ihre Truppen in Deutschland einmarschierten. Da man den Russen eine schnelle Übernahme der deutschen Technologie zutraute, wollte man sich Gewissheit verschaffen. Tatsächlich beriet eine hochrangige sowjetische Kommission unter Leitung des später Berühmtheit erlangenden Raketenkonstrukteurs Koroljow am 27. und 28. März 1946 in Berlin über die Übernahme der A-9/A-10 als Trägermittel für Atombomben. Alternativ bewertete man ein deutsches Raketenprojekt mit einem Gewicht von 180 Tonnen und eine Reichweite von 4000 bis 7000 Kilometern. (11A)

Am 10. Mai 1949 startete vom japanischen Flugplatz Misawa ein amerikanisches Aufklärungsflugzeug vom Typ Lockheed RF-80A zu einem heimlichen Überflug der Sowjetunion. Dieser Tag gilt heute als der Beginn einer groß angelegten, geheimen Luftaufklärungskampagne der Amerikaner (mit zusätzlicher Hilfe britischer und taiwanesischer Piloten) gegen die Sowjetunion und ihre Verbündeten. (12, 13)

Inoffizielle Aufklärungsflüge hatten schon Jahre vorher begonnen. Wahrscheinlich muss der Sommer 1946 als Anfangsdatum angesehen werden. Damals überflogen Flugzeuge mit englischen und amerikanischen Kennzeichen rein (?) zufällig häufig die wieder in Betrieb genommenen ehemaligen deutschen Raketenwerke in Thüringen, die jetzt unter der Bezeichnung »RABE«-Organisation für die Russen arbeiteten. 1947 stiegen viermotorige amerikanische Stratosphärenflugzeuge des seltenen Typs Republic XF-12 »Rainbow« von japanischen Flugplätzen zu strategischen Fotoaufklärungsflügen nach Ost Sibirien auf. (14) Die XF-12 war in der Lage, bei einem einzigen Flug eine Strecke von der gesamten Ost-West-Breite der USA auf einem 325 Fuß langen Fotostreifen aufzunehmen. Später flog das damals in großen Höhen fast unverwundbare »Fliegende Fotolabor« seine Sibirienflüge auch von Kanada und Alaska aus. Schließlich wurden alle möglichen Aufklärungsflugzeuge in den immer gefährlicher werdenden Luftraum des damaligen »Ostblocks« geschickt.

Dieser geheime Luftkrieg dauerte bis weit über den Abschuss der amerikanischen Lockheed-U-2-Aufklärungsmaschine am 19. August 1960 über der Sowjetunion hinaus an. Am Ende wurden über 40 westliche Flugzeuge von der östlichen Luftabwehr abgeschossen. Einige der »Aufklärer«, darunter oft umgebaute alte Transporter und Weltkriegsbomber, wurden schon über internationalem Luftraum von Abfangjägern gestellt und vernichtet. Hunderte von westlichen Luftwaffenangehörigen starben dabei oder blieben bis heute vermisst. Der eigenen Öffentlichkeit gegenüber wurden diese Verluste als »Trainingsunfälle« deklariert.

Es gibt Anhaltspunkte, dass dieser geheime Aufklärungsluftkrieg von Anfang an in Zusammenhang mit Hitlers ehemaligen Siegeswaffen stehen könnte. Während die Öffentlichkeit der Siegermächte nach Kriegsende noch stolz auf ihren totalen Sieg über Hitler-Deutschland und das verbündete kaiserliche Japan war, kamen in den westalliierten Kreisen, die wussten, welche Waffen auf Feindseite beinahe noch in letzter Minute zum Einsatz gekommen waren, Sorgen um die Zukunft auf.

So berichtete der US-General George C. Marshall am 10. Oktober 1945 in der englischen Zeitung *Daily Mail*, dass die USA in einem erneuten Kriegsfall und vorausgesetzt, die Gegner verfügten über eine ähnliche Geheimwaffentechnologie, wie sie die Deutschen hatten, vollständig vernichtet würden. Er fuhr fort, dass viele Amerikaner bis jetzt nicht die Implikation verstanden hätten, die sich aus der Auseinandersetzung mit Berlin und Tokio ergeben würde. Städte wie New York, Pittsburgh, Detroit, Chicago oder San Francisco könnten künftig Ziele von Angriffen sein und innerhalb weniger Stunden von anderen Kontinenten aus vernichtet werden. Der deutsche Luftwaffenchef Göring habe bei seiner Festnahme erklärt, so Marshall weiter, dass die USA in zwei Jahren das Ziel massiver Raketenangriffe geworden wären. Erste Angriffe wären aber bereits sehr viel früher erfolgt. (15)

Nachdem die Amerikaner bei Kriegsende voller Überraschung feststellen mussten, wie weit die deutschen Siegeswaffenpläne fortgeschritten waren, wollte man sich nicht zum zweiten Mal auf sein Glück verlassen, denn die Russen hatten einen großen Teil von Hitlers Geheimwaffen erbeutet.

Gleich nach der Abtretung von Thüringen an die Sowjets bildeten die USA und Großbritannien deshalb die *Special Projectiles Operations Group*. Ihre Aufgabe war, die Versuche der Russen zur Rekonstruktion des deutschen Raketen- und Flugkörperprogramms geheimdienstlich zu observieren. Nach anfänglichen Erfolgen, wie der Einschleusung von eigenen Agenten in die von den Russen »wiedereröffneten« Anlagen von Nordhausen, scheiterte die Mission bis Frühjahr 1946 am gnadenlosen Vorgehen der sowjetischen NKVD- und MVD-Geheimdienste. (16)

Übrig blieb nur die Luftaufklärung, und bereits ab Juli 1946 überflogen englische und amerikanische Aufklärer die ehemaligen deutschen Produktionsstätten. Auch Peenemünde wurde »besucht«.

Die amerikanischen Sorgen wurden noch durch Kriegsrückkehrer bestätigt. So berichtete der aus russischer Gefangenschaft entkommene Wissenschaftler Dr. Tellmann im *Spiegel* Nr. 42 (13. Oktober 1949) »… V-2-Typen jeder Serie standen den Russen zur Verfügung. Besonders weit entwickelt schien die Serie A-8 zu sein, deren V-2-Geschosse eine Reichweite bis zu 800 km haben und den Atlantik in 42 Minuten überqueren können (…).« (25). Es musste also etwas getan werden!

Die späteren geheimen amerikanischen Spionageflüge über dem Ostblock gehen letztendlich auf Richard S. Leghorn zurück. Mit einem Abschluss des *Massachusetts Institute of Technologie* (MIT) war Leghorn einer der führenden amerikanischen Luftaufklärungsspezialisten im Zweiten Weltkrieg. Gleich nach Kriegsende war er damit beauftragt worden, auch die »Crossroads«-Atombombentests fotografisch festzuhalten. Leghorn kannte so aus eigener Ansicht die Gewalt, die von Atombombenexplosionen ausging. Daneben war er auch gründlich über die ehemaligen deutschen Geheimwaffenentwicklungen informiert.

Mit Protektion von höchster Stelle entwickelte er das Konzept der heimlichen Luftaufklärung unter dem Gesichtspunkt, dass nur so eine Gewähr bestehen konnte, dass die USA nicht (erneut) von einer feindlichen Macht mit Atombombenangriffen überrascht werden konnten. Dies war nach seinen Worten der einzige Weg, um die Vereinigten Staaten gegen ein atomares Pearl Harbor zu schützen. Besonders wichtig war ihm, dass die Kombination der Atombombe mit ferngelenkten Projektilen von ozeanübergreifender Reichweite eine Möglichkeit darstellt, die gleichzeitig schrecklich und furchterregend sei. Hatte General Marshall nicht das Gleiche gesagt?

Die Folge dieser Nachwirkung von Hitlers Interkontinentalwaffen war ein unerklärter Krieg in der Stratosphäre. Er führte nicht nur auf beiden Seiten zu politischen Spannungen, sondern es bestand dabei auch immer die Möglichkeit, dass sich ein Luftzwischenfall aus Versehen zum Dritten Weltkrieg weiterentwickelte.

Mit der Entwicklung der Spionagesatelliten wurden die gefahrvollen Aufklärungsflüge dann immer überflüssiger.

Tatsächlich waren die Sorgen der Amerikaner vor russischem Nachbau-A-10 oder -A-11 in den 1940er-Jahren verfrüht. Schon auf der Berliner Konferenz von März 1946 hatten die sowjetischen Ingenieure erkennen müssen, dass es in der Sowjetunion auf absehbare Zeit keine wissenschaftliche und industrielle Basis für den direkten Bau von Interkontinentalraketen gab und man zuerst die Technik der A-4 mithilfe deutscher Wissenschaftler bewältigen musste (15A).

A-9/11-Flugbahn   Sänger-Orbitalgleiter-Flugbahn

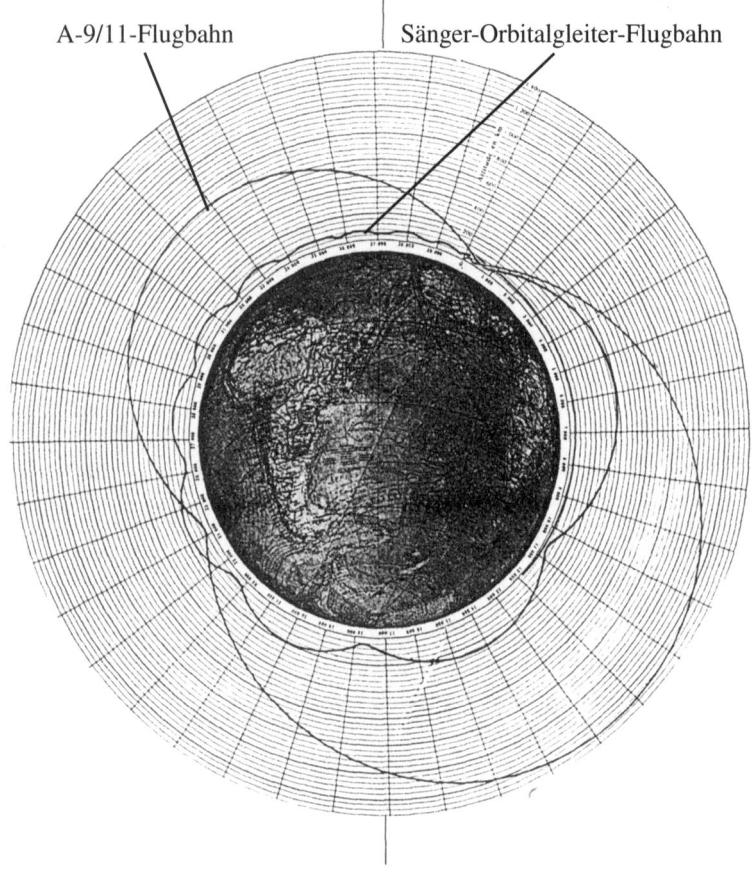

3. Kapitel:

»... und morgen die ganze Milchstraße«? – das deutsche Raumfahrtprogramm 1942–1945

Erdumkreisungspläne aus der Kriegszeit?

1950 veröffentlichte der Franzose A. Ananoff in seinem Buch *L'Astronautique* (*Librairie Arthéme Fayard*, Paris) die auf der gegenüberliegenden Seite abgebildete Karte mit Flugbahnen bemannter und unbemannter Interkontinentalraketen. Ihr Original stammte nach seinen Angaben aus dem Jahr 1945. Der Ausgangspunkt aller Starts liegt »zufällig« in Deutschland. Ohne viel Interpretationsfantasie sind darauf die geplanten Erdumkreisungen der Flügelraketen und Orbitalgleiter von Prof. Sänger (Wellenreiterprinzip) sowie die ellipsenförmigen Bahnen der A-9/11-Raketenprojekte von Brauns zu erkennen. Alexandre Ananoff war Mitbegründer der *International Astronautics Federation* und kannte Prof. Sänger schon seit 1946. Später war er auch Trauzeuge des Ehepaares Sänger. (17) Es dürfte jedem klar sein, woher das Original stammte, das Ananoff hier als Vorlage diente.

Die Wahrheit ist aufregender als jede Science-Fiction: Gab es mehr als nur ein deutsches Raumfahrtprogramm? Und wie weit kam man dabei?

Der in der Nachkriegszeit führende französische Wissenschaftler Albert Ducrocq schrieb 1947 über die Erfahrungen, die er nach Kriegsende in Deutschland machen konnte. Ducrocq berichtete von immer wiederkehrenden Gerüchten, dass die Deutschen sich darauf vorbereiteten, Raketen auf den Mond zu schießen. Es sei jedoch sicher, dass ihnen diese techni-

schen Möglichkeiten bis Kriegsende noch nicht zur Verfügung standen. Wurden aktiv mitten im Krieg Pläne für interplanetarische Raketenschüsse verfolgt? Der Propagandagewinn im Falle eines Erfolgs wäre unermesslich gewesen. Auch von der anderen Seite des Ärmelkanals kamen Meldungen über Sachverhalte ans Tageslicht, die es gar nicht gegeben haben dürfte: Zwischen November und Dezember 1945 führten die höchsten englischen Autoritäten für den Verteidigungsbereich eine Reihe von»Meetings« durch, auf denen die neuesten Tendenzen und Entwicklungen für die Nachkriegszeit beraten wurden. (17A) Unter diesen Spezialisten befanden sich Leute wie Lord Portal (Chef des M.O.S. = *Atomic Energy Council*), Sir Alwyn Crow (führender englischer Raketenspezialist) sowie die ganze Elite aus Militär, Technik und Industrie des Vereinigten Königreiches. Bei diesen Treffen wurde bekannt, dass die Deutschen in den letzten Kriegsmonaten in zwei verschiedenen, unabhängigen (!) Programmen den Nachweis erbracht hätten, dass Flüge außerhalb der Stratosphäre für den Menschen vom biologischen Standpunkt aus erfolgreich durchführbar waren. Das heißt aber nichts anderes, als dass dazu vor dem 8. Mai 1945 erfolgreiche Versuche stattgefunden haben! Wir erinnern uns hier an die Aussage eines hochrangigen Engländers, dass Hitler den Mond wollte.
Ist nicht die Wahrheit aufregender als jede Science-Fiction?

Abteilung 1: Vorläufer zwischen Luftfahrt und Raumfahrt

Schon wieder eine »V-3«? Das Rätsel um die bemannten Fieseler Fi-103 A-1/B-1, F-1 oder Segelflug-»Reichenberg« Re-1–5

»Welche entscheidenden Ziele sollten diese deutschen Kamikaze-flugzeuge treffen? Das schien niemand zu wissen.« (David Irving)
Am 23. April 1945 eroberte die *5. Armoured Division* der US-Armee die Luftmuna Neu Tramm bei Dannenberg an der Elbe. Dabei fiel den Amerikanern eine größere Anzahl von ein- und zweisitzigen »Reichenberg«-Flugkörpern in die Hände. Dabei handelte es sich um bemannte Versionen der Fieseler Fi-103, die für den Selbstopfereinsatz vorgesehen waren. Während die Schätzungen darüber weit auseinandergehen, wie viele Fi-103 der Versionen»Reichenberg« 1–5 fertig wurden, ist unstrittig, dass die Flugkörper schon bis zur Einsatzreife erprobt waren.

Die Entwicklungsgeschichte der bemannten V-1 soll hier kurz wiederholt werden:
Die Standard-V-1 war keine ausreichend genaue Waffe. Die Zielanpeilung war durch die Lage der Startrampe gegeben. Vor dem Start wurde der gyroskopische Ascania-Autopilot, der die Waffe zum Ziel führen sollte, eingestellt. Natürlich hatten die Motorvibrationen Einfluss auf seine Tätigkeit und ein Abweichen der Waffe vom Ziel zur Folge. Auch die Fluglänge, die durch die Drehzahlen des kleinen Propellers gegeben war, konnte nicht genau bestimmt werden. Deshalb kam der Gedanke auf, die Genauigkeit durch Bemannung dieser Waffe zu verbessern und damit auch deren Wirkung zu erhöhen. Urheber des Gedankens waren vor allem die Testpilotin Hanna Reitsch, SS-Hauptsturmführer Otto Skorzeny und Hauptmann Lange. Das Ergebnis war die Vergabe dieser Aufgabe an das Deutsche Forschungsinstitut für Segelflugwesen (DFS), eine bemannte Flugbombe zu konstruieren. Der ursprüngliche Hauptkandidat, die Messerschmitt Me-328, hatte sich nicht bewährt, und deshalb wurde die bemannte Version der Fi-103 ausgewählt. Dem Projekt wurde der Herstellercode »Segelflug Reichenberg« gegeben. Während kurzer Zeit wurden fünf verschiedene Modelle konstruiert und gebaut:
Die »Reichenberg 1« war ein Einsitzer mit Motorattrappe. Sie verfügte über Landeklappen sowie Landekufen unter dem Rumpf und diente nur zu Testzwecken.
Die »Reichenberg 2« war ein ein- oder doppelsitziges Segelflugzeug. Für Ausbildungsflüge wurde die Re-2 von Henschel-HS-126-Schleppflugzeugen gezogen, um die Piloten an das Flugverhalten der Fi-103 zu gewöhnen.
Bei der »Reichenberg 3« handelte es sich um eine ein- oder doppelsitzige Fi-103 mit Landekufen, Landeklappen und Argus-A-109/014-Pulso-Triebwerk. Die einsitzige Variante der »Reichenberg 3« hatte statt des Fluglehrerplatzes und der Sprengstoffladung im Bug 849 Kilogramm Wasserballast geladen. Sie sollte im Luftstart von Heinkel He-111 H und – wie weiter hinten gezeigt wird – auch von Junkers Ju-88 und Ju-388 eingesetzt werden.
Die Fi-103 B-1/»Reichenberg 4« war ein bemannter Marschflugkörper mit Sprengstoffkopf, der weitgehend baugleich mit der »Reichenberg 3« war. Hier entfiel die Landekufe mit Stoßdämpfer der Vorversionen, und es wurden die Holztragflächen der Fi-103 B-1 angebaut. Auch die »Reichenberg 4« sollte durch Luftstart in 2500 Metern Höhe ausgelöst werden. Die Reichweite der »Reichenberg 3« und »4« sollte 330 Kilometer betragen.
Die »Reichenberg 5« sollte eine Schulmaschine für He-162-Piloten werden. Zehn Stück davon wurden noch gebaut.

SECRET

SUPREME HEADQUARTERS
ALLIED EXPEDITIONARY FORCE
Office of Assistant Chief of Staff, G-2
Main Headquarters

GBI/TECH/319 (EE)-44U/4   wb
23 May 1945

SUBJECT: Piloted V-1 for Ramming.

TO   : Director of Intelligence
          Hq USSTAF, APO 633, US Army

1. Reference is made to teleprinter, this office S-88994, dated 22 May 1945, requesting dimensions of piloted V-1 captured at DANNENBERG, GERMANY.

2. Request was made by AGWAR in cable W-81508 dated 12 May 1945, for certain information (itemized in para 3 below) concerning the V-3 captured at DANNENBERG. In response to cabled query from this office, AGWAR subsequently stated in cable W-85459 dated 21 May 45 that weapon referred to was identified from photo ETO-45-33977 as being piloted V-1 for ramming, and requested dimensions earliest. This latter request was relayed to your office by teleprinter referred to in para 1 above.

3. The following information was requested by AGWAR in original cable:-

a. Method of launching, and intended use.

b. Structural and flight characteristics, and performance.

c. In the development of this weapon, is there any evidence of Japanese influence?

d. Identification of firm owning factory.

4. Request that information available pertaining to para 3 above be forwarded to this office, for onward transmittal to the War Department.

For the A. C. of S., G-2:

CARL W. ORLEMAN,
Captain, CWS,
G-2, Tech, Int. Sec.

Ext. 2570

SECRET

Diese und die beiden folgenden Seiten: US-Dokumente vom 23. Mai 1945 und 8. Juni 1945 über die Erbeutung von V-3 (alias bemannten V-1) bei Dannenberg

Sec/Int/Adm

8 June 1945 (cont'd)

SUPREME HEADQUARTERS
ALLIED EXPEDITIONARY FORCE
Office of Assistant Chief of Staff, G-2
Main Headquarters

No. XXXI -3

1. Cable W-91091 dated 31 May 1945 from AGWAR repeated
urgent request for dimensions of subject weapon.

GBI/TECH/319(EE)-440/4   8 June 1945

2. Information as requested above will be transmitted
SUBJECT: Piloted V-1 for Ramming from your office. It is requested
that the highest priority be given this matter.

TO   : Director of Intelligence, Hq, USSTAF,
          Attn: Exploitation Division,
          Attn: Dul.t.Mc COLL. of S., G-2:

1.   Confirming telephone conversations, Col. PERILE - Capt.
ORLEMAN, the following is a resume of cables received from AGWAR
to date concerning subject weapon, together with replies from this
office.

Carl W. Orleman
G-2, Tech. Int. Sec.

a.   In cable W-81508 dated 12 May 1945, AGWAR requested
information on the V-3 captured at DANNENBURG. Substance of this
cable was forwarded to your office by letter, file and subject as
above, dated 23 May 1945.

b.   Interim reply S-87971 dated 14 May 1945, was sent
by this office while investigating matter.

c.   Cable S-88805 dated 20 May from this office stated
no standard V-3 was known and requested further details.

d.   AGWAR cable W-85459 dated 21 May 1945 identified
V-3 as being piloted V-1 for ramming and requested dimensions.

e.   Cable S-88995 dated 22 May to your office confirmed
telephone request for information on piloted V-1.

f.   Cable S-89165 dated 24 May to AGWAR stated that
piloted V-1 was being evacuated, and requested shipping priority
for shipment to Wright Field.

g.   Cable W-88328 dated 26 May 1945 from AGWAR recommended air shipment, stated that matter of shipping priority should be
referred to Director of Technical Services, Air Technical Service
Command in ETO, and repeated urgent request for dimensions.

h.   2nd Ind. dated 1 June 45 to letter, this office,
file and subject as above, dated 23 May 45, forwarded Tech. Int.
Report No. M-24 (in duplicate) to WASHINGTON by air mail. This
report contained available information on subject weapon, but no
dimensions.

/1. Cable W-91091

634

SECRET

1st Ind.

Office of A C of S A-2, Hq U.S. Strategic Air Forces in Europe, APO 633, U.S.
Army, 29 May 1945.

TO: Office of A C of S G-2, Supreme Headquarters, Allied Expeditionary Force,
APO 757, U. S. Army.

1. The attached Technical Intelligence Report No. N-24 describes the
production of V-1 Bombs at the DANNENBERG Assembly Plant. Paragraph 9 fur-
nishes that part of the information requested in paragraph 3 of basic communi-
cation which is now available.

2. Additional information is being obtained from the DANNENBERG and
PULVERHOF Plants and will be forwarded as soon as received.

FILE --- PiH/Int/Adm

No. XXXI - 3

3 Incls:
Incl #1 - Tech Int Report No. N-24
          Copy No. 108
Incl #2 - Tech Int Report No. N-24
          Copy No. 109
Incl #3 - Tech Int Report No. N-24
          Copy No. 110

GEORGE C. McDONALD,
  Brigadier General, U.S.A.
  Asst. Chief of Staff A-2.

APPROVED BY:

PREPARED BY: /ph

EXPLOITATION DIVISION

SECRET

Über eine mögliche »Reichenberg 6« liegen bis heute keine genauen Angaben vor; wahrscheinlich waren damit entweder Versionen mit stärkeren Triebwerken oder bemannte Marschflugkörper auf Basis der »Hochgeschwindigkeits-Zellen« gemeint. Wie bei so vielem in der Geschichte der bemannten Fi-103 liegt hierüber nach wie vor der Schleier des Geheimnisvollen.

Dies gilt auch für die »Reichenberg 4« mit Porsche-Düsentriebwerk und die U-Boot-gestützten »Reichenberg«-Flugkörper, die von den neuen Elektrobooten des Typs XXI gestartet werden sollten.

Die »Reichenberg«-Flugkörper wurden in Neu-Tramm (Dannenberg) und Gollnow (Stettin) aus normalen unbemannten Flugbomben (A-1, B-1 und F-1) umgebaut (17B). Bis heute ist es nicht gelungen, die produzierten Stückzahlen aller bemannter Varianten festzulegen. Während manche von ungefähr 170 Stück sprechen, sollen nach anderen Angaben von den 2000 in Dannenberg aufgefundenen Fi-103 die Hälfte über Cockpits verfügt haben.

Als die Amerikaner die »Reichenberg«-Flugkörper in Dannenberg am 23. April 1945 erobert hatten, schien niemand zu wissen, welche entscheidenden Ziele diese deutschen Kamikazeflugzeuge treffen sollten. Anscheinend war man allerdings drei Wochen später klüger geworden, und nun schien klar, dass die *5. Armound Division* einen ganz »dicken Fisch« an der Angel hatte: Ein Alliierten-Geheimbericht vom 12. Mai 1945 teilte an seine Zentrale mit, in Dannenberg seien »V-3« erbeutet worden (18). Diese Meldung löste eine wilde Folge von Fernschreiben aus, die bis zum *Supreme Headquarters of Allied Expeditionary Forces* gingen. Es muss sich jedenfalls um eine wichtige Entdeckung gehandelt haben, denn mit Kleinigkeiten befasste man sich dort nicht! Das Frage-und-Antwort-Spiel zwischen Hauptquartier und Geheimdiensteinheiten ging bis zum 8. Juni 1945 weiter. Als das alliierte Hauptquartier mitteilte, dass keine Standard-V-3 bekannt sei, und weitere Details verlangte, war die Antwort der Einheit vor Ort, dass es sich bei den »V-3« in Wahrheit um bemannte V-1 handelte.

Die Existenz der bemannten Fieseler Fi-103 ist seit Langem bekannt. Warum wurden dann die Berichte über die Erbeutung der »V-3« erst vor wenigen Jahren freigegeben? Auch dafür gibt es eine passende Erklärung. Wenn man die vorhandenen Fotos über die »Reichenberg« vergleicht, fällt auf, dass es verschiedene Sprengkopfarten gegeben haben muss. Befand sich darunter auch eine besondere Version, über die nicht gesprochen werden sollte?

Wir wissen, dass es keine offizielle deutsche Bezeichnung »V-3« gab. Warum soll aber eine V-1 auf einmal zur V-3 werden, nur weil es eine bemannte Version davon gab? Hier gibt es eine treffende Erklärung: Die amerikanischen Berichte über Tramm sind so zustande gekommen, dass dort deutsche Gefangene oder aufgefundene Dokumente den Siegern offenbart hatten, dass die »dritte« Vergeltungswaffe von bemannten Fi-103 transportiert werden sollte.

Nach Hitlers eigenen Worten war diese »dritte« Vergeltungswaffe aber nichts anderes als die Atombombe! Auch Himmlers Adjutant Grothmann hatte das Gleiche bestätigt.

Kommandant in Dannenberg war Major Fritz Hahn. (19) Major Hahn war für das Heer bei der HVA Peenemünde tätig und zu den verschiedenen Erprobungsstellen aller drei Wehrmachtsteile abkommandiert. So bekam er Einblick in die verschiedensten Waffenprojekte des Dritten Reiches und hatte Zugang bis zur höchsten Geheimhaltungsstufe. Obwohl er in der Nachkriegszeit Autor von angesehenen Referenzwerken wurde, äußerte sich das spätere Mitglied der *American Astonautical Society* nie über die »Reichenberg«. Nach Aussagen seines Bruders hatte Hahn neben seinem offiziellen Archiv in einer zweiten Sammlung bisher unveröffentlichte sensationelle Geheimprojekte dokumentiert. Nach seinem Tode wurden diese Materialien von seiner Frau dem Bundesmilitärarchiv übergeben, wo sie sofort unter Verschluss genommen wurden. So wird die letzte Wahrheit über die »V-3« bei Dannenberg wohl nie freigegeben werden.

Die bemannten V-1 sollten im Selbstopferungseinsatz wichtige Ziele angreifen, wobei sie vorher mittels Flugzeugstart in die Höhe gebracht werden mussten, da die G-Belastung während des normalen Fi-103-Katapult-Startverfahrens für den Piloten zu groß gewesen wäre. Testflüge ermittelten, dass mit der bemannten V-1 nur Geschwindigkeiten zwischen 400 und 620 Kilometer pro Stunde erreicht werden konnten. Dies hätte die Flugbomben in den Abfangbereich der alliierten Kolbenmotorjäger gebracht. Es ist aber nachgewiesen, dass im Januar und Februar 1945 bemannte Fi-103 getestet wurden, die bis zu 850 Kilometer pro Stunde Geschwindigkeit erreichen konnten. (20) Es dürfte sicher sein, dass bei diesen »gesuperten« Fi-103 R schon die neue leistungsgesteigerte Version des Argus-As-014-Pulso-Schubrohrs verwendet wurde.

Der für spätere Flugbomben vorgesehene radarabsorbierende »Stealth«-Überzug dürfte auch für die »Reichenberg«-Flugkörper bestimmt gewesen sein.

Als Trägermaschine der leistungsgesteigerten Fi-103-»Reichenberg«-Testmaschinen dienten in Peenemünde die altbewährten He-111. Im Einsatz wären aber eher die moderneren Ju-88, -188 und -388 als Mutterflugzeuge verwendet worden.

Aus Dokumenten der Firma Arado geht hervor, dass auch der schnelle viermotorige Düsenbomber Ar-234 C als Trägerflugzeug für die Fi-103 »Reichenberg« eingesetzt werden sollte. Selbst der englische Düsenjäger Gloster »Meteor« hätte in diesem Fall Probleme gehabt, dieses Gespann abzufangen. Im Unterschied zur unbemannten Fi-103 ist aber nirgends dokumentiert, dass noch Flugtests von Ar-234 C mit »Reichenberg«-Flugkörpern stattgefunden haben. (21)

Aus einsatztaktischer Sicht hätte nichts dagegen gesprochen, die für die unbemannten V-1 vorgesehenen Atomsprengköpfe auch auf bemannte Fi-103 zu montieren. Das ewige Problem der Treffgenauigkeit der V-1 hätte so durch manuelle Lenkung ausgeschaltet werden können.

Die Technik und das Flugverhalten der Fi-103 waren gründlich durcherprobt, so dass die Waffe gebrauchsfähig gewesen wäre.

Das Ausbildungsprogramm unter der Leitung von General Korten begann mit dem Segelflugzeug Grunau »Baby«. Dann wechselten die Piloten zum »Stummelhabicht«, einer Sonderausführung des »Habicht«, dessen gekürzte Tragflächen Sturzfluggeschwindigkeiten bis zu 300 Kilometer pro Stunde ermöglichten. Als Nächstes folgten Gleitflüge mit der zweisitzigen antriebslosen »Reichenberg 1«, um sich an die Eigenschaften der Fi-103 zu gewöhnen. Erfolgreiche Absolventen durften dann auf die »Argus«-betriebene »Reichenberg 2« wechseln, bei der sie dann mit einem Fluglehrer den scharfen Start von der He-111, Kursflüge und den Angriffsablauf übten. Danach stand die einsitzige »Reichenberg 3« auf dem Programm, die bis auf Landekufe und Ballast schon der Kampfversion »Reichenberg 4« entsprach.

Die beim finalen Sturz auftretenden Kräfte wurden auch mithilfe eines Fahrstuhls trainiert, auf dem ein vertikal montierter Pilotensitz der Fi-103 montiert war.

Bis Frühjahr 1945 waren in Prenzlau von der Trainingseinheit unter Major Gottlieb Kuschke schon 300 Flugbombenpiloten ausgebildet worden. (22) Für den Einsatz der »Reichenberg« wurde eine Einheit aus 70 Freiwilligen gebildet und als 5. Staffel der II/KG 200 unter dem Namen »Leonidas«-Staffel eingegliedert. (23)

Was dann passierte, ist unklar. Nach Skorzeny wurde wegen Treibstoffmangels im Februar 1945 alles abgebrochen. (24) Andere Quellen berichten, dass eine nebensächliche Bemerkung Hitlers von Oberst Baumbach zum »Führerbefehl« erklärt und die ganze Einheit aufgelöst wurde. (25) Heinrich Himmler, der über Skorzeny und Dr. Kammler einen fast direkten Zugriff auf die »Reichenberg« hatte, soll jedoch auch hinterher noch ihren Einsatz gefordert haben.

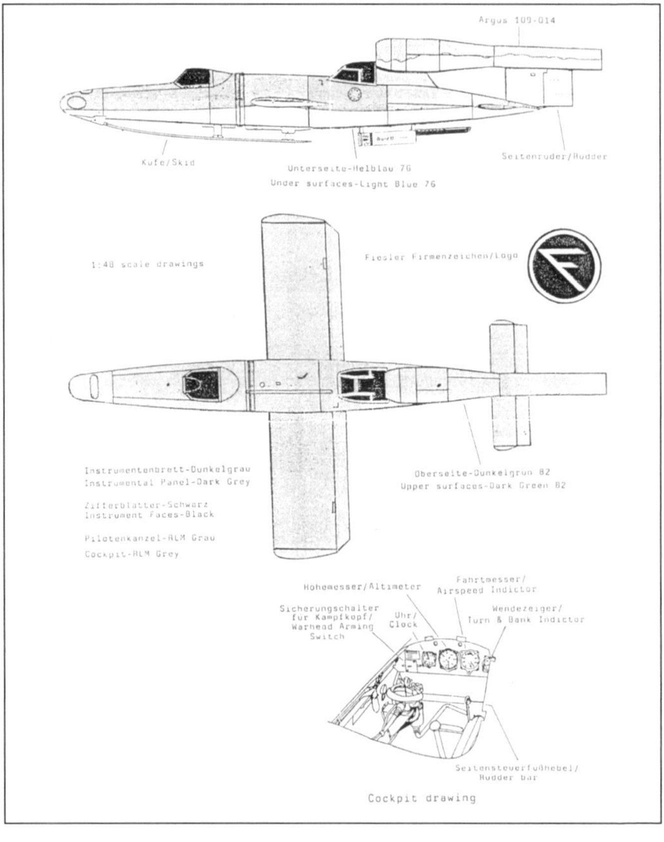

42

Argus 109-014

Kufe/Skid

Unterseite-Hellblau 7G
Under surfaces-Light Blue 7G

Seitenruder/Rudder

1:48 scale drawings

Fieseler Firmenzeichen/Logo

Instrumentenbrett-Dunkelgrau
Instrumental Panel-Dark Grey

Zifferblätter-Schwarz
Instrument Faces-Black

Pilotenkanzel-RLM Grau
Cockpit-RLM Grey

Oberseite-Dunkelgrün 82
Upper surfaces-Dark Green 82

Höhenmesser/Altimeter

Fahrtmesser/
Airspeed Indictor

Sicherungsschalter
für Kampfkopf/
Warhead Arming
Switch

Uhr/
Clock

Wendezeiger/
Turn & Bank Indictor

Seitensteuerfußhebel/
Rudder bar

Cockpit drawing

Zweisitzer Fieseler Fi-103 »Reichenberg 3« mit assymetrischer Flüssigkeitsbrandbombe (N-Stoff) unter dem Rumpf. Zeichnung oben via Richard Frank; Modell(foto) unten: Friedrich Georg.

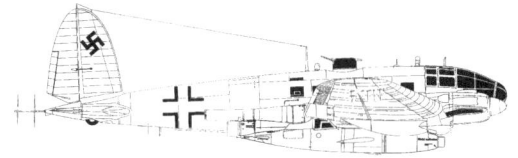

1945 im Einsatz:
Heinkel He-111 H-22
(JUMO 213 E) mit
»Reichenberg 4«

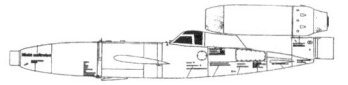

Fieseler Fi-103
»Reichenberg 4« mit
Düsentriebwerk Por-
sche 109-005

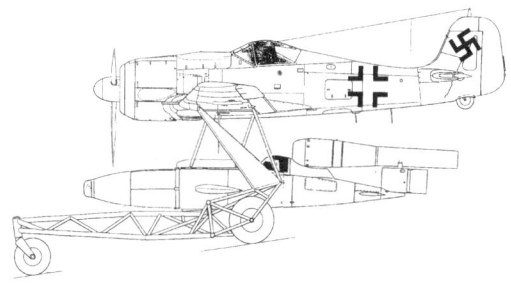

Mistel FW 190 F-8 mit
Fi-103 »Reichenberg
4«. Entwicklung auf
Drängen des SS-
RSHA. Bei Kriegsende
Flugversuche mit
Flugkörperattrappe

Junkers Ju-88S mit
»Reichenberg 4«
(Hohlladung)

unten:
Heinkel He-177 A5
mit »Reichenberg 4«
(Nuklearsprengkopf)

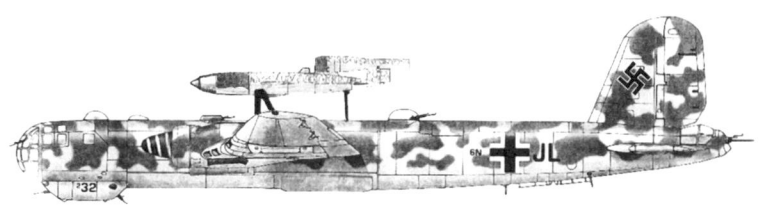

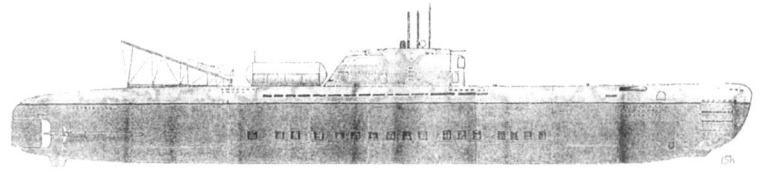

U-Boot Typ XXI mit »Reichenberg 4« (Porsche-Triebwerk)

»Reichenberg 4«-U-Boot-Version mit Klappflügeln und Starthilfs-raketen in aufgeklapptem Decktransportbehälter (Modell: Georg)

Im Unterschied zu zahlreichen bemannten Flugzeugstarts kam es nicht mehr zu U-Boot-Tests mit »Reichenberg«-Flugkörpern.

Ziele für die flugzeuggestarteten »Reichenberg 4« sollten zuerst wichtige Einzelteile wie die schweren Einheiten der Alliierten-Flotte darstellen, später wurden als Folge des Kriegsgeschehens daraus Brücken, Schleusen und Stabsquartiere an Land sowie die Bomberpulks der Alliierten in der Luft. Die U-Boot-»Reichenberg« wären gegen Hafenstädte wie New York oder Boston gestartet worden.

SS-Obersturmbannführer Otto Skorzeny schlug noch einen Masseneinsatz von 250 »Reichenberg« gegen die russischen Panzerfabriken in der Nähe des Urals vor. Das Vorhaben sollte Ziele wie Kubyshev, Chelyabinsk und Magnitogorsk einschließen und wurde SS-Gruppenführer Walter Schellenberg übertragen. (26) Als Trägermaschinen für diesen SO (Selbstopfer)-Ferneinsatz hätten genügend He-177 zur Verfügung gestanden. Zu einer Verwirklichung des Skorzeny/Schellenberg-Projektes kam es zum Glück für alle Beteiligten nicht mehr.

Es wird heute immer erzählt, dass die bemannte Fi-103 von Hitler abgelehnt wurde und aus verschiedenen Gründen (z. B. Treibstoffmangel) nicht mehr zum Einsatz kam. Ihre truppenmäßige Vorerprobung wäre aber die

Voraussetzung gewesen, um später eine bemannte Fi-103 als »V-3« mit nuklearem Sprengkopf mit Aussicht auf Erfolg einsetzen zu können.

Aus sonst gut informierten Quellen (27) stammt der Hinweis, dass eine »Reichenberg«-Einheit mit einer »300«er-Nummer existierte, die anscheinend ebenfalls im Rahmen des KG 200 operierte. Dabei dürfte es sich möglicherweise um ein bis jetzt noch unbemanntes Erprobungskommando handeln, das »EKdo 300« hieß. Eine so bezeichnete Einheit würde nummerierungsmäßig auch zu dem im Frühjahr 1945 aufgestellten EKdo 600 passen, das die bemannte Rakete Bachem Ba-349 »Natter« zum Einsatz bringen sollte.

Die gleiche Quelle hält es für sehr wahrscheinlich, dass außer diesen zwei »Reichenberg«-Einheiten IV/KG 200 und »300« eine dritte, noch wesentlich geheimere, Einheit mit noch unbekanntem Namen existierte, die »Spezialaufgaben« mit bemannten V-1 durchführen sollte. Auch diese »dritte Einheit« soll im Rahmen des KG 200 operiert haben.

Die Geschichte der bemannten Fi-103 wird aber noch geheimnisvoller! Der erste bemannte Flug einer »Reichenberg« fand am 4. November 1944 statt, der letzte dokumentierte Erprobungsflug endete am 5. März 1945 tödlich. (28)

Gab es außer Erprobungs- und Ausbildungsflügen noch andere Aktivitäten? – Wie es aussieht fanden geheime Truppenversuche statt. Über solche, bis jetzt unbekannte Einsätze von bemannten V-1 berichtet der amerikanische »Mercury«-Astronaut Gordon Cooper in seinem Buch *Leap of Faith*: Während der frühen Phasen des »Mercury«-Programms habe Cooper mit dem ehemaligem Peenemünder Joachim »Jack« Keutner zusammengearbeitet. Dabei seien auch Keutners haarsträubende Kriegserlebnisse zur Sprache gekommen. »Jack« Keutner habe danach mehrere (!) Flüge über den Englischen Kanal in einer bemannten V-1 unternommen, die dazu unter einer Ju-88 aufgehängt war. Nach dem Abwurf vom Mutterflugzeug habe er die V-1 in der Luft gestartet und sei so bis nach London gelangt. Nach dem Abwurf einer Bombe auf die englische Hauptstadt sei er mit seiner V-1 wieder in Richtung Küste abgedreht und nach dem Ablassen des Resttreibstoffs am deutschbesetzten Ufer auf Kufen gelandet. Keutner berichtete auch von einem weiteren, diesmal missglückten Einsatzflug, den er in einer zweisitzigen V-1 unternommen habe. Nach dem erfolgreichen Auslösen der Bombe habe der Treibstoffablass versagt. Bei der folgenden Notlandung der nun viel zu schweren Fi-103 sei er nur knapp mit dem Leben davongekommen, während sein Mitflieger bei der anschließenden Explosion zu Tode gekommen sei. (29).

Obwohl Gordon Cooper als Quelle dieses Berichts sehr ernst genommen werden muss, ist der Sinn von Keutners Einsätzen nur schwer zu verstehen. Vorausgesetzt, der Ju-88-Muttermaschine wäre es gelungen, ihre bemannte V-1 nahe genug ans Zielgebiet zu bringen, um ihr wieder eine sichere Rückkehr aufs Festland zu ermöglichen, hätte von dem bemannten V-1-Flugkörper bestenfalls eine »minimale« Bombenlast von ein paar Kilogramm Gewicht abgeworfen werden können – und dies ohne spezielles Zielgerät noch erschwert durch den bekannt instabilem Geradausflug der Fi-103. Es muss deshalb um etwas anderes gegangen sein.

Die Mitnahme von Außenlasten wäre möglich gewesen. Für diesen Zweck hätte man die schon für die unbemannten V-1 entwickelten Rumpfbombenträgergerüste verwenden können. Eine typische Bombenlast waren hier zum Beispiel 23 Stück Ein-Kilogramm-B2-Brandbomben.

Vielleicht sollten Keutner und sein beim Landeunfall umgekommener Kamerad mit ihren Flügen Vorarbeiten für später vorgesehene Totaleinsätze bemannter »Reichenberg«-FKs leisten, in dem sie bewiesen, dass London damit erfolgreich erreicht werden konnte.

Dies zu testen wäre wichtig gewesen, weil die »normalen« unbemannten V-1 gegen England nur eine Erfolgsquote von 20 Prozent hatten. Zu wenig für den Transport einer Siegeswaffe!

Leider äußert sich Cooper, über die Schilderung der fliegerisch mutigen Tat Keutners hinaus, nicht über die den Flügen zugrunde liegenden militärischen Pläne! Auch die Person »Keutner« gab dem Autor lange Rätsel auf, ist aber, wie weiter unten bewiesen wird, einer der Schlüssel zum Verständnis dessen, was damals abgelaufen ist.

Da es sicher nicht der Sinn der bemannten V-1-Missionen über London war, z. B. einzelne konventionelle Ein-Kilogramm-Brandbomben abzuwerfen, bleibt die Möglichkeit übrig, dass Keutner und sein Kollege in Wirklichkeit die Abwurfmöglichkeiten kleiner »exotischer« Ladungen für andere Projekte testen sollten oder kleine N-Stoffbomben verwendeten. Die Wirkung dieser fürchterlichen Brandsubstanz war außerordentlich. Die Alliierten berichteten im Herbst 1944 jedenfalls über rätselhafte Feuer mit großen Verlusten in London im Zusammenhang mit V-Waffen-Angriffen. Es könnte sich dabei nicht nur um V-2 gehandelt haben, denn auch von Flugzeugen abgeworfene V-1 flogen damals immer wieder gegen Churchills Hauptstadt (siehe *Hitlers Siegeswaffen*, Band 2 A).

Es gibt Hinweise, dass tatsächlich noch »scharfe« SO-Probeeinsätze mit Re-4-Flugkörpern folgten! So sprechen Berichte der Alliierten darüber, dass nach besonders schweren V-1-Treffern (Trialen-Verwendung?) in der Umgebung des Einschlags Leichenteile mit deutschen Uniformfetzen gefunden wurden. (30) Dies kann nur eines bedeuten …

Um aber für die später beabsichtigten Flüge von bemannten »Sieges-waffen«-V-1 von Nutzen zu sein, hätten die »Reichenberg«-Totaleinsätze bis zu ihrem Einschlag im Ziel vermessen und verfolgt werden müssen. Die Technologie war vorhanden!

Deutsche Berichte über Selbstopfereinsätze von bemannten Flugbomben fehlen bis heute völlig, deshalb wissen wir nicht, ob die »Reichenberg«-Piloten gegen London, Antwerpen oder andere Ziele ihren letzten Flug antraten.

Nach Kriegsende wurde fertige »Reichenberg« von den Alliierten auf mehreren Einsatzflugplätzen, wie z. B. Prenzlau, gefunden. (31)

Als die Engländer nach Kriegsende die Peenemünder »Außenstelle« in Wesermünde besetzten, stellten sie dort auch zwei Sonder-Ju-88 fest, die für Fi-103-Abwürfe ausgerüstet waren. (32)

Es ist denkbar, dass sich darunter auch die Maschine befand, die Keutners »Reichenberg«-Flugkörper nach England brachte.

Warum wird die Möglichkeit des Einsatzes von bemannten »Reichenberg« Re-2, -3 und -4 in der heutigen Geschichtsschreibung einerseits vehement abgestritten, wo andererseits längst zugegeben wird, dass deutsche Selbst-opferpiloten regulär im April 1945 an der Oder gegen Brücken zum Einsatz gelangten?

Auch in diesem Fall drängt sich wieder der Schluss auf, dass hier ein Zusammenhang mit Deutschlands bis heute nach außen hin verleugnetem Atomwaffenprogramm bestehen könnte.

Es ist also durchaus möglich, dass wir es hier mit der Waffe zu tun haben, die Hitlers Atombombe nach England bringen sollte.

Atomsprengkopf für die bemannte Fi-103 »Reichenberg«?

Aus völlig unverständlichen Gründen wird immer noch versucht, die Tatsache vor der Öffentlichkeit zu verbergen, dass Deutschland während des Zweiten Weltkrieges eifrig an Nuklearwaffen arbeitete.

Bei der gigantischen Menge von in Deutschland nach dem Ende des Krieges erbeuteten Unterlagen konnte es aber nicht ausbleiben, dass immer wieder Dokumente durch die Zensur geschlüpft sind, die diese von Geschichtskosmetikern vertretene Meinung in Frage stellen. Im Nachhin-ein konnte dann nur noch versucht werden, derartige Dokumente durch Weglassen oder Verfälschung für den normalen Betrachter unverfänglich erscheinen zu lassen.

Bei der Durchsicht von in der Nachkriegszeit veröffentlichten deutschen Beuteunterlagen über die bemannte Fieseler Fi-103»Reichenberg« fiel so dem Verfasser eine Abbildung auf, die von den anderen bekannten Darstellungen wesentlich abweicht.

Im Vergleich zu normalen Abbildungen einer unbemannten Fi-103 zeigt die abgebildete Version eine deutliche Veränderung der Bugspitze.

Alle bisher bekannten Fi-103-Sprengköpfe sehen völlig anders aus. Ohne Zweifel liegt hier weder eine Hohlladung noch ein normaler Sprengkopf oder ein Schüttbehälter (z. B. Gasladung) vor.

Außerdem fallen an der Rumpfspitze neben dem Wegfall des Wegmessers und des Kompasses ein schachtelförmiger und ein scheibenartiger Gegenstand auf, die den leeren Bugraum vor dem Sprengkopf ausfüllen. Lediglich der Aufschlagkontakt ist identisch mit dem des unbemannten Flugkörpers.

Merkwürdigerweise wurde in der veröffentlichten Texterklärung zu der Zeichnung ein Teil der nummerierten Beschriftungen der Bugspitze weggelassen. (33) Warum dies geschah, wird klar, wenn man das Ganze mit Abbildungen moderner US-Nuklearwaffen wie der MK-28EX-Nuklearbombe und der Boeing-AGM-86B-»Cruise-Missile« vergleicht.

Eindeutig ist, dass die ehemalige deutsche Zeichnung und die modernen Nuklearwaffenabbildungen identische Elemente in der Bugspitze aufweisen: Batterien und Zünder eines nuklearen Sprengkopfs. Es wird aber noch mysteriöser, denn auch die mit der No. 3 in der Zeichnung beschriftete unbekannte Einzelkomponente der bemannten»Reichenberg« ähnelt der Antenne des Radarhöhenmessers der modernen AGM-86B wie ein Zwilling.

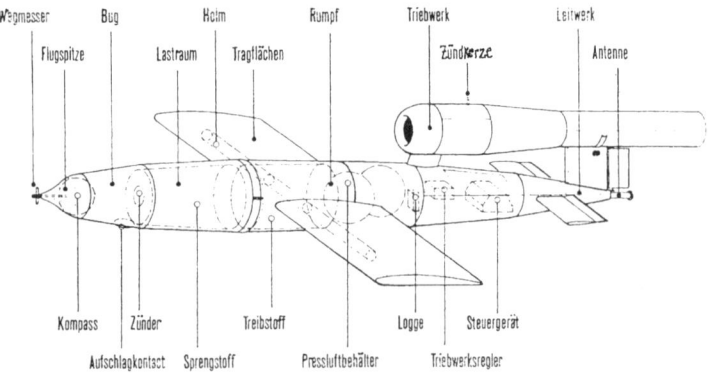

Deutsche Zeichnung der unbemannten konventionellen Fi-103 (Quelle: Deutsche Militärzeitschrift)

Geht man davon aus, dass die Zeichnung echt ist, würde ihre Übereinstimmung mit modernen Nachkriegsatomwaffen für den geplanten Einbau eines Atomsprengkopfes in die bemannte Fi-103 »Reichenberg« sprechen.

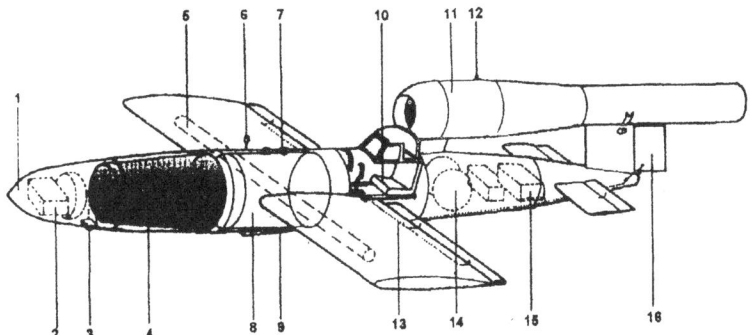

Bemannte Fi-103 »Reichenberg« mit möglichem Nuklearsprengkopf (Quelle: unbekannte deutsche Beutezeichnung, kommentiert bei David Myhra)

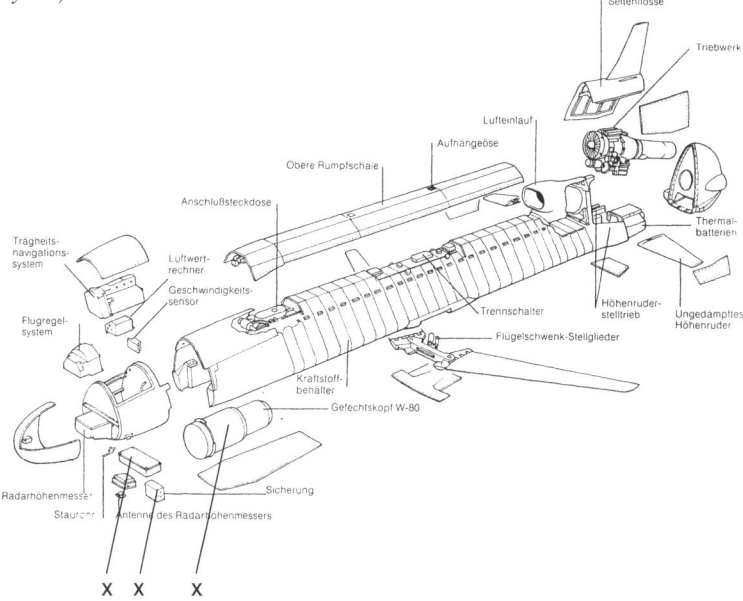

Zeichnung der modernen AGM-86B »Cruise Missile«. Man beachte die mit »x« bezeichneten Teile des Marschflugkörpers im Vergleich zu jenen der bemannten »Reichenberg«-V-1.

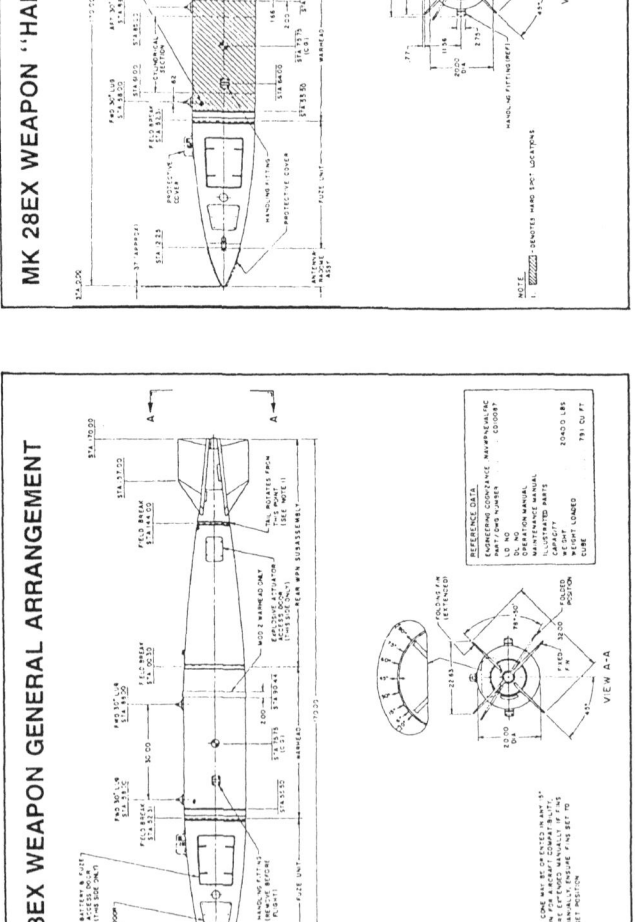

Amerikanische Zeichnung des MK-28EX-Nuklearwaffensystems

Fernflugkörper Arado Ar E 377

Ende 1944 hatte die Firma Arado geplant, in Zusammenhang mit Rhein-metall/Borsig eine Gleitbombe zu entwickeln, die von einer Arado Ar 234 C-2 oder einer Heinkel He 162 geschleppt und im Bahnneigungsflug mithilfe einer Fernsteuerung oder Zielverfolgungsanlage ausgelöst werden sollte. Offensichtlich bestand sogar eine RLM-Ausschreibung für die Ent-wicklung einer solchen Waffe. Das E 377 genannte Projekt war im Wesent-lichen eine 2000-Kilogramm-Bombe, die mit Flügeln und einem Zusatz-tank nach der Art eines kleinen Flugzeuges ganz aus Holz gefertigt werden sollte. Es entstanden zwei Versionen: ein E 377 genannter Gleiter und eine von zwei BMW-003-Düsentriebwerken angetriebene E 377 A. (34, 35)

Die funkgesteuerte Flugzeuggleitbombe Arado Ar E 377 A sollte dann aber auch zu einem Fernflugkörper weiterentwickelt werden. (36) Im Unterschied zur Fi-103 konnte die E 377 A eine Nutzlast von maximal 3490 Kilogramm mit einer Geschwindigkeit von 780 Kilometern pro Stunde und einer weit überlegenen Reichweite tragen. Der Start der Arado E 377 A wäre von einem dreirädrigen Rheinmetall/Borsig-Startwagen aus erfolgt.

Ebenso wie bei den anderen Fernflugkörpern war auch hier eine bemannte Ausführung der E 377 A als Selbstopfergerät mit konventioneller Instru-mentierung und manueller Lenkung vorgesehen. Auch dieses Projekt, das mit seiner im Vergleich zur Fi-103 mehrfach größeren Nutzlast und höhe-ren Reichweite eines von denen war, mit denen man hoffte, eine Wende des Krieges herbeizuführen, konnte bis Kriegsende nicht fertiggestellt werden.

Mistel Ar 234C/Ar E 377 bemannte Gleitbombe (Modell: Georg)

Die DFS-346: durch die Schallmauer
zum Sieg?

Die DFS-346 gibt auch über 60 Jahre nach dem Ende des Zweiten Weltkrieges erst Stück um Stück ihre Geheimnisse preis. Der amerikanische
Schriftsteller David Myhra fragte noch im Jahr 2002, wofür die Sowjets in
der Nachkriegszeit die aerodynamisch fortschrittliche DFS-346 mit ihrem
Walther-HWK-Zwei-Komponenten-Flüssigkeitsraketentriebwerk einset-
zen wollten. Seiner Meinung nach sollte sie dort zur Höhenforschung auf
dem Weg zum Orbitalbomber dienen. (37)
Jahrzehntelang für verschollen oder zerstört gehalten, wurde erst etwa
1980 im Westen bekannt, dass die DFS-346 nach dem Krieg für die
Sowjets fertig gebaut und bis in die 1950er-Jahre mit großem Aufwand
getestet wurde.
Merkwürdigerweise stellte bisher kaum jemand die Frage, warum das
RLM noch 1944 glaubte, sich den Luxus der Entwicklung eines reinen
Höhen-Versuchsrekordflugzeugs für das Erreichen mehrfacher Schallge-
schwindigkeit leisten zu müssen.
In der deutschen Luftrüstung markierten die Monate ab Sommer 1944 eine
Phase der hektischen Aktivität, in der versucht wurde, die Versäumnisse
der vergangenen Jahre »auszubügeln«. Dazu gehörte auch eine gnadenlose
Typenbereinigung mit der Streichung vieler bewährter Flugzeugmuster bis
hin zum »Konzentrationsprogramm der Luftrüstung«, für das Hitler am
23. September 1944 sein Einverständnis gab. Damals wurde sogar der
Strahlbomber Ju-287 gestrichen, der erst am 8. August 1944 erfolgreich
seinen Erstflug absolviert hatte.
Trotz aller Sparmaßnahmen kam es im Frühjahr 1944 zur offiziellen
Aufforderung aus der Führung des Reichsforschungsrats, schnellstmöglich
mit der Schaffung eines Hochgeschwindigkeitsflugzeugs zu beginnen, das
in großen Höhen Geschwindigkeiten bis zu Mach 2,5 erreichen konnte. Es
wurde unter der RLM-Bezeichnung 8-346 geführt und als Entwicklungsauftrag an die DFS vergeben, die bereits durch ihre erfolgreichen Arbeiten
an dem Höhenaufklärer DFS-228 ihre Meisterschaft bei der Bewältigung
technischer Probleme bewiesen hatte. Die Siebelwerke in Halle, die in
enger Verbindung mit der DFS in Bad Ainring standen, sollten die Herstellung der DFS-346 übernehmen.
Die Idee zur DFS-346 entstand zwischen Eberhard Meyer und Felix
Kracht. Das RLM sah die Arbeiten an dem sogenannten »Höhen-
Rekordflugzeug« der DFS als extrem wichtig an. Meyer und Kracht
mussten deshalb häufig nach Berlin reisen und dem Reichsluftfahrt-

ministerium ihre Fortschritte bei der Entwicklung anhand von Planunterlagen beweisen. (38) Man sieht, wie wichtig diese Sache war!

Tatsächlich wanden sich die Väter der DFS-346 ziemlich, als ihnen noch Jahrzehnte nach Kriegsende die Frage nach dem Zweck ihrer Arbeiten an einem Spielzeugflugzeug angesichts der kritischen Kriegslage gestellt wurde. Nicht einmal der Hinweis, dass Dr. Adolf Baeumker, der Leiter der Forschungsabteilung des RLM, als der entscheidende Mann hinter der DFS-346 stand, lockte sie aus der Reserve.

So erzählte Heinz Jakobs noch am 15. Mai 1987, dass die DFS-346 ausschließlich für die Verwirklichung des Egos von einer Reihe führender Leute des RLM gebaut werden sollte, die ihr Spielzeug wollten, bevor sie vor den Alliierten kapitulieren mussten. Man habe reine Friedensforschung ohne irgendeinen Bezug zur Kriegswirksamkeit betrieben. Viele Gelder seien für diese Projekte verschwendet worden, die besser anderweitig Verwendung gefunden hätten. (39) Zur Unterstützung der Forschungsflugzeugtheorie wurde von deutschen Beteiligten in der Nachkriegszeit behauptet, dass Siebel vom RLM nur den Auftrag für zwei DFS-346-Prototypen und einen Rumpf zum statischen Test bekommen habe. (40) Nachgewiesen ist, dass am 14. Juni 1944 bei einer Besprechung der führenden Köpfe aus Forschung und Industrie die Schaffung von drei Flugzeugtypen zur Erforschung der Überschallgeschwindigkeit beschlossen wurde. Als die DFS-346 entworfen wurde, kümmerten sich die gleichen Leute aber nicht sonderlich um dieses Flugzeug. Es ist deshalb unklar, ob sie überhaupt etwas mit den Ergebnissen dieser Besprechung zu tun hatten.

Auch ist der Entwurfsbericht von Felix Kracht genauso verschwunden wie die Angebotsbeschreibung der DFS/Siebel 346 an das RLM. Nur die Zeichnung daraus wurde bekannt.

Natürlich musste ein Flugzeug, das eine maximale Geschwindigkeit bis Mach 2 erreichen sollte, vorher in Versuchen gründlich getestet werden – wie die geplanten Anschlüsse von DVL-Ritz-Dehnungsschreibern an neurologischen Punkten von Zelle, Tragflächen und Höhenleitwerk beweisen. Mitten in der Endphase eines Vernichtungskriegs wird es nicht den Wettlauf um höhere Machzahlen und internationales Ansehen gegangen sein. Die Ergebnisse aus der Flugerprobung des Forschungsflugzeuges waren auf jeden Fall für die in Entwicklung stehenden neuen Strahlflugzeuge der zweiten Generation zu spät gekommen.

Alle Widersprüche ergeben allerdings sofort einen Sinn, wenn es sich bei der DFS-346 letzten Endes um mehr als ein reines Forschungsflugzeug gehandelt hat.

Unstrittig ist, dass die DFS-346 ein Ganzmetallflugzeug mit Raketenantrieb war, das von einem Motorflugzeug (z. B. He-177) bis auf 10 000 Meter Höhe im Mistel- oder Tragschlepp gebracht werden sollte, um dann mit eigener Kraft auf über 30 000 Meter zu steigen. Dort sollte eine hohe Überschallgeschwindigkeit (ca. 2270 km/h) erzielt werden.

Das erste DFS-346-Musterflugzeug befand sich gegen Kriegsende im Endmontagewerk Schkeuditz im Bau. Im Juli 1945 sollte der erste Flug stattfinden.

Neben dieser ersten flugfähigen, aber noch antriebslosen Mustermaschine war eine Holzattrappe im Maßstab 1:1 bereits fertig. Weitere DFS-Muster- oder Baugruppen sollen sich ebenfalls in der Fertigung befunden haben, als die Siebelwerke von der amerikanischen Armee überrollt wurden. Heißt es in Berichten der Verantwortlichen, dass nur zwei Flugzeuge und ein Rumpf der DFS-346 in Auftrag gegeben wurden, waren bei Kriegsende in Schkeuditz bereits mehr im Bau als angeblich bestellt.

Es sieht ganz danach aus, dass in Wirklichkeit schon im Herbst 1944 mehrere DFS-346-Versionen mit unterschiedlichen Antriebsanlagen und verschiedenen Leitwerken im Gespräch waren. Neben Raketentriebwerken (mit Marsch- und Steigtriebwerk oder zwei gekoppelten HWK-109-509/4A-1) plante man auch den Einbau von zwei BMW-003-Strahlturbinen mit seitlichen Lufteinlässen nach Art des späteren Lockheed »Starfighter«. Eine ähnlich aussehende Maschine wurde dann kurz vor Kriegsende nach einem glaubwürdigen Bericht in einem hermetisch abgesperrten Hangar bei Augsburg von einem Zeugen gesehen. (40A)

Unklar ist bis heute, was dann passierte, denn obwohl auf einer Beuteflugzeugliste die DFS-346 an erster Stelle der gesuchten Beuteflugzeuge rangierte, konnte man ganz im Gegensatz zur DFS-228 nichts Wesentliches über die DFS-346 in die USA mitnehmen. Nach dem Bericht des englischen RAE (*Royal Aircraft Establishment*) befand sich eine DFS-346 in US-Händen, sollte aber an die UdSSR gehen.

Ob die USA hier freiwillig auf ihre Beute zugunsten der Sowjetunion verzichtet haben, erscheint im Hinblick auf ihr sonst übliches Vorgehen bei der Verteilung deutscher Hochtechnologie (z.B. Nordhausen) sehr fraglich.

Als die Sowjets Halle vertragsgemäß besetzten, übergaben ihnen die Amerikaner – aus freien Stücken oder auf Befehl – das gesamte Siebel-Flugzeugwerk einschließlich der Versuchsabteilung komplett und unversehrt.

Sowjetische technische Offiziere hielten die DFS-346 dann für so wichtig und interessant, dass sie zuerst vor Ort weiterarbeiten und im Sommer 1946 alle Fertigungseinrichtungen der DFS-346 bei den Siebelwerken in Halle demontieren ließen, um sie samt den mehr oder weniger fertigen

Mustermaschinen in die Sowjetunion zu transportieren. Neben der Konstruktionsmannschaft und Facharbeitern der Siebelwerke hatten die Sowjets gleich auch Cheftestpilot Flugkapitän Wolfgang Ziese nach Osten deportiert.

Wir wissen heute, dass im russischen Auftrag dann mindestens drei komplette Prototypen – genannt 346.1 bis 346.3 – und eine antriebslose Maschine – 346 E – gebaut wurden. 1947 flog die DFS erstmals noch ohne Antrieb.

Trotz der Aufhebung des Eisernen Vorhangs gilt bis heute die verfügbare Information über die Flugtests und den Status der verschiedenen Prototypen als ziemlich zweideutig, sodass auch hier gefragt werden muss, was sich dahinter verbirgt.

Unter dem Namen DFS-446 hatte das deutsch-russische Team hinter dem Ural noch an der Verwirklichung des ehemaligen Kriegsprojekts einer DFS-346 mit zwei Strahlturbinen gearbeitet. Auch hier fehlen bis dato die genauen Einzelheiten.

Noch in den 1940er-Jahren soll Testpilot Ziese die Schallmauer mit der DFS-346 durchbrochen haben, das volle Leistungspotenzial bis Mach 2 wurde aber nie ausgetestet.

Der letzte bekannte Flug einer DFS-346 fand am 14. September 1951 statt, als sich der Testpilot Wolfgang Ziese in etwa 6500 Metern Höhe nach Lenkversagen mithilfe der Rettungskapsel vom Flugzeug trennen musste.

Bekannt wurde weiter, dass das DFS-Entwicklungsbüro OKW-2 in Podberesje bei Moskau 1953 aufgelöst wurde und die Mitarbeiter samt ihren Familien nach Deutschland zurückkehren durften.

Was zwischen den Ereignissen des 14. September 1951 und dem Auflösungsdatum passierte, ist nie ganz geklärt worden. Auch gibt der Tod Wolfgang Zieses am 28. August 1953 – er starb im Alter von nur 46 Jahren an den Folgen eines Krebsleidens – Rätsel auf. Lange wurde behauptet, dass Ziese, der während des Krieges auch ein Mitglied der Spezialaufklärungsgruppe ObdL war, vom sowjetischen Geheimdienst umgebracht wurde. Andere vertreten die Meinung, dass Ziese während seines Dienstes mit radioaktiven Substanzen verstrahlt worden sei und sich so eine unheilbare Leukämie zugezogen habe. Wenn Letzteres stimmt, müsste die Frage gestellt werden, ob diese Verstrahlung vor dem 8. Mai 1945 oder erst während Zieses Aufenthalt in der Sowjetunion geschah und was ein Testpilot für Raketen- und Düsenflugzeuge mit radioaktiven Substanzen zu tun hatte (Test von Abwurflasten?).

Letzten Endes haben die Sowjets bis heute nicht verraten, was sie mit der DFS-346 vorhatten.

So gilt die DFS-346 bisher als reines Versuchsflugzeug der Deutschen und später der Sowjets.

Diese Theorie ist nun nicht länger haltbar. Denn bereits gegen Ende des Krieges wurde eine Gruppe von Flugzeugführern in Langensalza (Thüringen) auf den Segelflugzeugmustern »Liegekranich« und »Liegebaby« speziell zur Vorbereitung für Flüge mit der DFS-346 geschult. Dies geschah zu einem Zeitpunkt, als die DFS-346 nicht einmal als Prototyp existierte. Das Vorhaben muss also sehr eilig gewesen sein. Einer dieser Freiwilligen war Wolfgang Ziese. Zur »Gruppe 346« gehörten wahrscheinlich zehn Flugzeugführer.

Die »Gruppe 346« hatte in Langensalza eine eigene Flakeinheit, die zu ihrem Schutz dort stationiert war. Kurz bevor die Russen Langensalza erobern konnten, wurde die »Gruppe 346« samt ihrem Flakschutz abgezogen. Die in Langensalza verbleibenden deutschen Einheiten erwartete dagegen ein schlimmes Schicksal, denn die Russen machten dort keine Gefangenen; alle, die die Kampfhandlungen überstanden hatten, wurden erschossen. Die Gründe dafür sind bis heute unbekannt geblieben. Die Existenz der »Gruppe 346« beweist, dass das RLM mit der DFS-346 mehr vorhatte, als sie zur reinen Rekordmaschine zu degradieren, denn sonst hätte man nicht für die Schulung der Piloten für das »Spielzeugrekordflugzeug« einen so großen Aufwand unter großer Geheimhaltung und stärksten Sicherheitsmaßnahmen betrieben.

Als Verwendungszweck für die DFS-346 kam *theoretisch* ein Einsatz als Aufklärer, Jäger und Bomber in Frage.

Als Jäger wäre die Maschine völlig sinnlos gewesen, denn in den Höhen, die sie beflog, gab es nichts, das abgefangen werden konnte, und ihr umständliches Startverfahren mit Schleppflugzeugen in Verbindung mit der für eine Jagdmaschine völlig unzureichenden Sicht lässt sie als Jagdmaschine komplett ungeeignet erscheinen.

Als Aufklärer wäre die DFS-346 eher in Frage gekommen, allerdings war die technisch aufwendige Maschine für diesen Zweck der DFS-228 mit deren weit größeren Reichweite eindeutig unterlegen. Warum hätte man sich also auf das technische Risiko einlassen sollen?

So bleibt die Verwendung der DFS-346 als Träger von Angriffslasten übrig. Tatsächlich gibt es in erst jetzt zugänglich gewordenen Akten der ehemaligen Aerodynamischen Versuchsanstalt Göttingen (AVA) Fotos und Aktenvermerke, die das Ausmessen eines Windkanalmodells der Me-163B mit zwei untergehängten Bombentorpedos BT-1000 mit besonderer Dringlichkeit beschreiben. Denkt man, dass es sich hier lediglich um eine Notmaßnahme zur schnellen Schaffung von Invasionsabwehrwaffen gehandelt hat, wird man eines Besseren belehrt, da in einem Schreiben der Junkerswerke vom 22. September 1944 die Übernahme für Messungen im Junkers-Windkanal angekündigt wird. Somit wurden die Tests bei der Verwendung von Raketenflugzeugen mit überschweren Abwurflasten auch fortgesetzt, als die Schaffung einer Anti-Invasionswaffe schon lange nicht mehr nötig war.

Soweit bekannt, kam es bei der Firma Junkers im Dezember 1944 sogar zu Versuchsstarts einer Me-163B mit BT-700-Attrappen, über deren Verlauf keine Unterlagen vorliegen.

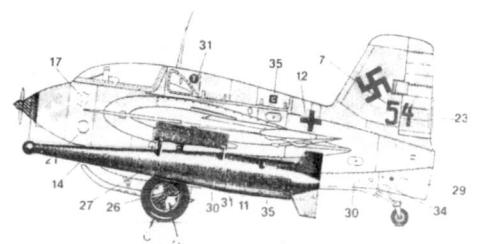

Messerschmitt Me 163B-1a Hochgeschwindigkeitserprobungsträger der Fa. Junkers mit zwei BT-700-Bombentorpedos (Dezember 1944)

Die Messerschmitt Me-163B war aufgrund ihrer geringen Reichweite nicht in der Lage, über See mit Bombentorpedos eingesetzt zu werden.

Nach dem Erfolg der Alliierten bei der Landung in der Normandie kamen Küstenverteidigungszwecke nicht mehr als Begründung für diese Tests in Frage. Es muss stattdessen um die generelle Erprobung von Raketenflugzeugen zum Abwurf schwerer Lasten gegangen sein.

Der Abwurf der Bombentorpedos durch die Me-163 sollte im sogenannten Schleuderwurf mithilfe eines eigens entwickelten Reflexvisiers (Revi) erfolgen. Die Wurfweite betrug hier je nach Angriffshöhe bis zu 3000 Meter (siehe nachfolgende Darstellung).

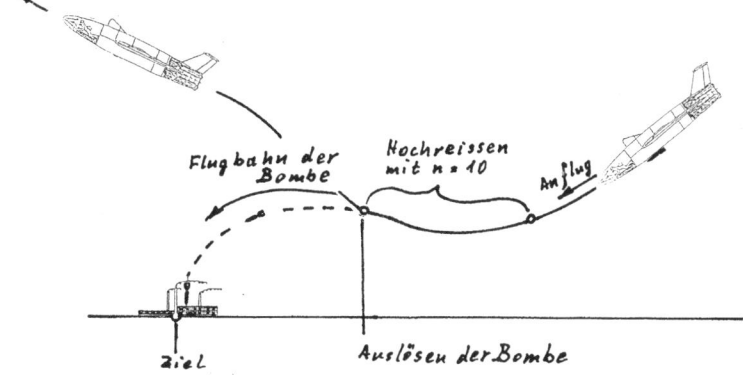

Die Erprobung der Me-163 mit überschweren Angriffswaffen galt den Tests und Vorbereitungen von anderen Waffensystemen, bei denen hohe Abwurfgeschwindigkeiten zum Einsatz notwendig waren. Gab es derartige Projekte im deutschen Waffenarsenal? Tatsächlich entwickelten die Deutschen die sogenannte Zippermayr-Kohlenstoffbombe. Aus erst vor wenigen Jahren freigegebenen Nachkriegsakten wissen wir, dass diese Waffe, die in der Wirkung der einer kleinen Atombombe geähnelt haben soll, ihre optimale Wirkung erst entfaltete, wenn sie mit Raketengeschwindigkeit aus großer Höhe abgeschossen wurde. Ihre Wirkung war so vernichtend, dass 25- und 50-Kilogramm-Zippermayr-Ladungen beim Abwurf auf den Starnberger See eine Wirkreichweite von 4 bis 4,5 Kilometern Radius aufwiesen und ihre Explosion immer noch in einem Radius von 12,5 Kilometern um den Einschlagspunkt herum gespürt wurde. Diese Waffe zur Erzielung von Großraumexplosionen geht über den Rahmen dieses Buches weit hinaus und wird Gegenstand einer späteren Veröffentlichung sein.

Wollte man die Zippermayr-Bomben, deren Ladung erst kurz vor dem Abflug eingefüllt werden durfte, einsetzen, blieb nur die Möglichkeit einer Entwicklung von geeigneten Raketen oder der gezielte Abwurf mithilfe von raketenschnellen Flugzeugen mit mehrfacher Schallgeschwindigkeit aus großer Höhe. Sollte die DFS-346 dafür gebaut werden?

Aus sowjetischen Quellen wissen wir, dass die Boden- und Fluginstrumente der DFS-346 aus den ehemaligen Askania-Werken in Berlin kamen. Die Askania-Werke waren aber vor allem für ihre Bombenzielgeräte bekannt! Eine in schlechter Bildqualität vorliegende Aufnahme einer russischen DFS-346 bei einem Hochgeschwindigkeitsflug in etwa 10 000 Metern Höhe zeigt dann auch einen kleinen Buckel über dem vorderen Rumpfbereich, der das Bombenziel- und Flugleitsystem der Maschine enthalten haben dürfte.

Auch die für immense Belastungen ausgelegte Baukonzeption der DFS-346 spricht für Pläne, die Maschine im schnellen Ziel- oder Sturzflug zum Abwurf von Bomben zu verwenden, die mit hoher kinetischer Energie im Ziel einschlagen sollten. So war die DFS-346 mit einem speziellen Liegesitz ausgestattet, der einen »Blackout« des Piloten bei hohen G-Belastungen verhinderte – eine Ausrüstung, die für einen reinen Hochgeschwindigkeitsversuchsflug, für den die Maschine angeblich vorgesehen war, nicht nötig war. Auch plötzliche Kurven fielen hier weg.

Anders sah dies im Falle eines Abfangmanövers nach einem Bombensturzflug mit hoher Geschwindigkeit und aus großer Höhe aus. Tatsächlich bemühten sich in der Nachkriegszeit darauf angesprochene Entwickler der

In den 1960er-Jahren gelangte diese frühe Zeichnung der DFS-346 in die Öffentlichkeit. Sehr wahrscheinlich war sie in der bis heute verschollenen Angebotsbeschreibung an das RLM enthalten. Wer hat sie?

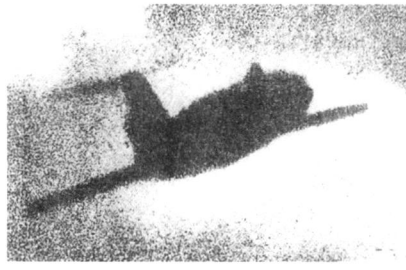

Russische Aufnahme einer DFS-346 mit »Rumpfbuckel«-Gerätebehälter im Höchstgeschwindigkeitsflug in etwa 10 000 Metern Höhe.

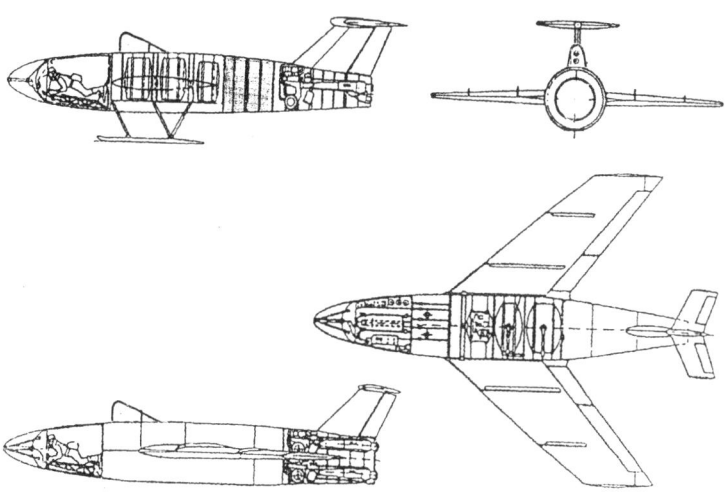

Zwei Versionen der DFS-346 mit »Rumpfbuckeln«. Oben mit HWK 509 C (Steigofen und Marschofen), unten mit zwei gekoppelten HWK 509 A.

DFS-346 vergeblich, die auffallende Pilotenkapsel der Maschine zu erklären, die so gar nicht zu einem reinen Versuchsgerät passen wollte. (40B, 40C)

Akzeptiert man die These, dass die DFS-346-Entwicklung zu einem neuartigen Angriffswaffensystem führen sollte, wird auch klar, warum die sowjetischen Angaben über die Tests des Systems in der Nachkriegszeit so zurückhaltend und mit Widersprüchlichkeiten behaftet sind. Man konnte und wollte keine zu offensichtlichen Spuren aufzeigen.

Die Aufgabe der Entwicklung der Zippermayrschen Kohlenstoffbombe zugunsten der Atomwaffen dürfte dann in den 1950er-Jahren zum Verzicht auf die Weiterentwicklung der DFS-346 durch die Sowjets geführt haben.

Außer den Sowjets versuchten auch die Franzosen eine Kopie der DFS-346 nachbauen zu lassen. In Bad Ainring bekamen sie einen kompletten Satz der DFS-346-Zeichnungen in die Hände und brachten die Väter der Maschine wie Kracht dazu, in Frankreich an der Realisierung der DFS-346 zu arbeiten.

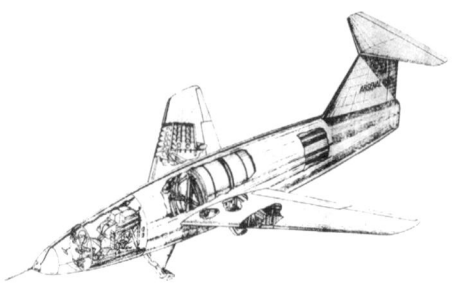

Laboratoire Arsenal *Arsenal-2301*

In Südfrankreich wurde bei *Laboratoire Arsenal* die Arsenal-2301 fertiggestellt und erfolgreich geflogen. Später sollte daraus eine unbemannte Version entstehen. Die französische Regierung ließ jedoch aus unbekannten Gründen die Entwicklung einstellen (40D). Bis heute besteht auch hier ein Geheimnis über die Details dieser Arbeiten. Interessant ist auch, dass Prof. Dr. Sänger, der Vater des Orbitalbombers, die Firma *Arsenal* in den 1950er-Jahren beriet. Auch er dürfte sich mit der Arsenal-2301 beschäftigt haben.

Es dürfte kaum ein Zufall sein, dass die Sowjets ihrer Version der DFS-346 den Beinamen »Viktorija« gaben. Im Allgemeinen ein Frauenname, hatte jedoch das Wort »Viktorija« in poetischen Büchern seit den Zeiten Peters des Großen, der der deutscher Kultur gegenüber sehr aufgeschlossen war, die Bedeutung »Sieg«!

Geheimnisvoll: das »T«-Raketengeschoss (Sänger)

Verschiedene in- und ausländische Nachkriegsberichte sprechen dafür, dass außer der Fi-103-R- und der Peenemünder A-4B/A-9-Reihe mindestens ein weiteres bemanntes flugkörper- oder raketenähnliches Objekt bis zum Flugteststadium kam. Dabei handelte es sich nach Angaben von Robert Lusar um das »T«-Raketengeschoss (Sänger). (41) Robert Lusar arbeitete als Ingenieur im deutschen Patentamt und hatte einen einzigartigen Überblick über die deutschen Geheimwaffenentwicklungen.

Er berichtet, dass das »T«-Raketengeschoss einer V-2 geähnelt habe, aber einen größeren Durchmesser besaß und auch länger war. Der Rumpf wurde von drei (im Text sind irrtümlich zwei angegeben) Trag- und Stabilisierungsflächen getragen, die im Winkel von 120 Grad angeordnet waren und so eine größere Reichweite ermöglichten. Das Raketengeschoss startete waagrecht von einer Startschleuder, stellte sich nach Erreichen einer großen Höhe auf einen leichten Gleitflug ein und flog im Segelflug weiter, richtete sich, nachdem es eine bestimmte Höhe erreicht hatte, wieder auf und ging im Steigflug erneut auf eine größere Höhe, um sich dann wieder auf Gleitflug umzustellen. Dieser Vorgang wiederholte sich einige Male. Die Durchschnittsgeschwindigkeit wurde mit 2350 Kilometern pro Stunde angegeben und die Reichweite mit 6000 Kilometern, sodass die »T«-Geschosse das Gebiet von Nordamerika hätten erreichen können. Nach Lusar wurden darüber keine näheren Einzelheiten bekannt, weder in Deutschland noch im Ausland.

Dem englischen Journalisten David Monaghan (42) fiel aber bei der Auswertung von Kriegspropaganda eine merkwürdige Sendung der NBBS (*National British Broadcasting Station*) vom 8. März 1945 auf. Die NBBS war eine »schwarze« deutsche Rundfunkstation, die unter der Leitung des Propagandaministeriums in Berlin stand. Die NBBS-Mitteilung lautete: »Die Einmann-Bombe ist die neueste Überraschung, die auf unsere Streitkräfte im Westen durch deutsche Wissenschaftler losgelassen werden soll, und nach allen Berichten hat sie eine ›unangenehme Wirkung‹ (›nasty effect‹). Die Bombe wird von einem Piloten in große Höhe geflogen, und wenn sie über unseren Linien ist, wird sie auf ihr Ziel am Boden ausgerichtet. Der Pilot selbst springt am Fallschirm ab. Der Feind soll diese Waffen im großen Rahmen zum Einsatz vorbereiten. Nach allem, was bekannt ist, ist die Bombe zwei bis drei Mal größer als ein V-Waffen-Projektil.«

Wie aus dem folgenden Bericht hervorgeht, passt die Radiomeldung über die bemannte Raketenbombe mit Zwei-bis-Drei-Tonnen-Sprengkopf ziemlich gut auf die »T«-Waffe.

Es gibt dazu einen wichtigen Bericht, der in der französischen Luftfahrt-
zeitschrift *Au dela du Ciel* im Juli 1958 veröffentlicht wurde. (43) Darin
beschreiben ehemalige französische Kriegsgefangene genau dieses
»T«-Geschoss (»La Fusée pilotée ›T‹«). Die Augenzeugen schildern sogar
einen der Tests des »T«-Raketengeschosses: In Norddeutschland wurden
dazu, inmitten von Feldern von Heidekraut, einige Backstein- und Beton-
gebäude errichtet, kleine billige Häuser und zwei oder drei Stockwerke
große Gebäude, ebenso wie Büros und metallische Konstruktionen. Alles
sah beinahe wie eine kleine Stadt aus. Verschiedene Autotypen wurden in
den Straßen der Pseudostadt aufgestellt. Ein kleiner Bahnhof mit Eisen-
bahnschienen, Waggons und Lokomotiven ergänzte, ebenso wie Gärten,
das Bild einer kleinen Provinzstadt. Die ehemaligen Kriegsgefangenen
nahmen nicht dazu Stellung, ob lebende Testobjekte in der kleinen Muster-
stadt vorhanden waren – wie wir sehen werden, verbirgt sich dahinter
vielleicht eine fürchterliche Wahrheit.
Zwei Meilen entfernt davon, am Rand eines Waldes, waren Techniker,
Heeres- und Luftwaffenoffiziere in einem Bunker untergebracht, um die
wichtigen Experimente zu beobachten. Die Augenzeugen sahen, dass die
Rakete senkrecht in den Himmel aufstieg, während Rauch und Flammen
aus drei Düsen entströmten, die am Ende der Flügel angebracht waren.
Nachdem sie eine Höhe von etwa 8000 Metern erreicht hatte, flog sie
geradeaus im Zickzack weiter, wie wenn sie sich ihres Weges unsicher sei.
Als sie sich genau über dem Ziel befand, begab sich die Rakete in einen
weiten Zirkel und ging mit einem fürchterlichen Pfeifen in den Sturz über.
Ihre Düsen waren dabei ausgeschaltet. In etwa 5000 Metern Höhe löste
sich die transparente Nase ab, und ein weißer Fallschirm öffnete sich. Ein
Pilot wurde am Fallschirm sichtbar und landete fast genau auf dem Luft-
schutzbunker.
Das Geschoss schlug fast genau im Zentrum der Gebäude mit einer tiefen
Detonation ein. Es gab eine riesige Flamme. Danach war alles von einem
dichten, schweren, grauen Rauch bedeckt, während sich eine warme,
atemberaubende Hitzewelle rapide ausbreitete. Es dauerte über eine Stunde, bis sich der dichte Rauchvorhang wieder legte. Von den Gebäuden
waren danach nur noch Trümmer übrig. Die metallischen Konstruktionen
waren formlos und geschmolzen. Von großen Bäume blieben nur noch
verbrannte Stümpfe. Am Punkt des Einschlags war der Boden buchstäblich
mit kraterähnlichen Löchern ausgefüllt, die noch an einigen Stellen brann-
ten. Es sah alles aus, als wenn ein enormer Druck ausgeübt worden wäre.
Die in den Straßen geparkten Autos waren Trümmer oder wurden gewalt-
sam von der Explosion gegen die brennenden Häuser geworfen. Die

Bahnhofsstation aus Beton war teilweise kollabiert. Die Lokomotiven hatten der Explosion widerstehen können, aber ihre Wagen waren völlig zertrümmert und lagen übereinander. Die Augenzeugen berichteten auch, was sich am Ende des Krieges und danach mit der »T«-Waffe abgespielt hatte: Die Deutschen gaben sich große Mühe, diese Experimente zu verbergen. Den Informationsdiensten der Aliierten gelang es, dies erst herauszufinden, als der Krieg beendet war, und kompetente Techniker waren der Meinung, dass es sich dabei um eine nukleare Explosion gehandelt habe. Eine große Anzahl von französischen Kriegsgefangenen konnte bezeugen, dass einige dieser »T«-Raketengeschosse gebaut und zerstört wurden, bevor sie in die Hände der Alliierten fallen konnten.

Leider wurden bisher noch nie offizielle Berichte aus deutschen oder Alliierten-Quellen über diese offensichtlich bereits bis zum Flugtest- und Waffenerprobungsstadium gelangte Waffe veröffentlicht.

Die vorhandenen Quellen lassen aber trotzdem wichtige Schlüsse zu: So wird in dem französischen Bericht erwähnt, dass der Test 1944 inmitten von Heidekrautfeldern stattgefunden habe. Da sich die Blütenperiode des Heidekrauts von Juli bis Oktober (Schwerpunkt Herbst) erstreckt, ist so eine zeitliche Eingrenzung des mutmaßlichen Tests auf diese Zeit möglich. Dies passt zu der Erkenntnis, dass die deutsche Atombombe ab Juli 1944 fertig entwickelt war, und zu anderen Berichten über deutsche Atomtests in der zweiten Hälfte des Jahres 1944!

Geht man weiterhin davon aus, dass sich der Testort in einer heideähnlichen Gegend befunden haben dürfte, gewinnen mündliche Berichte an Bedeutung, die von deutschen Atomtests in der Märkischen Heide und in der Lüneburger Heide berichten.

In beiden Gegenden befanden sich Truppenübungsplätze, die solche Tests ermöglicht hätten. Wir wissen auch, dass sich bei Trauen in der Lüneburger Heide eine Forschungsanstalt von Prof. Dr. Eugen Sänger befand, die er ab 1936 im Auftrag der Luftwaffe für seine Raketentests aufgebaut hatte. Diese Testanstalt trug den harmlos klingenden Namen »Flugzeugprüfanstalt Trauen«. In Wirklichkeit handelte es sich dabei um einen geheimnisvollen Raketentestplatz, wo auch Prüfteststände für Triebwerke bis zu einer Stärke von 100 Tonnen gebaut wurden. Über die dort entwickelten Produkte wurde nie viel bekannt. Man muss sich fragen, ob das Sänger zugeschriebene Raketengeschoss »T« nicht sogar hier gebaut und in der nahen Lüneburger Heide getestet wurde. Verwirklichte Prof. Sänger mit dem »T«-Raketengeschoss die kleine Version seines zukunftsweisenden Antipodenbombers?

Dass in der Lüneburger Heide wirklich »merkwürdige Dinge« vorgingen, wird in mehreren voneinander unabhängigen Berichten dargelegt: Eine Agentenmeldung des US-Geheimdienstes OSS vom 28. Oktober 1943 berichtete, dass am Rande der Lüneburger Heide ein neuartiger Sprengstoff in riesigen unterirdischen Fabriken in Flugbomben gefüllt werde. Der Behälter für diesen Sprengstoff solle kugelförmig aussehen. Einem englischen BIOS-Bericht zufolge existierte in der Lünebürger Heide ein spezielles Wissenschaftler-KZ (Konzentrationslager), genannt »Lager Mecklenburg«. Dieses KL war von der SS für »verdächtige« Wissenschaftler eingerichtet worden und führte wissenschaftliche Forschungen geheimster Art durch. Auch Versuche an einer »Art von Atombombe« (»some kind of atomic bomb«) sollen im Bereich oder in der Nähe des Wissenschaftler-Lagers durchgeführt worden sein!

Waren die »französischen Kriegsgefangenen«, die den Bericht über den Test des »T«-Geschosses überliefert haben, gefangengehaltene französische Wissenschaftler aus dem »Lager Mecklenburg«? Falls ja, würde dies auch erklären, warum sie als Gefangene überhaupt bei so einem geheimen Test anwesend sein durften.

Es ist die Frage, ob wir über die mutmaßliche Existenz dieser revolutionären bemannten Raketenwaffe jemals die Wahrheit erfahren werden.

1952 tauchten Entwurfselemente des »T«-Geschosses in Frankreich auf, als die Firma SNECMA ihre revolutionären Senkrechtstarterentwürfe herausbrachte. Die dafür maßgebliche Abteilung *Études Speciales* stand unter der Leitung des ehemaligen deutschen Ingenieurs M. G. Eggers. Die veröffentlichte Abbildung des SNECMA-Senkrechtstarters mit geraden Flügeln gleicht dem deutschen »T«-Projekt äußerlich fast wie ein Zwilling.

Am Ende entschied sich die SNECMA aber zur Verwirklichung des noch revolutionäreren Ringflüglers »Coleptère« des ehemaligen SS-Wissenschaftlers und Sänger-Mitarbeiters Graf von Zbrowski.

Es gibt aber darüber hinaus einen möglicherweise fürchterlichen Grund für das hartnäckige Verschweigen des »T«-Geschosses und seines Tests.

Der amerikanische Richter Jackson (44) fragte Albert Speer am 21. Juni 1946 im Nürnberger Prozess nach einem ihm bekannten Vorgang, bei dem in der Nähe von Auschwitz ein kleines Dorf provisorisch errichtet wurde, in das man 20 000 Juden setzte. Durch eine neue Massenvernichtungswaffe sei alles dort augenblicklich ausgelöscht worden. Speer stritt die Existenz einer solchen Waffe ab. Himmlers Masseur und Vertrauter Dr. Felix Kersten bestätigte aber genau dies in seinem 1947 erschienenen Buch. (45) Danach hatte ihm der verlässliche Kriminalrat Obersturmführer Goering genau von diesem Experimentaldorf bei Auschwitz erzählt, wo durch einen einzigen Einschlag 20 000 Juden vernichtet wurden. Die Explosion habe 6000 Grad Hitze erzeugt und das ganze Dorf, einschließlich aller dort untergebrachten Menschen und Tiere, zu Asche verbrannt. Kersten bringt diesen Versuch ausdrücklich mit dem Test einer kriegsentscheidenden Vergeltungswaffe in Verbindung, die London oder New York mit ein oder zwei Schuss zerstören konnte. Renato Vesco schrieb dazu 1972 unter Bezug auf US-Ordnance-Fachleute (46), dass »un medico personale de Himmler« (Dr. Kersten – Anmerkung Autor) 1947 Beweise vorgelegt hatte, die später vom britischen *Secret Service* überprüft und bestätigt wurden. Danach besaß Deutschland die Atombombe. Ein Exemplar wurde an einem mit Juden bevölkerten Dorf getestet, das man extra dafür an einem entfernten Ort errichtet hatte.

In diesem Fall wird klar, warum heute weder etwas Näheres über das Opfer von 20 000 Testpersonen noch über das »T«-Geschoss bekannt ist. Mussten die Franzosen vor der Veröffentlichung ihrer Ortangabe des »T«-Tests das Areal von »Polen« in »Norddeutschland« ändern, um keine schlafenden Hunde zu wecken, und wussten sie wirklich nichts über etwaige menschliche Versuchskaninchen des von ihnen beschriebenen Tests?

Man hatte mit dem Verschweigen dieses Experimentes gleichzeitig ein Druckmittel aufseiten der Sieger, um beteiligte deutsche Atomwissenschaftler zum Schweigen über Hitlers Siegeswaffen zu zwingen, sofern sie nicht als »Kriegsverbrecher« enden wollten.

Übrigens erschien Dr. Kerstens Buch 1956 erneut in London und New York. Die kompromittierenden Seiten über Himmlers Nuklearwaffenankündigung und das Experiment mit 20 000 Opfern waren komplett nicht mehr enthalten! (47)

In der Nähe von Auschwitz hatte der mit Deutschlands Nuklearprogramm eng verzahnte IG-Farben-Konzern eine mysteriöse Fabrikanlage errichtet, deren Bau 900 Millionen Reichsmark verschlang. Diese Summe war 50 Mal höher als der Preis für normale Bunafabriken und mehr als doppelt so hoch wie der gesamte finaille Aufwand für den V-2-Raketenkomplex in Peenemünde, der 360 Millionen Reichsmark erforderte.

Die Firma in Auschwitz, die mehr Elektrizität benötigte als ganz Berlin, stellte während des Krieges kein einziges Gramm Buna her, obwohl sie in damaliger Dollar-Währung mit 250 Millionen Dollar sogar mehr kostete als das amerikanische Oak-Ridge-Atomprogramm. Nach modernen Forschungsergebnissen (48) war sie in Wirklichkeit nichts anderes als eine Urananreicherungsfabrik. Sie wird bis heute als angeblich »fehlgeschlagene« Bunafabrik angesehen.

Mit der Urananreicherung schließt sich der Kreis zum mutmaßlichen tödlichen Atomtest bei Auschwitz und zur Sänger »T«.

»T«-Geschosse wurden bei Kriegsende von den Alliierten nirgendwo erbeutet. Die Pläne, zumindest ein Teil von ihnen, so heißt es, seien zwar gefunden worden, aber es sei nicht gelungen, die Herstellungsstätte der »T«-Raketen zu finden (48A).

Abteilung 2: Höhenraketen, unbemannte Sonden und Satelliten

Was geschah auf dem Montblanc?

Auf dem Montblanc, dem mit 4810 Metern höchsten Bergmassiv Europas, bestand 1943/44 ein geheimnisvoller Höhenprüfstand, dessen Existenz nur durch den tragischen Absturz eines deutschen Fa-223-Hubschraubers bekannt wurde. (49, 50)
Das Reichsluftfahrtministerium (RLM) hatte in Chamonix eine kleine Sektion errichtet, die von FL.Stabs.ing. Klemens von Gottberg der GL/Flak E-1 kommandiert wurde. Die genaue Tätigkeit der Sektion Chamonix bleibt bis heute von einem Geheimnis umgeben. Die GL/Flak E-1 war aber als Abteilung innerhalb der »Amtsgruppe Flakentwicklung« für neue Typen von Flakmunition und neuartige ballistische Entwicklungen verantwortlich.
Auf dem Montblanc wurde dann ein Höhenprüfstand errichtet, auf dem schwere Raketentriebwerke in großer Höhe getestet werden sollten.
Um ihre schweren Einzelteile besser auf das Bergmassiv zu bekommen, wollte man eine andere deutsche technische Neuheit verwenden, einen Hubschrauber des Typs Focke Fa-223. Ursprünglich sollte dazu einer der Fa-223-Prototypen verwendet werden, die mit einem BMW-323-Y-1-Höhenantrieb ausgerüstet waren. Als der Einsatzzeitpunkt näherrückte, waren beide Höhenmaschinen allerdings nicht einsatzfähig, sodass man als Notlösung auf die Fa-223 V-12 mit normalem Motor zurückgreifen musste.
Schon beim Verlegungsflug nach Frankreich entwickelte die Fa-223 V-12 schwere Motorprobleme und wäre beinahe über den Vogesen abgestürzt. Bei der Zwischenlandung in Luxeuil konnte dann festgestellt werden, dass die Ursache der Motorstörung auf Sand zurückzuführen war, der die Treibstofffilter verstopfte. Bei einer weiteren Landung in Lyon stieg der Kommandeur der Sektion Chamonix, Fl.Stabs.ing. von Gottberg, als Pas-

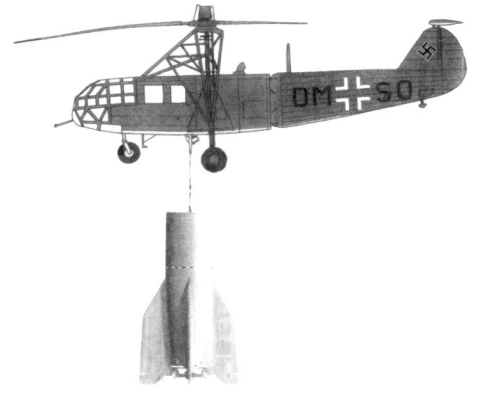

sagier zu. Am 4. Dezember 1943 gegen 13:35 Uhr stürzte die Fa-223 dann kurz vor dem Ziel über dem Platon dè Assy ab, als der rechte Rotor und Auslegerarm plötzlich abbrachen. Bei dem Absturz kamen der erfahrene Pilot Brenneke und Sektionsleiter von Gottberg ums Leben. Bei der anschließenden kritischen Unfalluntersuchung des Hubschrauberwracks wurde »Materialermüdung« durch Resonanzerscheinungen als für den Unfall verantwortlich festgelegt. Die entsprechenden Teile der anderen Fa-223-Hubschrauber wurden danach abgeändert. Dennoch blieb ein Hauch von Sabotage übrig und auch der Sand im Treibstofffilter kann leicht durch menschliches Zutun hineingeraten sein. Wollte jemand, dass der Transporthubschrauber nie sein Ziel erreichen sollte?

Die abgestürzte Unglücksmaschine Fa-223 V-12 sollte so bald wie möglich von den ursprünglich schon einmal vorgesehenen Höhenhubschraubern beim Montblanc-Einsatz ersetzt werden. Dies scheint aber nicht der Fall gewesen zu sein, anscheinend war der Sektion Chamonix des RLM die Verwendung der Hubschrauber nun zu riskant geworden. Stattdessen benutzte man konventionelle Transportmethoden wie Trägerkolonnen und Maultiere, um die wertvollen Testgegenstände in die Höhenlagen der Alpen zu bringen.

Als die Alliierten Ende 1944 den Montblanc zurückeroberten, hatten die Deutschen die Reste ihres Höhenprüfstands bereits komplett abgebaut.

So bleiben die genauen Details der geheimen Raketen- und Ballistikexperimente auf dem höchsten Berg Europas wohl für immer ein Rätsel.

Aerodynamische Höhenforschung war auch bei der LFA »Hermann Göring« in Volkmansrode/Braunschweig möglich. Sie besaß einen 400 Meter langen unterirdischen Stollen für Windkanalmessungen. Durch Luftabsaugen konnte man die Atmosphäre in 10 000 Metern über dem Meeresspiegel und höher simulieren. Die Alliierten wurden von seiner Existenz nach Kriegsende völlig überrascht.

A-4-Höhenforschungsraketen

Bis zum Erscheinen der A-4-Raketen war die Kenntnis der Strato-Ionosphäre der Erde nur auf Vermutungen angewiesen.

General Dr. Dornberger ließ deshalb im Frühjahr 1944 in Heidelager A-4-Raketen zu Versuchszwecken für den Geradschuss einsetzen. (51)

Ab März 1944 wurden so auch Temperaturmessungen an der Spitze der A-4 ausgeführt. Glaubt man Nachkriegsberichten, sollen die Ergebnisse dieser Messungen wegen der mangelhaften Qualität der Geräte zu wünschen übrig gelassen haben. (52)

Ziel war es, die Vorgänge beim Wiedereintauchen in die Luftschichten der Erde zu verfolgen, und nicht, Höhenweltrekorde aufzustellen. Dazu wurde ohne automatisch gesteuerte ballistische Umlenkung senkrecht geschossen.

Nachdem zuerst 50, 60 und 70 Kilometer Höhe erreicht wurden, wiederholte man diese Versuche mit zahlreichen weiteren Raketen mit Messwertsender und voller Tankfüllung. Dabei erreichte man in der Spitze bei 67 Sekunden Brennzeit 189 Kilometer Höhe.

Wie erwartet, fielen die Raketen nach Erreichung ihres Gipfelpunktes mit der Spitze nach oben und dem Leitwerk nach unten senkrecht und ohne umzukippen hinab. Erst nach Erreichen dichterer Luftschichten der Erde

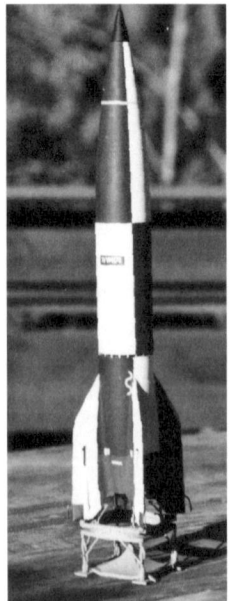

Oben: Raketenmessinstrumente für Höhenflug nach Ausbau auf SWS (Modell: Georg)

Links: A-4-Höhenforschungsrakete (zusätzliches Messrohr an der Spitze, Sonderantennen an den Leitwerken und Sichtanstrich) (Modell: Georg)

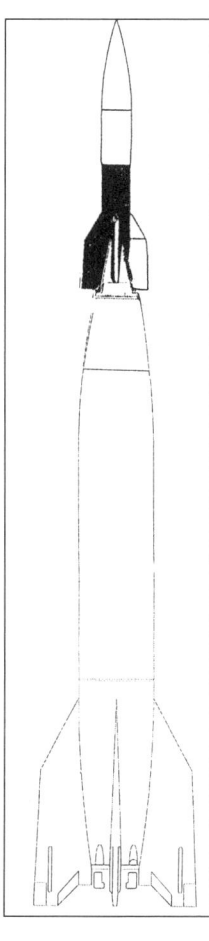

vollführten sie dann eine Dreiviertel Drehung um den Schwerpunkt und neigten sich mit der Spitze senkrecht nach unten. Danach fielen die Raketenkörper »pfeilstabil« Tausende von Metern in Richtung Erdboden.

Der erstaunte Dr. Dornberger konnte jedoch kein Auftreffen dieser ungebremst fallenden Raketen auf der Erde feststellen. Schließlich gelang es, den Augenblick des Zerbrechens einer Höhen-A-4 im Film festzuhalten. Es konnte aber aus der Auswertung dieses Films kein endgültiges Urteil gefällt werden, was die wirkliche Ursache für dieses Auseinanderbrechen war.

Die A-4-Höhenschüsse dürfen nicht mit den von Meteorologen des Heeres und der Luftwaffe geplanten Fallschirmsonden für Höhenmessungen verwechselt werden.

Im Wesentlichen dürfte es bei diesen Versuchen in Heidelager um die Erforschung des Wiedereintrittsverhaltens von militärischen Raketen gegangen sein, die wesentlich größere Höhen erreichen sollten als die normale A-4.

EMW-A-4-Zweistufen-Höhenrakete (mit Aufsatz A-5). Erst in der Nachkriegszeit als V-2/VAC Corporal in den USA verwirklicht, wobei diese Rakete nach ihrem Start 200 Meilen Höhe erreichte.

Unbekannte Zweistufen-Höhenrakete

Ein Top-Secret-Bericht des Stockholmer Marineattachés der *US Navy* erwähnt unter Bezugnahme auf die Angaben des nach Schweden geflohenen österreichischen Raketenwissenschaftlers Franz Peter, dass bereits im Sommer 1944 in Deutschland eine Zweistufenrakete existierte, die eine Höhe von 360 Kilometer erreicht habe. Demzufolge sollte eine Reichweite von 500 bis 700 Kilometern möglich sein. (53)
Gestartet würden, so der Bericht, diese Raketen nicht von einem Katapult, sondern mit einer Schiene oder unter eigener Kraft. Der ersten Stufe würden Gasolin (Kerosin?) und flüssiger Sauerstoff als Treibstoff dienen,

während die eigentliche Rakete flüssigen Wasserstoff und flüssigen Sauerstoff als Antrieb verwenden würde.

Peter habe noch von Raketen mit weiteren Stufen gesprochen.

Er habe außerdem behauptet, dass eine Atlantikrakete zur Bombardierung New Yorks etwa 56 Minuten Flug bis zum Einschlag benötigen würde.

Das alles zeigt, dass Franz Peter ein tiefes Wissen über das deutsche Raketenprogramm gehabt haben muss. Seine Arbeitsstelle bei den Rheinmetall-Borsig-Werken in Sömmerda (nordöstlich von Erfurt) beschäftigte sich nachweisbar während des Krieges mit der Entwicklung von Mehrstufenraketen, deren bekannteste die Vielstufenrakete »Rheinbote« war.

Treffen Peters Angaben zu, so gab es bereits im Sommer 1944 eine bis heute unbekannte deutsche Zweistufenrakete, die bis in eine Höhe von 360 Kilometer aufzusteigen vermochte. Unterhalb dieses Höhenniveaus kreisten in den vergangenen Jahrzehnten bereits Satelliten um die Erde.

Die »Regener Tonne« – Vorläufer der Raumsonden oder Beginn der militärischen Höhenforschung?

Bis zur Zeit der V-2 war wenig über das bekannt, was sich außerhalb der Atmosphäre ab 30 Kilometern Höhe abspielte. Dies war das Höhenlimit der Forschungsballons! Es war nur durch normale physikalische Berechnungen möglich abzuschätzen, wie sich die Atmosphäre allmählich mit dem zunehmenden Grad der Höhe verdünnte, bis sie in den Weltraum überging. Die Ausbreitung der Radiowellen über lange Distanzen ließ aber erkennen, dass elektrisch geladende Schichten in der Atmosphäre die Radiowellen reflektierten, und der Glanz der Nordlichter schien mysteriöse Prozesse anzudeuten. Auch für die Militärs war die Kenntnis der Vorgänge in der oberen Erdatmosphäre bis hin zum Weltraum von extremer Wichtigkeit, denn es ging um die Entwicklung von für Fernraketen geeigneten Lenk- und Führungsverfahren sowie um das Verhalten von Sprengköpfen in solchen Höhen. Wenn man also in den Weltraum militärisch vorstoßen wollte, war eine genaue Kenntnis der dort herrschenden Bedingungen unumgänglich.

Die V-2 war in der Lage, eine Tonne Instrumente in bis zu 160 Kilometern Höhe zu bringen. Somit stellte sie das perfekte Werkzeug für die Erforschung der unbekannten Regionen der Atmosphäre dar.

Am 8. Juni 1942 vergab die Heeresversuchsanstalt (HVA) Peenemünde deshalb einen Entwicklungsauftrag für eine physikalische Messkapsel an Prof. Erich Regener von der Forschungsstelle für Physik der Stratosphäre in Friedrichshafen am Bodensee. Dieses Datum gilt bis heute als Geburtsstunde der Forschungsmethodik »extraterrestrische Physik«. (53, 54) Prof. Regener war bekannt dafür, dass er die besten Höhenballons (mit Ausrüstung) baute. Hatte er bisher damit 30 Kilometer Höhe erreicht, wurde nun an ein Vielfaches davon gedacht.

Dass man sich dabei aber nicht nur auf friedliche Forschungen orientierte, geht schon aus dem Beratungsprotokoll hervor, in dem es hieß: »Das A-4 bietet die Möglichkeit, atmosphärische Höhenvermessungen nach neuartigen Methoden auszuführen. Die baldmögliche Durchführung liegt nicht nur im Interesse der Forschungsstelle für Physik der Stratosphäre, Friedrichshafen, sondern im Hinblick auf die Gewinnung einwandfreier Erpressungsunterlagen für Flugbahnberechnungen, Erwärmungstafeln, Schusstafeln usw. auch im Interesse der HVA Peenemünde.« Damit stand der militärische Zweck eindeutig im Vordergrund. Der Dringlichkeitsgrad der Entwicklung lautete auf SS.

Um genug Zeit für Messungen zu haben, entwarf man einen Behälter, der nach Erreichen der geforderten Höhe abgesprengt wurde, um dann am Fallschirm in einem langsameren Sinkflug niederzugehen. Aufgrund ihrer Form wurde die Kapsel allgemein »Regener Tonne« genannt.

Am 22. November 1944 wies Wernher von Braun die Durchführung der Messflüge mit der »Regener Tonne« an. Zur wissenschaftlichen Nutzlast

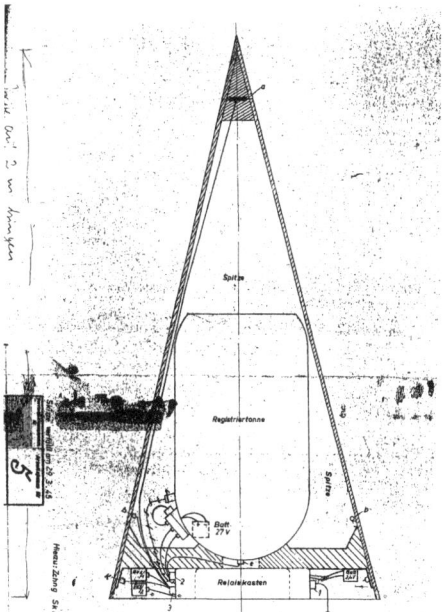

sollten Aufzeichnungsgeräte für Luftdichte, Luftdruck und Temperatur, ein Gerät zur Angabe von Luftproben in großer Höhe sowie ein Ultraviolett-Spektrograph gehören. Quarzbarograph und Drahtthermograph waren bereits vorher im Rahmen eines anderen Projekts entwickelt worden (Höhenrakete?). Weiterhin gehörten Ionenmesser und Galvanometer zur Ausrüstung der Sonde. Sogar das Flugfunk-Forschungsinstitut

Zeichnung über den Einbau der »Regener Tonne« in die A-4 (DM)

München beteiligte sich am militärischen Teil des Forschungsprogramms. Auch die Fallschirmanlage war als Forschungsmedium vorgesehen. So sollten sechs Schläuche, die in dem 20 Meter großen Band-Rückkehrfallschirm eingenäht waren, Luftproben aus der Hochatmosphäre zur Erde bringen. Entwickelt wurde das komplexe System von Haupt- und Nebenfallschirmen durch Prof. E. Madelung an der Versuchsanstalt »Graf Zeppelin« in Stuttgart. Dort wurde auch an Fallschirmen für Bomben des »Orbitalbombers« von Prof. Sänger gearbeitet.

Die Fallschirmanlage aus Haupt- und Hilfsschirmen wurde noch im Januar 1945 in der 30 Meter hohen Halle am Prüfstand 7 getestet, kurz darauf auch während eines scharfen A-4-Fluges. Die dabei mitgeführte leere »Regener Tonne«, lediglich mit Funksender und fluoreszierendem Farbbeutel (zur Wiederauffindung im Wasser) ausgestattet, trennte einwandfrei ab und wasserte anschließend in der Ostsee.

Entfaltungstests für Hilfs-Bremsfallschirm und Haupt-Bremsfallschirm der »Regener Tonne« in der A-10-Montagehalle in Peenemünde (DM).

Dieses erfolgreiche Experiment dürfte die erste zerstörungsfreie Rückführung eines Raumflugkörpers aus extrastratosphärischer Höhe sein.

Ab dem 4. Januar 1945 befanden sich alle Instrumente einbaufertig und geeicht in Peenemünde, sodass am 18. Januar 1945 der Start vorbereitet wurde. Montageprobleme und vor allem die sich zunehmend verschlechternde Kriegslage verhinderten jedoch die Mission. Die Geräte mussten ausgebaut und in Karlshagen deponiert werden.

Am 31. Januar 1945 erteilte Obergruppenführer Dr. Kammler dann den

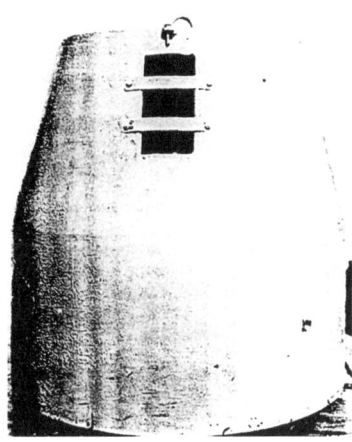

Sondernutzlast für A-4, ähnlich der »Regener Tonne« (DM)

Befehl zur »Evakuierung« von Peenemünde in den Raum von Bleicherode. Es könnte sein, dass die »Regener Tonne« noch dorthin überführt wurde. Jedenfalls verliert sich dann ihre Spur. Bis heute gilt die »Regener Tonne« als verschollen.

Tatsächlich dürfte die *US Army* aber Tonne und Messgeräte in »Dora« (Nordhausen) vorgefunden und in die USA mitgenommen haben.

Obwohl dies nicht offiziell zugegeben wird, haben die Amerikaner in der Nachkriegszeit die Versuche mit der »Regener Tonne« fortgeführt. Wohl aus Versehen wurde der US-Spektrograph der ehemaligen Sonde später von Prof. Stuhlinger (Stadtilm/Atomraketen) in den Vereinigten Staaten einem deutschen Besucher vorgeführt. Nach 1945 wurden zahlreiche wissenschaftliche Messflüge mit der A-4 unternommen. Allein die Amerikaner führten 223 verschiedene Versuche mit »zivilen« V-2 in White Sands (New Mexico) durch. Diese reichten von der Messung der kosmischen Strahlung bis zu Fotoaufnahmen der Erdoberfläche.

Auch in der Sowjetunion starteten ab 30. Oktober 1947 20 deutsch-sowjetische V-2 von Kapustin Yar, die neben Sprengköpfen auch Instrumentenkapseln zur Erforschung der oberen Atmosphäre mitführten.

Die V-2 erwies sich in der Nachkriegszeit für Ost und West durch ihre große Nutzlast bei der Erforschung der Extra-Atmosphäre für lange Zeit als unentbehrlich.

Kamerasonde »Phototonne«

Eine Sonderversion der »Regener Tonne« für Höhenaufnahmen der Erdoberfläche war die »Phototonne«. Sie war mit einer Höhenreihenbildkamera ausgerüstet und sollte vorher bis in eine Flugbahnhöhe von 50 Kilometern geschossen werden. (55)

Die Anwendungsmöglichkeiten des Programms »Phototonne« lagen nicht nur im Forschungsbereich, sondern man hätte damit auch militärisch-strategische Aufklärung betreiben können.

Fiel die »Phototonne« in amerikanische Hände? (Foto: Hauschild/Führing)

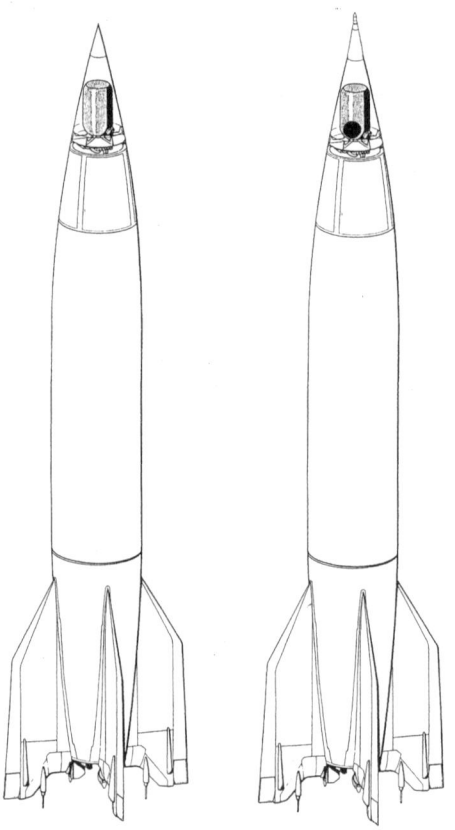

A-4-Sondenträger 1945.
Links: A-4C (Leitstrahl-
version) mit »Regener Tonne« zur Erforschung der
Hochatmosphäre.
Rechts: A-4C (Leitstrahl-
version) mit »Phototonne«
(Panorama- oder Fernseh-
kamera) zur Erdbeobach-
tung. (Quellen: DM/Autor)

Da zwei A-4-Flüge mit der »Phototonne« noch vor dem Test der »Regener Tonne« stattfinden sollten, ist es durchaus möglich, dass noch eine praktische Erprobung der Kamerasonde in Peenemünde realisiert wurde.

1946 starteten Wernher von Braun und seine Mannschaft in White Sands (USA) eine V-2 mit Kamerakapsel. Die Aufnahmen während dieses Fluges wurden in *Life* am 2. Dezember 1946 veröffentlicht. Es dürfte schwer fallen, das Argument zu entkräften, dass es sich dabei um einen Nachbau der »Phototonne« handelte – sofern es nicht in Wirklichkeit ein nach dem deutschen Zusammenbruch von den USA erbeutetes Exemplar war.

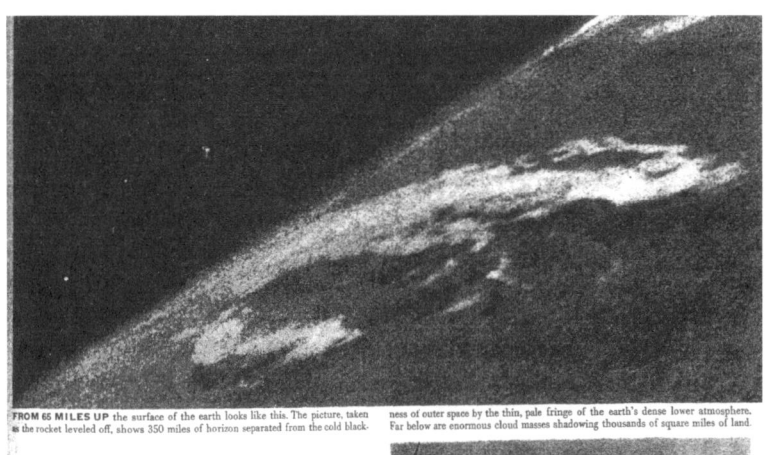

FROM 65 MILES UP the surface of the earth looks like this. The picture, taken as the rocket leveled off, shows 350 miles of horizon separated from the cold black- ness of outer space by the thin, pale fringe of the earth's dense lower atmosphere. Far below are enormous cloud masses shadowing thousands of square miles of land.

SIXTY-FIVE MILES UP

Camera rides experimental V-2 rocket to photograph earth's surface from altitude never reached by man

The picture above shows the earth as it has never been seen before—from 65 miles up, the highest any camera has ever gone. It was taken from a German V-2 rocket over White Sands, N. Mex. The automatic camera, carried near the center of the V-2's body, clicked away steadily from the moment of take-off until the film ran out four and a half minutes later. During that time the rocket reached an altitude almost five times higher than man has ever gone, started down again. Its speed was sometimes up to 4,000 feet per second.

Veröffentlichung über den Flug der »Phototonne« in den USA im Magazin Life *vom 2. Dezember 1946*

Superstratosphärische Waffen

Während sich die Peenemünder darum bemühten, mit ihren Schöpfungen eine Einsatzhöhe von 1700 Kilometern zu erreichen, verfolgte der technische Generalstab der SS unter Obergruppenführer Dr. Kammler die Entwicklung von Systemen zum Einsatz in der »Superstratosphäre«. Die

Einsatzhöhe sollte hier 50 bis 70 bzw. 200 Kilometer über Meereshöhe betragen und hätte sich damit gerade noch am äußersten Rand der Erdatmosphäre befunden.

Das Ziel war die Herstellung von Flugbomben mit extremer Reichweite, die durch strategische Aufklärungsplattformen ins Ziel gelenkt werden sollten. Hinweise sprechen davon, dass zur Lenk- und Navigationskontrolle auch im Orbit stationierte Plattformen verwendet werden sollten. Haben wir es hier mit den Vorläufern des modernen GPS zu tun? Angetrieben werden sollten diese in der Nachkriegszeit »Satelloid« genannten Raumflugkörper durch einen schwachen, aber lang andauernden Antrieb, der sie in ihrem Niedrigorbit halten konnte. (56)

Rekombinationsenergie: das superatmosphärische »Osterei«

Im Jahr 1950 erschien im Dürer-Verlag in Argentinien das Buch *Brennpunkt FHQ* von Hanns Schwarz. Nach seinen Angaben war er während des Krieges als hoher Truppenführer und Kämpfer der SS bis zum letzten Moment in Berlin. (57) Dabei erfuhr er aus erster Hand Details über die letzten Geheimwaffenentwicklungen des Dritten Reiches, von deren Einsatz sich Hitler fast bis zum letzten Augenblick noch eine Wende des Krieges erwartet hatte.

Auch über eine besondere V-Waffe, die von der »Festung Norwegen« aus starten sollte, erhielt er Informationen: »Dort hatten wir Basen für die Fertigstellung der gewichtigsten Waffe, von der wir wussten, dass sie eine V-Waffe mit ungeahnter Reichweite war und ein neues, ganz vernichtendes Sprengmittel bekommen sollte.«

Auch der für die Deutschen arbeitende spanische Superspion De Velasques, der am Ende des Krieges den Abtransport von wichtigem Personal und Material aus dem untergehenden Reich nach Spanien mitorganisiert hatte und so über die letzten Waffenentwicklungen des Dritten Reiches bestens informiert war, berichtete von neuartigen »untertassenähnlich« aussehenden Waffen in Norwegen.

Tatsächlich gibt es Hinweise auf ein deutsches superstratosphärisches Flugkreiselbomben-Projekt, das sich einen bereits in den frühen 1930er-Jahren entdeckten Effekt der hohen Atmosphäre zunutze machen sollte. (58, 59)

Schon 1930 hatte Professor Sydney Chapman festgestellt, dass sich die Luft der höheren Stratosphäre in einem physikalisch völlig unterschiedlichen Zustand gegenüber dem in den tieferen Luftschichten darstelle. Durch die Wirkung der ultravioletten Strahlung wandle sich der im zweifach atomaren Zustand vorliegende Sauerstoff in monoatomares Oxygen um, einen metastabilen Zustand, der stark korrosiv für nicht geschützte Metalle sei.

1935 hatte der englische Luftfahrtspezialist H. R. Ricardo auf einem Kongress in Rom bereits festgestellt, dass die in großer Höhe auftretende chemische Zusammensetzung der Atmosphäre ein kostenloser Treibstoffvorrat für den Antrieb von Höhenmotoren sei, der direkt aus der Atmosphäre entnommen werden könne. Dieses Phänomen der, je nach Höhe, unterschiedlichen Gaszusammensetzungen wird durch verschiedene natürliche Faktoren verkompliziert. Es existieren einige verstärkende Effekte, wie die kosmischen Strahlungen und die »Sonnenstürme«, während sich andere – wie die jahreszeitlichen Veränderungen – negativ darauf auswirken. Auch der Breitengrad übt einen großen Effekt auf die Ionendichte aus. So werden die nordischen Länder durch die Nachbarschaft des magnetischen Nordpols besonders bevorzugt, wie durch die häufigen Nordlichter bestätigt wird.

Die Atmosphäre der Erde teilt sich in folgende Zonen auf:

Troposphäre: Vom Meeresniveau bis zu einer Höhe von 16 000 Meter.

Stratosphäre: Von 16 000 Meter bis 35 000 Meter.

Mesosphäre: Von 35 bis 80 Kilometer.

Ionosphäre: Von 80 bis 800 Kilometer.

Esosphäre: Über 800 Kilometer hinaus.

Für unser Thema interessiert die *Superstratosphäre*, die sich von 35 bis 200 Kilometer Höhe erstreckt, davon besonders deren Zone zwischen 80 und 170 Kilometer.

Die chemischen Elemente der Atmosphäre in tieferen Höhen sind stabil, aber jenseits von 80 Kilometern Höhe eignet sich ihre Verteilung für die Verbrennung in monoatomar angetriebenen Motoren. Der Höhepunkt der täglichen Ionisation findet in etwa 100 Kilometern Höhe statt.

Unsere Atmosphäre besteht zu vier Fünfteln aus Stickstoff und zu einem Fünftel aus Sauerstoff mit Spuren von Ozon, Stickstoffoxid und anderen Substanzen. Die Disoziierung des Sauerstoffs beginnt, wie oben erwähnt, ungefähr in 80 Kilometern Höhe, verstärkt sich schnell über 90 Kilometer und wird total bei 150 Kilometern Höhe. Über 140 Kilometer erhöht sich Stickstoff und seine Konversion in freie Radikale; diese Umwandlung wird total in einer Höhe von 170 Kilometer über dem Erdboden. 1955 wiesen Ergebnisse des Laboratoriums des *Geophysic Research Divectorate* von Cambridge nach, dass eine kontrollierte Diffusion von Stickstoffoxid (NO) in einer dünnen, oxidierenden und monoatomaren Atmosphäre eine stark exothermische Reaktion entstehen lässt, die zur Formation von biatomarem Sauerstoff und Licht führt. Dies war der Effekt, den man für Triebwerke in der Superstratosphäre ausnutzen wollte. Ein Nachteil war, dass das monoatomare Sauerstoffmolekül extrem giftig war und nicht geschützte Materialien stark korrodieren ließ.

Vor dem Zweiten Weltkrieg sammelten die Observatorien von Oslo und Tromsoe in Norwegen viele Daten über diese Fragen. Als die Deutschen Norwegen 1940 besetzten, fielen ihre Ergebnisse den Experten des Radiokommunikationsdienstes der Fünften Luftflotte in die Hände und eröffneten so dem Dritten Reich die Möglichkeit, im superstratosphärischen Flug diese Energie auszunutzen. Dazu musste man einen geeigneten Motortyp schaffen. Ein dabei entstehender Nebeneffekt war die Ausbildung von »künstlichen Nordlichtern«.

Experten der deutschen T.A.L. wollten noch eine weitere Studie über die Ozonschicht in einer Höhe von 20 bis 40 Kilometern durchführen lassen, wo Ozon in hoher Konzentration vorlag. Auch hier sollte eine mögliche Nutzung für die Lufttriebwerkstechnik untersucht werden.

Die norwegischen Daten wurden mit den deutschen Daten über die Ionosphäre verglichen, die im Max-Planck-Institut für Physik der Stratosphäre von Prof. Regener in Stuttgart und Friedrichshafen durchgeführt wurden. Dabei griff man auch auf Radiosonden der Ionosphärenversuchsstation Herzogstand von Kochel in Oberbayern zurück. Die Ergebnisse fielen dermaßen günstig aus, dass in der westlichen Telemark in Norwegen ein geheimes Versuchszentrum gebaut wurde, das sich in einer Waldregion in der Nähe des Gaustad-Distrikts befand.

Ziel war, einen Motor mit »Ozonantrieb« zu schaffen, der von den geringen Konzentrationen des Ozons angetrieben werden sollte. So entstand eine Art Staustrahltriebwerk mit überdimensionalen Öffnungen zum Einsaugen der zum Funktionieren nötigen riesigen Mengen extrem verdünnter Luft.

Zuerst dachte man an den Einsatz eines Flugzeuges mit Autoreaktionstriebwerk, das über einen überdimensional großen fassförmigen Rumpf verfügen sollte. Seine Struktur musste aber extrem leicht sein, um eine akzeptable Antriebsrelation zu erreichen. Schon bald stellte sich heraus, dass dies zu nicht akzeptablen Resultaten führen würde.

Im Jahr 1943 kam man als Ausweg auf die Struktur des »drehenden Autoreaktors«. Nach dem Vorbild des italienischen »Turboprojetto« stellte er bei kleiner Frontsektion und reduziertem Gewicht relativ zur Antriebseinheit nach Meinung des deutschen T.A.L. eine Erfolg versprechende Lösung des Problems dar, da durch die sich schnell kreiselförmig drehenden rotierenden Luftansaugöffnungen des »Turboproietto« von Prof. Goiseppe Belluzzo genügend große Luftmengen angesaugt werden konnten. Der entscheidende Vorteil des Kreiselprojekts lag in seiner einfachen Bauweise und der damit verbundenen Gewichts- und Widerstandsreduzierung im Vergleich zu herkömmlichen Flugzeugen. Aufgrund des innen liegenden rotierenden Antriebs war auch kein zusätzlicher Kreisel zur Stabilisierung des Fluggeräts nötig, da dies das Triebwerk selbst übernahm.

Die deutschen Luftkreisel wurden aus Holz mit Bakelitüberzug hergestellt, um in Fragen der Leichtigkeit und Festigkeit der Struktur ein Maximum zu erreichen.

Gestartet wurde mit Starthilfsraketen über eine schräg ansteigende Rampe oder durch ein Katapult. So entstand ein zusätzlicher Schub, bis die nötige Umdrehungszahl und Flughöhe zum Funktionieren des monoatomaren Staustrahltriebwerks gewährleistet war. Die nötige Luft wurde durch Ansaugschlitze an der vorderen Kante des Diskus zugeführt.

Bei Flugtests entstand dann das Problem, dass die Kreiselflugkörper beim Abstieg in tiefere dichtere Luftregionen sich gerne zerlegten und vollständig verbrannten.

Wenn die Kreisel richtig funktionierten, entstanden kleine künstliche Nordlichter, die auch schnell die Aufmerksamkeit eines Agenten des englischen *Intelligence Service* auf sich zogen. Er unterschrieb seine Berichte mit F. P. Ashwell. »Mr. Ashwell« ließ London wissen: »(…) Bei einigen Typen von fliegenden Bomben, deren eigentliche Bezeichnung ›Flugkreisel‹ lau-

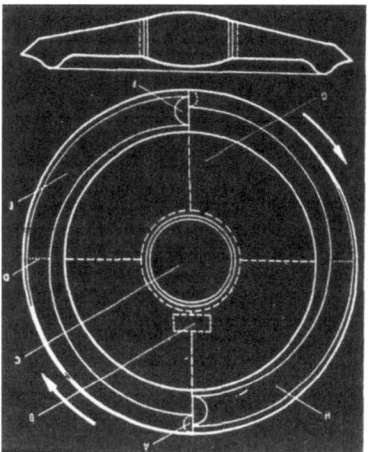
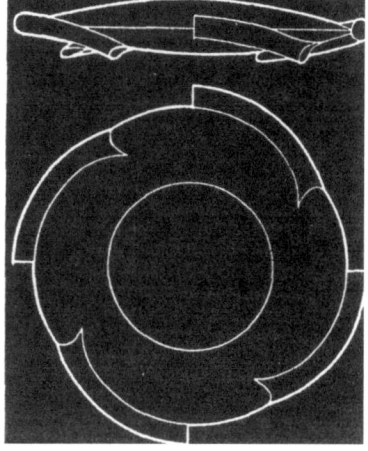

Links: Frühversion des »Turboprojetto«. Rechts: Definitive Version der fliegenden Bombe »Turboprojetto« von Guiseppe Beluzzo (nach R. Vesco).

tete, war die Frage des Treibstoffs von sekundärer Bedeutung, da sie diesen nur für ihren Start benötigten. Diese Flugkreisel verfügten über zwei Motoren: einen Raketenantrieb für den Start, der mit Hydrazin und Schwefelsäure funktionierte, und einen anderen, der in Funktion trat, sobald eine bestimmte vorfestgelegte Höhe erreicht war. Er speist sich dann durch eine Kraft, die von kosmischen Strahlungen verursacht war.« Hierbei handelte es sich um eine Beschreibung des deutschen Ionosphärenmotors, der seinen Antrieb direkt aus der Rekombinationsenergie der Atmosphäre ziehen konnte. Der Ashwell-Bericht erkannte richtig, dass der Hauptvorteil dieses Antriebs in der unbegrenzten Reichweite lag. Tatsächlich planten die Deutschen mit dieser Waffe schließlich auch die USA anzugreifen.

Im Herbst 1944 entschlossen sich die Engländer, einen Kommandoangriff auf das »Waldlabor« in Norwegen zu unternehmen. Die für den Angriff notwendigen Daten kamen von Leutnant Knuth Haukelid, der auch schon bei den vorangegangenen Sabotageaktionen in Norwegen eine führende Rolle gespielt hatte. Zwei Flugzeuge mit Saboteuren starteten vom Hargam Field in der Nähe von Attleborough in der Grafschaft Norfolk und kamen ohne Probleme bis zum vorgesehenen Absetzpunkt. Aus verschiedenen Gründen, darunter auch taktischen Irrtümern des Hauptmanns W. J. Greenwood und wegen der Aufmerksamkeit der SS-Wache, scheiterte der Angriff gegen das Luftfahrtzentrum vollständig. Sechzehn Fallschirmjäger wurden gefangen und entsprechend dem Kommandobefehl Hitlers erschossen. Einige blieben für immer vermisst. Nur zweien gelang später die Rückkehr nach Großbritannien.

Wie groß war die von Norwegen ausgehende Gefahr wirklich?

Schon im späten Frühjahr 1944 begannen die ersten Einsatzversionen der superstratosphärischen Luftkreisel mit Ionensphärenantrieb Gestalt anzunehmen. Nun ergeben auch die Berichte einen Sinn, die ich bereits in meinem Buch *Hitlers Siegeswaffen* (Band 2) erwähnt hatte. Hier berichtete die englische Zeitung *The Daily Mail* unter Bezugnahme auf norwegische Quellen, dass 50 Meilen westlich von Oslo auf verschiedenen Hochplateaus zwischen Oslo und Bergen eine Reihe von deutschen V-Waffen-Basen errichtet worden sei. Jede Feuerstellung, so hieß es, bestehe aus einer großen Betonhalle, die tief in den Felsen eingegraben sei. Das Dach sei halbkreisförmig und bestehe aus verstärktem Beton. Von jedem Bunkereingang führe eine lange Startschiene weg. Alle diese V-Waffen-Basen waren auf weit abgelegenen Berggipfeln in größten Höhen errichtet worden. Das Rätsel war bisher, dass weder die V-1 noch V-2 solche Höhen benötigten, um erfolgreich starten zu können. Im Falle der superstratosphärischen Luftkreisel war diese Höhe jedoch von großem Vorteil.

In den ersten Monaten des Jahres 1945 wurde fieberhaft an der Luftkreisel-entwicklung weitergeforscht, um sie als funkgelenkte Transportvehikel für eine nukleare Offensive mit radioaktiven Stäuben oder Gasen zu verwenden. Die Versuche mit diesen Ladungen wurden unter Prof. Max Nold an der Politechnischen Universität Berlin und von Berta Karlik von der Universität Wien an einem der chemisch-physikalischen Laboratorien des Kaiser-Wilhelm-Instituts unternommen, die nach Sigmaringen ausgelagert wurden. Ziel war es, dass unstabile Element 85 und seine 17 Isotope zu isolieren. Die Forschungen der beiden Genannten wurden jedoch durch erfolgreiche Sabotage englischer Geheimagenten unterbrochen.

Die Luftkreisel waren aufgrund ihrer leichten Bauweise nicht zum Tragen schwerer Nutzlasten in der Lage. Radioaktive Gase und Stäube boten hier einen denkbaren Ausweg. Die Herstellung der für diese tödlichen Massen-vernichtungswaffen notwendigen radioaktiven Abfallprodukte war relativ billig und leicht, benötigte aber chemische Trennverfahren. Titan-Trockeneisreaktoren, Zyklotrone und andere Teilchenbeschleuniger konnten für ihre Gewinnung verwendet werden. Auch an der Mischung von radioaktiven Isotopen mit dem Giftgas Lost wurde gearbeitet. Tatsächlich hatten deutsche Agenten sogar eine »Operation Lampe« organisiert, um in den Besitz von »bestimmten Substanzen« zu kommen, die leicht in radio-aktives Gas umgeformt werden konnten – Substanzen, die sich bereits im von den Alliierten befreiten Europa in der Nähe von Straßburg befanden. Diese Mission des Jahres 1945 scheiterte jedoch. Die ausgesandten Agenten kehrten nie mehr zurück, da sie vom englischen Geheimdienst abgefangen wurden. War hier Verrat im Spiel?

Nun wird völlig klar, was Hanns Schwarz mit den neuen V-Waffen von ungeahnter Reichweite und einem neuen, ganz wichtigen Sprengmittel meinte, die von der Festung Norwegen aus kurz vor dem Einsatz standen. Wie weit diese Waffen wirklich waren, ist bis heute unbekannt. Glaubt man Renato Vesco, sollten sie im April 1945 von Norwegen aus im Rahmen der geplanten »Operation Osterei« einsatzbereit werden.

Die Norweger streiten heute sogar ab, dass sich auf ihrem Territorium jemals deutsche V-Waffen-Basen befunden hätten. Die Engländer wussten dies besser. Gleich nach Kriegsende schickten sie Experten der T-Forces nach Nordnorwegen und suchten die Spuren des deutschen »Waldlagers« für Luftkreiseltechnologie als »Post-War-High-Priority-Object«. Sie fanden jedoch nur noch ganz wenige Spuren des ehemaligen deutschen Luft-kreiselprogramms. Daraufhin verlagerte sich ihre Suche nach Deutschland in die Archive des Artillerie-Schießplatzes von Hillersleben, danach nach Braunschweig und schließlich nach Lindau am Bodensee. Dort gelangte man auf die Spur einer großen Gruppierung von geheimen experimentellen Instituten, die in Zell am See in der Nähe von Salzburg untergebracht worden waren. Aber auch dort in den Alpen waren die letzten Beweise für das deutsche Luftkreiselprogramm vor dem Eintreffen der Alliierten rechtzeitig vernichtet worden.

Dies war aber noch nicht das Ende des superatmosphärischen Ionosphärenantriebs. Etwas scheint man also doch gefunden zu haben. Am 14. März 1956 startete das *US Air Research and Development Command* mit einer Rakete des Typs »Aerobee« in einer Höhe von 106 Kilometern über der Wüste von Holloman einen Versuch, durch das automatische Versprühen von Stickstoffoxid eine Rekombination von atomarem Sauerstoff zu erreichen. Es entstand ein gigantischer, vom Boden aus sichtbarer Effekt, bei dem sich eine Art »künstliche Sonne« bildete, die einen scheinbaren Durchmesser vom Vierfachen des Mondes hatte.

Später entstand das »Project Hare«, bei dem die US-Luftwaffe ein Versuchsvehikel entwarf, das in 59 Meilen Höhe mit monoatomarem Antrieb »ohne Treibstoff in der Ionossphäre« fliegen sollte. Die Amerikaner gaben dabei zu, dass die ursprüngliche Idee von Dr. Fritz Zwicky stammte.

Man entwarf eine schachtelförmige oder zylindrige »Hare«-Konstruktion (Hare = High Allitude Rekombination Energy) mit einer innen in Gold ausgeschlagenen Rekombinationskammer, die aus einer extrem leichten Struktur aus Aluminium hergestellt wurde.

Wie die Deutschen vorher, stellten die USA jedoch fest, dass das System »Hare« wegen des Rumpfquerschnitts nur schwer zur ausreichenden Leistungsfähigkeit gelangen würde. Über kreiselförmige »Hare«-Entwürfe wurde nichts bekannt.

Zwischenzeitlich wurde es sehr ruhig um die »Hare«. Dies bedeutet aber nicht, dass das Prinzip aufgegeben wurde.

Daten der *US Air Force* aus dem 21. Jahrhundert zeigen nämlich, dass man dort an einem integrierten Weltraumfahrzeug arbeitet, das über eine Antriebstechnologie verfügen soll, die dem Projektil eine Bewegung mit Mach 6 sowohl in der Luft als auch in »inerten monoatomaren Gasen« ermöglichen soll. (60)

Kein Wunder, dass im Abkommen von Wassenaar, das 1991 die Weitergabe von sensibler Technologie an »verdächtige Staaten« verhindern sollte, auch alle Systeme enthalten sind, die ein monoatomares Gas für Staustrahl, Scramjet oder kombinierte Antriebsarten verwenden sollen. Auch hier sieht es danach aus, dass eine Technologie heute noch Angst erregt, die bereits 1945 deutscherseits vor der Einsatzreife stand.

Wurden Pläne für deutsche Erdsatelliten (»Künstliche Monde«) erbeutet? – Wernher von Brauns Projekt und das »Satelloid«-Projekt der SS

Bereits im Juli 1945 lag ein besonderer Bericht von Wernher von Braun in der Luftfahrtabteilung der amerikanischen Marine (*US Navy Bureau of Aeronautics*) vor. Darin schlug von Braun Satelliten für Mess- und Forschungszwecke vor. Daraus entstand im November 1945 das erste Vorstudien-Projekt zur Entwicklung eines amerikanischen Satelliten. (61) Es gab gleich mehrere deutsche Satellitenprojekte. Die schnellstmögliche Lösung war, eine A-5 auf eine A-4/10 zu setzen und mit dieser Dreistufenrakete einen Kleinsatelliten in den Weltraum zu befördern. Eine Verwirklichung wäre bis 1944 möglich gewesen. Die Nutzlast war nur auf wenige Kilogramm beschränkt. Wahrscheinlich zu wenig, um militärisch interessant zu sein.

Von Braun gab in der Nachkriegszeit an, dass er seinen eigenen Satelliten in Peenemünde bis 1950 verwirklichen wollte, leider teilte er aber keine genauen Details mit. Auch hier gibt es Hinweise: Ende 1945 wurde die amerikanische RAND-Gruppe gegründet. Die RAND-Gruppe war die direkte Empfängerin von streng geheimen Daten des ehemaligen deutschen Raketenprojekts. (62) Hauptsächlich aufgrund dieser erbeuteten Informationen wurde im Juni 1946 eine Satellitenstudie erstellt. Darin wurde ein 200 Kilogramm schwerer Satellit beschrieben. Man hielt es für realisierbar, ein solches Objekt bis zum Jahr 1951 in eine knapp 500 Kilometer hoch gelegene Erdumlaufbahn zu transportieren. Die RAND-Gruppe beschrieb weiter, warum ein solcher Satellit das patenteste Werkzeug für die militärische und die wissenschaftliche Welt des 20. Jahrhunderts sein könnte und dass die daraus folgenden Auswirkungen auf die Welt vergleichbar mit der Explosion der Atombombe seien. Allerdings bezifferten die amerikanischen Forscher die Kosten dieses Projekts auf 150 Millionen Dollar – damals eine fantastische Summe. Wahrscheinlich ebenfalls aufgrund der deutschen Forschungen wurde festgestellt, dass einstufige Raketen für einen solchen Zweck unzureichend seien und nur mehrstufige Raketen als Träger in Frage kommen würden.

Schließlich, und auch das ist im Hinblick auf das ehemalige deutsche Kriegsprojekt interessant, wurde auf den engen Zusammenhang zwischen der Fähigkeit, einen »Künstlichen Mond« erfolgreich zu starten, und ballistischen Interkontinentalraketen hingewiesen, denn wer das eine entwickelt, besitzt auch das andere.

Die geheime RAND-Studie blieb der Sowjetunion nicht verborgen und so mokierten sich die Sowjets bereits im Dezember 1947 über die amerikanische Anwendung »Hitlerscher Ideen« und die »fantastische Idee« von Aufklärungssatelliten. Allerdings dürften sie damals selbst bereits an solchen Entwicklungen gearbeitet haben – schließlich hatten sie 1945 die identischen deutschen Pläne erbeutet.

Hatten die Peenemünder bereits während des Krieges ernsthaft an dem für spätestens bis 1950 zur Realisierung vorgesehenen Satelliten gearbeitet? Ein in der Nachkriegszeit veröffentlichtes Foto des Kocheler Windkanals zeigt neben zahlreichen anderen Prüfgegenständen auch einen merkwürdigen kugelartigen Körper. (63) An seiner oberen Halbkugel sind seltsame Löcher erkennbar, die keinen Sinn zu ergeben scheinen, obwohl sie nach einem bestimmten Muster angeordnet sind. Steckt man aber Drähte hinein, haben wir ein beinahe perfektes kleines Modell des späteren sowjetischen Satelliten »Sputnik« vor uns.

Von den Amerikanern in Kochel erbeutetes Windkanalmodell eines deutschen Kugelsatelliten. Es gleicht den frühen Nachkriegssatelliten der Amerikaner und Russen bis hin zu den Öffnungen für Antennen und Sonden. (Quelle: L. E. Simon)

Zwei Beispiele für die Nachfahren des Kocheler Satellitenmodells in der UdSSR und in den USA aus den 1950er-Jahren: »Lunik II« und »Vanguard« (Quelle: Pfaffe/Stache)

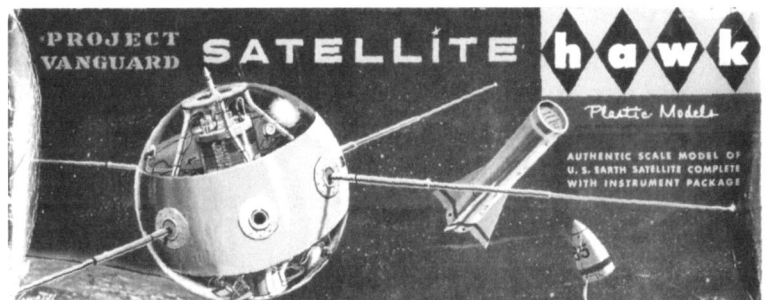

Satellit zu »Projekt Vanguard« (Titelbild eines Hawk-Bausatzes aus den 1950er-Jahren)

Raketenspitze mit »Künstlichem Mond« (Erdsatellitenprojekt), verladen auf teilgepanzertem RSO (Modell: Georg)

Ein anderes deutsches Weltkriegs-Satellitenprojekt nannte sich »System Satelloid« und war eine Konzeption des Technischen Generalstabs der SS (Kammler-Gruppe Prag). Die Idee der SS war, oberhalb der Stratosphäre Plattformen zu stationieren, die als Flugbomben oder zur strategischen Aufklärung in einer Höhe von 70 bis 150 Kilometern über dem Meeresspiegel verwendet werden sollten.

Zehn Jahre nach dem Krieg wurde die friedliche Version des deutschen »Satelloid-Systems« auf dem VI. Internationalen Astronautischen Kongress in Kopenhagen von dem ehemaligen Peenemünder Wissenschaftler Krafft von Ehricke vorgeführt. (64) Er arbeitete jetzt für die USA.

Im Unterschied zu normalen »trägen« Satelliten, die sich auf einer festen Umlaufbahn um die Erde bewegen müssen, sollte der »Satelloid« über einen Zusatzantrieb verfügen. Dieser hätte wechselnde Umlaufbahnen, variierende Geschwindigkeiten und unterschiedliche Einsatzhöhen ermöglicht – eine geradezu modern anmutende Konzeption.

Als Trägerrakete für die geplanten deutschen »Künstlichen Monde« dürften die A-11 oder als Notlösung die A-10 vorgesehen gewesen sein.

In der Nachkriegszeit veröffentlichte Entwürfe der A-11 zeigen passenderweise in der Nutzlastspitze der Rakete einen rundlichen Körper, der fast genauso wie die späteren Satelliten der 1950er-Jahre aussieht. Ein Zufall?

Luigi Romersas Reise zu Wernher von Braun

Ein Artikel aus der Zeitung *Las Provincias* vom 8. März 1959 beweist, dass ein Treffen zwischen Wernher von Braun und dem italienischen Journalisten Luigi Romersa in Huntsville (Alabama) stattfand. Auf dem gleichzeitig veröffentlichten Foto zeigt Wernher von Braun seinem ihm noch aus der Kriegszeit bekannten Freund die neue amerikanische »Jupiter C«-Rakete. Auffällig ist, dass Romersa, der im Auftrag Mussolinis am 12. Oktober 1944 den Test einer deutschen Atombombe auf Rügen miterlebte und in der Nachkriegszeit darüber mehrfach und unwidersprochen in renommierten militärischen Fachzeitschriften berichtete, nun zu einer kritischen Zeit die Galionsfigur des US-Raketenprogramms besuchen und die bei dieser Reise gewonnenen Erkenntnisse frei wiedergeben durfte. (65) Es kann als sicher gelten, dass die Amerikaner über Romersas Aktivitäten während der Kriegszeit voll informiert waren, als sie ihm seine umfangreiche Besichtigungstour genehmigten.

Romersa konnte auf seiner Amerika-Reise Redstone (Huntsville Alabama), Wright Field (Dayton, Ohio), das S. A. C. (*Strategic Air Command*),

Cape Canaveral (das spätere Cape Kennedy) sowie die danebenliegende *Patrick Air Force Base* in Florida besuchen. Alle Plätze waren militärisch sehr sensible Punkte, und man brauchte sehr gute Verbindungen und Gründe, um sie überhaupt besuchen zu können.

Wenngleich die Motive der amerikanischen Erlaubnis für Luigi Romersas Reise im Dunkeln liegen, wird doch deutlich, dass wir es hier mit einem erstklassigen und wichtigen Zeugen der Geschichte zu tun haben.

Ausschnitt aus der Zeitung Las Provincias *vom 9. März 1959. Der Beweis für das Treffen in Huntsville (Alabama): Wernher von Braun zeigt dem italienischen Journalisten Luigi Romersa die neue amerikanische »Jupiter C«-Rakete. Der Mann, der im Auftrag Mussolinis im Oktober 1944 den Test einer deutschen Atombombe miterlebte, durfte zu einer kritischen Zeit die Galionsfigur des US Raketenprogramms besuchen – und darüber berichten!*

Das Geheimnis von »Eplorer I« und »Sputnik I«

»Ich würde mich gerne bei den russischen Wissenschaftlern bedanken, aber ich spreche nicht Deutsch …« (Der amerikanische Komiker Bob Hope nach dem Start des ersten russischen Erdsatelliten »Sputnik I« am 4. Oktober 1957).

Als um 22:48 Uhr Eastern Standard Time am 31. Januar 1958 Dr. Ernst Stuhlinger, Chef der *US-Army*-Raketen-Forschungsabteilung (einer der Vorläufer der heutigen NASA), den Startknopf drückte, begann das Raumfahrtzeitalter auch für die »westliche Welt«.

Tatsächlich gelang es der *US Army* an diesem Tag, mit dem »Explorer I« den ersten erfolgreichen amerikanischen Erdsatelliten zu starten. »Explorer I« blieb für über zwölf Jahre im Orbit, vollbrachte in dieser Zeit exakt 58 408 Erdumkreisungen und entdeckte den Strahlungsgürtel in der Ionosphäre.

Hat diese »Erfolgsstory« ihren Ursprung in einem deutschen Kriegsprojekt?

Schon 1954 hatte von Braun der US-Regierung sein »Project Orbiter« vorgeschlagen. »Orbiter« sollte einen Satelliten mithilfe einer adaptierten »Redstone«-Rakete (»Juno 1«) in den Weltraum tragen.

Die USA vergaben ihren Auftrag für den ersten US-Satelliten aber an ein Konsortium amerikanischer Firmen unter Federführung der *US Navy*.

Werner von Braun hatte zwischenzeitlich notgedrung seine »Juno 1« als Testvehikel für Nuklearsprengköpfe der *US-Army*-Rakete »Jupiter« umgebaut.

Es war bekannt, dass die »Juno 1/Jupiter C« den Erdorbit erreichen konnte. Damit von Braun und seine Leute den üblichen Testsprengkopf nicht zufällig durch »etwas anderes« ersetzen konnten und so – in Konkurrenz zum offiziellen »Vanguard«-Projekt – den ersten Satelliten in den Orbit schossen, wurde die Nutzlast der »Jupiter C« vor jedem Teststart aufs Genaueste kontrolliert, ob auch wirklich nur ein Attrappensprengkopf eingebaut war.

Am 6. Dezember 1957 scheiterte dann der Satellitenstartversuch des »offiziellen« »Vanguard«/*US-Navy*-Teams schmählich unter den Augen der Öffentlichkeit bei einer Live-TV-Übertragung. Die Rakete erhob sich nur etwa einen Fuß von ihrem Startpodest, bevor sie explodierte, wobei der hoffnungsvolle Satellit von ihrer Spitze kippte und auch noch auf den Boden fiel. Es hagelte hämische Pressekommentare wie »Kaputtnik« oder »Flopnik« in Bezug auf das »offizielle« US-Programm. Die amerikanische Technologie drohte weltweit zur Lachnummer zu werden.

Präsident Eisenhower musste nun gezwungenermaßen auf das »German Nazi Team« zurückgreifen, das man eigentlich ja bereits ausgebootet glaubte. In weiser Voraussicht hatte die *US Army*, der Sponsor Wernher von Brauns, die nach dem Abschluss der Sprengkopftests übrigen »Jupiter C« sorgfältig eingelagert für den Fall, dass eines Tages ein Satellitenträger doch noch auf die Schnelle gebraucht würde.

Wernher von Braun konnte aber zum Glück dem Pentagon – und dem nach den UdSSR-Erfolgen unter starkem Druck der Öffentlichkeit stehenden Präsidenten Eisenhower – mehr als nur eine fertige Startrakete anbieten.

Diese Details erzählte von Braun Luigi Romersa, als der Journalist Ende 1958 seinen Freund von Braun in Redstone (Alabama) besuchte. Luigi Romersa schrieb daraufhin in der spanischen Zeitung *Las Provincias* eine zehnteilige Serie unter dem Titel »Wernher von Braun y la America del futuro« (»Wernher von Braun und das Amerika der Zukunft«). (66) Er deckte darin auf, dass Wernher von Braun kurz nach dem Abschuss des ersten »Sputnik« als Nothelfer nach Washington ins Pentagon geladen wurde und eine Aktenmappe aus Leder mitbrachte, in der sich das Projekt eines Satelliten befand, das er schon in Deutschland vor Kriegsende studiert hatte. Er habe seinerzeit mit der Realisierung eines künstlichen Satelliten bis zum Jahr 1950 gerechnet. Der Zusammenbruch des Dritten Reiches setzte diesem Zeitplan ein jähes Ende. Die Unterlagen über den geplanten »Künstlichen Mond« Peenemündes waren aber erhalten geblieben und wurden nun schnellstens reaktiviert.

Trotzdem wird heute immer noch verbreitet, dass der 20 Kilogramm schwere »Explorer I« vom *Jet Propulsion Laboratory* des *California Institute of Technology* entwickelt worden sei. War die »braune Mappe« aus Peenemünde als wirklicher Ursprung des ersten US-Satelliten zu peinlich? Der Besuch von Wernher von Braun dauerte ganze drei Tage. Als er nach Huntsville zurückkam, ging er sofort zu seinem Chef General Medaris, öffnete seine Aktenmappe und entnahm fünf alte gelbe Fotografien. Es waren fünf seiner Mitarbeiter, die während der Reise von Peenemünde nach Bayern »verschwanden«. Er gab die Namen dieser Wissenschaftler mit Happke, Putzer, Gudde, Mehnert und Ochsen an. »Dies«, sagte er zu Medaris, »sind meiner Meinung nach die Köpfe, die den Russen den ›Sputnik‹ gegeben haben. Das Material, das von Major Vassilov gefunden wurde, als er unsere Anlagen an der Ostsee besetzte, hat den Russen eine Serie von unschätzbaren Geheimnissen gegeben. Geben Sie mir grünes Licht, und in drei Monaten werden auch wir unseren Satelliten am Himmel haben.«

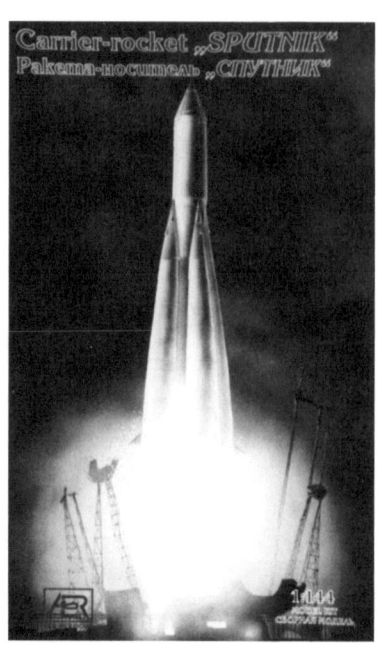

Oben links: Der missratene US-Navy-»Vanguard«-Satellitenträger alias »Kaputtnik«. Der Palmer-Modellbausatz, dessen Titelbild hier zu sehen ist, wurde zu einem Verkaufsflop – und ist heute eine Rarität.

Oben rechts: Der »Sputnik I«-Satellitenträger (Titelbild des Aer-Moldova-Bausatzes) auf Basis des ehemaligen deutschen »Projekt Zossen«.

Links: Die »Jupiter C« – Wernher von Brauns erfolgreicher US-Satellitenträger (Titelbild Revell-Bausatz H-1819).

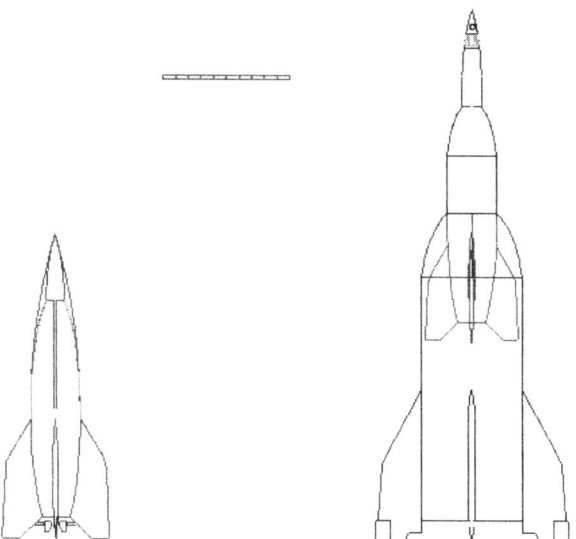

Größenvergleich: EMW A-10 und A-11 (mit Satellit); via Scott Lowther. Die Rekonstruktion geht davon aus, dass von Brauns »Explorer I« als deutscher »Künstlicher Mond« fungierte und dass dieses Satellitenprojekt schon bis 1950 an der Spitze einer deutschen Großrakete realisiert worden wäre, wenn Deutschland nicht den Krieg verloren hätte.

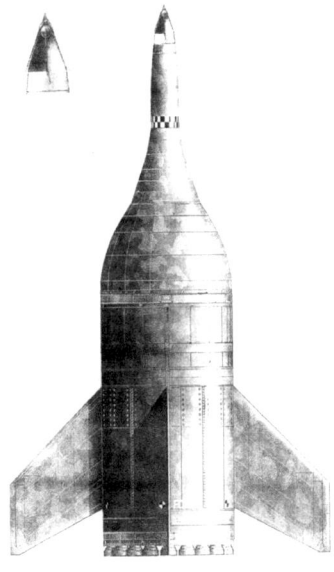

EMW A-11/II als Satellitenträger (Rekonstruktionsvesuch)

Dieses Versprechen wurde gehalten, denn 84 Tage später schoss Wernher von Braun seinen »Explorer I« ab.

Auch in Bezug auf »Sputnik I« ist heute noch vieles rätselhaft, insbesondere, was seine Vorgeschichte anbetrifft. Selbst das Ende des Kalten Krieges durchbrach das Schweigen nur punktuell. Dass die Satellitenträgerrakete R-7 (NATO-Kodename SS-6 »Sapwood«) auf deutsche Wurzeln zurückgeht, habe ich bereits in dem mit einem Ko-Autor verfassten Buch *Atomziel New York* aufgedeckt. (67)

Wie das US-Programm soll auch das russische Satellitenprogramm 1954 entstanden sein. Auch hier sind erbeutete Peenemünder »Erdmond«-Unterlagen und in der UdSSR arbeitende deutsche Wissenschaftler für den Erfolg wesentlich gewesen.

Es wurde Ende der 1950er-Jahre in den USA ganz offen die Frage gestellt, ob die Russen nicht »bessere Deutsche« zur Verfügung hätten als die Vereinigten Staaten.

Eine Ironie der Geschichte bleibt, dass die USA möglicherweise schon ein Jahr vor der UdSSR (4. Oktober 1957) einen Satelliten mit einer »Jupiter C« in den Orbit hätten schießen können, wenn die US-Regierung »ihren Deutschen« nicht ausdrücklich den Satellitenschuss ins All verboten hätte. »Explorer I« war für von Braun der lang ersehnte Durchbruch in den USA! Bis in die 1970er-Jahre blieb er von nun an beinahe uneingeschränkt Herrscher über die amerikanische Raumfahrt und hatte keinen »einheimischen« Konkurrenten zu fürchten, der es mit ihm aufnehmen konnte. Selbst Anfang des 21. Jahrhunderts hat sich noch kein würdiger Nachfolger für von Braun gefunden.

A-10 (Visol) mit Aufklärungssatellit

Im Dezember 1944 angefertigte Unterlagen der EMW AG Peenemünde beweisen, dass es Pläne und statische Berechnungen gibt, die sich ernsthaft mit der Realisierung eines Aufklärungssatelliten für die Rakete vom Typ EMW A-10 (Visol) beschäftigten.

Aufklärungssatelliten, heute oft auch »Spionagesatelliten« genannt, dienen der Suche nach speziellen konkreten Erkenntnissen von unschätzbarem Wert. Dazu gehören Informationen über die Aufstellung feindlicher Streitkräfte, das Vorhandensein neuer Waffen sowie die Kontrolle und Verifizierung von Verträgen. Heute gelten die Spionagesatelliten im Arsenal der Weltraummächte als unabdingbare Bestandteile des eigenen Informationssystems.

Sie fliegen in relativ niedriger Höhe (z. B. 100 Kilometer Erdabstand) in Sonnen-synchronen Orbits, sodass sie ihre Ziele täglich stets zur gleichen Zeit überfliegen. Je niedriger der Orbit dieser Satelliten, desto geringer ihre Lebensdauer, sofern sie nicht über Steuer- und Hubraketenmotoren verfügen, die kurzzeitig eingeschaltet den Satelliten wieder auf Position bringen können und so seine Lebensdauer im Raum verlängern.

Derartige Aufklärungssatelliten gelten als moderne Kreation der Super-mächte, die Ende der 1950/60er-Jahre anfingen, ihre ersten Experimente mit diesen Kamerasatelliten zu realisieren.

Der ehemalige führende Peenemünder Wissenschaftler Dr. X, dessen ex-akten Namen ich bis auf Weiteres nicht veröffentlichen kann, erzwingt jedoch auch hier ein Umdenken. (68)

Unter den Dokumenten von Dr. X blieb auch eine bereits vergilbte Kopie eines Entwurfs aus dem Jahr 1944 erhalten, die es in sich hat. Die oben mit EMW AG gekennzeichnete Blattnummer 162 stammt aus dem Dezember 1944 und trägt unlesbare Unterschriften des Peenemünder Bearbeiters und Prüfers. Offensichtlich war das Papier Teil einer größeren Akte, die leider nicht erhalten geblieben ist. Das Blatt zeigt eine komplette A-10 mit Sondernutzlast (Handzeichnung) im Maßstab 1:100 und eine separate Abbildung der Nutzlast im Maßstab 1:50.

Diese Nutzlast ist nichts anderes als ein geplanter deutscher Aufklärungs-satellit. Das komplette System sollte aus einer Visol-A-10 als Grundstufe bestehen, auf die eine A-4 als zweite Stufe mit einem Aufklärungssatelliten als Nutzlast aufgepropft wurde. Damit dürfte das Gewicht dieses Satelliten nicht mehr als maximal eine Tonne betragen haben.

Dr. X beschrieb das Funktionieren dieses Systems wie folgt: Nach dem Abschuss der A-10 fällt die erste Stufe (A-10) ausgebrannt zurück und die A-4 übernimmt den Weiterflug.

Der Raketenabschuss sollte von Radarstationen verfolgt werden, die mit Funkkommandos das gesamte System steuerten. Bis heute, so heißt es, würden einige Überreste dieser Art von Stationen noch in Frankreich und Holland existieren.

Nach dem Ausbrennen der A-4 als zweiter Stufe würde sich der Satellit von der A-4 abtrennen und seine vorberechnete Reise zum Zielgebiet fortsetzen.

Mittels programmierter Kommandos oder per Funksignal vom Boden aus trat dann die Panoramakamera des Satelliten in Dienst, um ihre Aufnah-men des gegnerischen Territoriums zu machen.

Das amerikanische »Project Corona«, das aus diesem ehemaligen deut-schen Projekt hervorging, zeigte ab Februar 1962, dass durch den einzigen

Flug eines solchen Satelliten ein Territorium mit der Größe von 2 640 000 Quadratmeilen fotografiert werden konnte, und dies mit einer Höchstauflösung von ungefähr zehn Metern. Wie hoch die Auflösung der von den Deutschen 1944/45 vorgesehenen Panoramakamera sein sollte, ist leider unbekannt. Nach Erfüllung ihres Auftrags und sobald die Position dafür korrekt war, sollte die Retroladung des Satelliten (erkennbar an Öffnungen in der Nähe der Satellitenspitze) zünden und die Geschwindigkeit des Satelliten so weit vermindern, dass die Wiedereintrittsprozedur gestartet werden konnte. Zuerst wurden die Antennen des Satelliten durch kleine Sprengladungen abgestoßen. Auf diese Weise war der Satellit aerodynamisch für den Wiedereintritt vorbereitet. In dichteren Luftschichten sollte ihm dann sein Bänderfallschirmsystem eine sichere Landung gewährleisten. Nach dem Niedergang des Satelliten (Wasser oder Land) traten Peilsender in Funktion, um eine sichere Bergung von Satellit und wertvoller Nutzlast zu ermöglichen.

Wie weit das deutsche System bis zum Kriegsende entwickelt wurde, ist noch völlig unbekannt. Es sieht im Wesentlichen wie eine Mischung der frühen amerikanischen und sowjetischen Aufklärungssatellitensysteme aus. Unklar ist die Bedeutung der beiden verschiedenen Antennenpaare. Waren

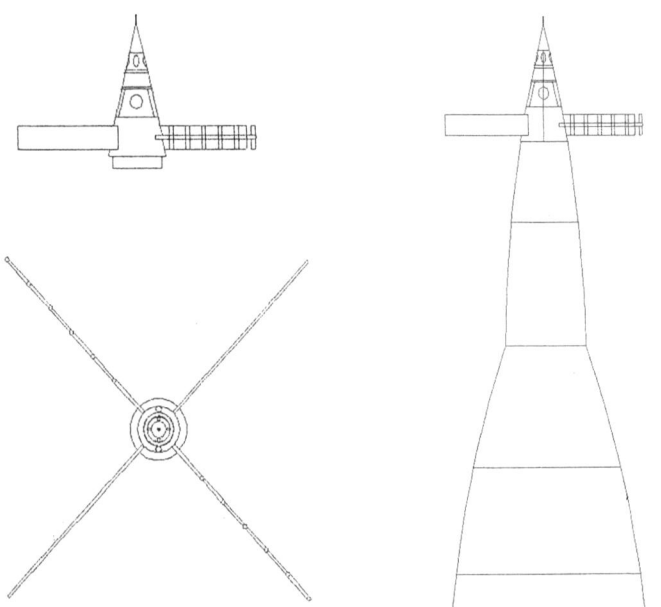

Die digital bearbeitete Version der A-10 (Visol) mit Aufklärungssatellit, die auf Basis der Peenemünder Zeichnung vom Dezember 1944 entstand.

da Solarzellenvorläufer abgebildet? »Offiziell« dauerte es bis 1962, bevor derartige »Sonnenzellenpaddel« zur Energiegewinnung erstmals beim Satelliten »Explorer 6« angewendet wurden. Auch »Explorer 6« war ein Fotosatellit und sollte erste grobe Fotoaufnahmen von der Erdoberfläche aus dem Orbit machen. Bis heute bleibt auch rätselhaft, warum die Antennen des Projekts von 1944 paarweise angeordnet waren und nicht rechtwinklig einander gegenüberliegen sollten.

Führt nicht allein die Existenz dieser Zeichnung die heute immer noch gern vertretene Behauptung ad absurdum, dass die Entwicklung der A-10 bereits ab 1942 aufgegeben wurde?

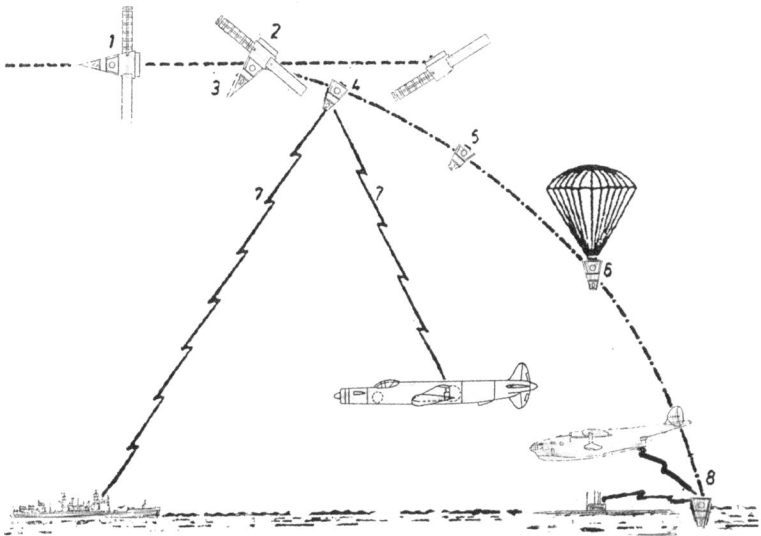

Schema der Bergung des deutschen Aufklärungssatelliten
Der auf der Umlaufbahn befindliche Aufklärungssatellit wird durch Retroraketen in der Spitze abgebremst (1) und gedreht (2). Der Satellit verlässt die Umlaufbahn (3) und das Kamerateil trennt sich vom Restsatelliten durch eine kleine Sprengladung (4). Das Kamerateil wird durch Bremsraketen abgebremst (5) und in vorbestimmter Höhe entfaltet sich ein Bandfallschirm (6). Peilsender des Satelliten senden Signale (7), die von Spezialschiffen und Fernaufklärern (Ju-635) aufgefangen werden. Die niedergegangene Kapsel wird von U-Booten (Typ XXX) oder Fernflugbooten (BV P.144) aus dem Wasser geborgen (8). Je nach geflogenem Kurs konnte die Aufklärungskapsel auch über Land niedergebracht werden.

Kreiste »etwas« vor »Sputnik« um die Erde?

1953 unternahm die *US Air Force* Experimente mit einer neuen Langstreckenradarausrüstung. Schon während sie die Anfangstests durchführten, waren die US-Luftwaffen-Radaroperateure erstaunt, dass sie ein großes Objekt entdeckten, das in der Nähe des Äquators um die Erde kreiste. Seine Geschwindigkeit betrug fast 18 000 Meilen pro Stunde. Wiederholte Tests zeigten, dass die Radarortung korrekt war. Das unbekannte Objekt umkreiste die Erde in 600 Kilometern Entfernung. Kurze Zeit danach entdeckte man ein weiteres Objekt in einer 400 Meilen entfernten Erdumlaufbahn. (69, 70, 71, 72)

Das alarmierte Verteidigungsministerium schuf sofort ein Notprogramm (Emergency-Satellite-Detection-Projekt) in White Sands in New Mexiko. Das »Sky Sweep« genannte Kombinationsprojekt stand unter der Leitung der *Army Ordnance Research* und hier unter dem Kommando des bekannten Astronomen Dr. Clyde Tombaugh, des Entdeckers des Pluto. Der Einsatz einer bekannten Persönlichkeit zeigt, für wie wichtig diese Aufgabe angesehen wurde.

Die Existenz des Notprogramms sickerte vorzeitig durch, weil ein Kollege von Dr. Tombaugh, der bekannte Sternenbeobachter Dr. Lincoln La Paz, im Magazin der *Astronomical Society of the Pacific* im Februar 1954 berichtete, dass eine Suche nach natürlichen Satelliten durchgeführt werde. Aber erfahrene Presseleute fühlten sofort eine versteckte Story hinter dem Programm. Zuerst versuchten die Zensoren, den Vorgang zu verdecken, aber Dr. Tombaugh überzeugte sie, dass dies unklug war. So erschien am 3. März 1954 eine vom Pentagon gebilligte Erklärung, dass Dr. Tombaugh nach »Moonlets« (»Möndchen«) suche – dies seien natürliche Monde, die sich erst seit Kurzem in die Erdumlaufbahn begeben hätten –, um sie als Basis für natürliche Weltraumstationen zu nutzen.

Was auf diese Meldung folgte, war ein Hin und Her von Artikeln und Darstellungen, wovon einige tatsächlich berichteten, dass man schon künstliche Objekte gefunden habe und noch weitere suche. Die Regierung und die betroffenen Wissenschaftler Tombaugh und La Paz leugneten zwar nicht die Existenz des Programms, erklärten aber, dass man nur nach kleinen natürlichen Satelliten suche, um dort später »Raketenabschussbasen zu errichten«. Während man die Öffentlichkeit immer noch von der Wahrscheinlichkeit natürlicher neuer Monde zu überzeugen suchte, berichtete das angesehene aeronautische Magazin *Aviation Week* am 23. August 1954, dass man wirklich zwei neue Satelliten in einer Höhe von 400 und 600 Meilen entdeckt habe. Das Pentagon habe am Anfang gedacht, es könnten russische Satelliten sein, aber man habe später festgestellt, dass es nur »neue natürliche Erdsatelliten« waren.

Diese Erklärung war physikalisch-astronomisch betrachtet so unwahrscheinlich, dass man sie völlig ausschließen kann, wenn man das Phänomen der im Orbit registrierten Objekte erklären will.

Im Oktober 1954 meldete die NASA in einer Presseerklärung dann, dass sie fremdartige Signale eines unbekannten Objekts aufgefangen habe, das in einem Orbit um die Erde kreise. Kurz danach bestätigte auch ein französischer Astronom öffentlich, dass er Signale einer unbekannten Quelle aufgefangen habe, die um die Erde fliege. Glaubt man beiden Berichten, konnten die Signale nicht identifiziert werden.

Das renommierte Magazin *Popular Mechanics* berichtete in seiner Ausgabe vom Oktober 1955, dass auf dem Gelände des Lowel-Observatoriums in Flagstaff (Arizona) ein spezielles Gebäude entdeckt worden sei, das scherzhaft »Headquarters Out of space patrol« genannt würde. Es besitze Teleskopkameras, die noch ein Objekt von der Größe eines Tennisballs in einer Distanz von 1000 Meilen abbilden könnten. Die Vereinigten Staaten würden dort eine regelmäßige Überwachung des Weltraums bis hin zum Mond realisieren.

Von dort aus sei der erste künstliche Satellit schon etwa ein Jahr vorher festgestellt worden, obwohl seine Existenz noch nicht offiziell zugegeben werde. Inoffiziell sei dann mitgeteilt worden, dass »unser erster künstlicher Satellit« (»our first artifical satellite«) immer noch um die Erde kreise. Den letzten Informationen nach würde sein Orbit wegen der Anziehungskraft des Mondes langsam die Form einer Ellipse annehmen.

Prof. Tombaugh selbst schwieg sich gegenüber dem Magazin *Popular Mechanics* über seine Ergebnisse aus und wollte nicht sagen, was entdeckt worden sei. Er fügte sogar noch einige falsche Informationen hinzu, z. B. dass man unentdeckte Satelliten besser mit optischen Systemen als mit Radar finden könne, was natürlich nicht stimmt, denn mit optischen Instrumenten kann man diese Objekte zwar besser untersuchen, wenn man weiß, wo sie sind, aber um sie erst einmal zu finden, gibt es kaum etwas Besseres als ein Millimeterradar mit großer Reichweite und Leistung. Der Artikel wollte bei seinen Lesern wohl den Eindruck erwecken, dass es doch einen künstlichen Satelliten dort oben gab und dass er »amerikanischer« Herkunft sei. Diese »Erklärung« kann natürlich nicht stimmen, denn das Pentagon wäre kaum von einem eigenen Satelliten überrascht worden und zudem hätten die USA spätestens zu dem Zeitpunkt, als die Russen 1957 ihren »Sputnik I« ins Weltall schossen, automatisch und ohne Zweifel »Urbi et Orbi« verkündet, dass ihr eigener Satellit schon seit Jahren dort

Professor Tombaugh uses a blank globe to locate, by triangulation, hypothetical satellites of the ear

He Spies on Satellites

By Thomas E. Stimson, Jr.

HEADQUARTERS. Outer Space Patrol."
That's a fitting name for the odd metal shed from which a close watch will be kept on the satellite that the United States plans to launch in 1957-58.

Situated on the grounds of Lowell Observatory in Flagstaff, Ariz., the small building contains telescope-cameras so powerful they can record an object the size of a tennis ball at a distance of 1000 miles.

From this shed the United States already is maintaining a surveillance of the space that surrounds the earth, all the way out to the moon.

From here, presumably, regular observations are being made of the earth's first artificial satellite that is rumored to have been launched into space a year ago.

Exclusively reported in the May 1955 issue of Popular Mechanics, the existence of this manmade moon has not yet been officially confirmed. But unofficially it is understood that our first artificial satellite is still sweeping around the earth. The latest information is that its orbit is slowly changing into an ellipse because of the pull of the moon.

Possibly the success of this first experiment lies behind the announcement that we will launch an instrument-carrying satellite two years from now, in connection with the International Geophysical Year, to gather new information about outer space. Scientists say that the instrument satellite will be positioned at 200 to 300 miles altitude and will whiz

maximum reflection of sunlight from any object that happens to be out in space.

Why not use radar instead of light-gathering instruments for the search? Because, explains Professor Tombaugh, radar is much less effective than light in detecting small objects at great distances. It's true that radar signals have been reflected back from the moon, but the moon is a large body. It bounced back a signal because of its size.

Professor Tombaugh's method of seeking satellites is so sensitive that not only could it detect a white tennis ball 1000 miles away, it would reveal a white-painted rocket the size of a V-2 at the distance of the moon. It could record a dark meteorite about one foot in diameter 1000 miles out in space.

Professor Tombaugh is closemouthed about his results. He won't say whether or not any small natural satellites have been discovered. He does say, however, that newspaper reports of 18 months ago announcing the discovery of natural satellites at 400 and 600 miles out are not correct. He adds that there is no connection between the search program and the reports of so-called flying saucers.

Aside from seeking satellites, the new technique has several other useful appli-

Auszug aus dem Popular-Mechanics-*Bericht vom Oktober 1955*

oben schwebte. Nichts davon geschah, ergo konnte das, was da die Erde umflog, nicht amerikanischer oder sowjetischer Herkunft sein.

Noch im gleichen Jahr 1955 hatte der immer hervorragend informierte Stuart Alsop bestätigt, dass die US-Regierung künstliche Satelliten suche, und zwar mit noch größerer Anstrengung als zuvor. Es gebe nun sogar noch ein zweites Programm, das von Mount Wilson aus operiere. Da Stuart Alsop über gute Freunde bis hinauf in den Nationalen Sicherheitsausschuss (*National Security Counsil*, NSC) verfügte, kam seinem Bericht große Bedeutung bei. Der NSC-Vorsitzende, Staatssekretär Robert Cutler, soll sich über Alsops Artikel so geärgert haben, dass er seinen NSC-Freunden jeden weiteren Kontakt mit dem Journalisten streng verbot.

Danach gelang es, die Berichte über »künstliche Satelliten« vor »Sputnik I« zum Schweigen zu bringen. Zuletzt stand in der *New York Times* im Jahr 1961 ein Artikel, in dem die Satellitensuche der Jahre 1953 bis 1955 noch einmal kurz erwähnt wurde. Die Redakteure der *New York Times* hatten seinerzeit Dr. Tombaugh angerufen und ihn über das damalige Ereignis befragt. Dr. Tombaugh antwortete, er habe damals den Weltraum gründlich untersucht und auch ab und zu »Nibbels« (»Signale«) gefunden, die alle nichts ergeben hätten. Die Studie sei 1958 beendet worden. Obwohl Dr. Tombaugh nun voll auf der Seite der Desinformation und Zensur zu stehen schien, bestätigte er dennoch gegenüber der *New York Times*, dass man irgendwelche »Signale« wahrgenommen hatte.

Warum hatte man überhaupt »natürliche kleine Erdsatelliten« in niedrigen Umlaufbahnen um die Erde gesucht, wenn man – wie Dr. Tombaugh der *New York Times* gegenüber behauptete – von Anfang an wusste, dass es solche Monde, wenn überhaupt, nur bei den sogenannten Lagrange-Punkten geben konnte?

Es stellt sich deshalb die spannende Frage, was damals wirklich passiert ist. Wir werden es wahrscheinlich nie erfahren! Es muss aber in jedem Fall etwas Wichtiges gewesen sein. Sonst hätte man nie all diese lächerlichen Versionen, Gegenversionen und Desinformationen veröffentlicht.

Interessant ist hier auch der Hinweis, dass Dr. Tombaugh schon seit 1946 in White Sands arbeitete. Wann haben die USA also angefangen, diese »erdnahen Satelliten« zu suchen? Antwort: *Sofort nach dem Krieg!*

Radarmessungen, Funksignale (und Fotos?) bestätigten, dass es bereits im Zeitraum zwischen 1953 und 1955 »etwas« gegeben haben dürfte, das sich in einer Orbitalbahn um die Erde befand und künstlichen Ursprungs war. Da Russen und Amerikaner zu dieser Zeit noch nicht so weit waren, eigene Erdsatelliten in eine Umlaufbahn um die Erde zu bringen, kann man die Überraschung und Spannung der amerikanischen Regierung beinahe heute noch spüren, als man mit neuester Technik etwas entdeckte, das eigentlich gar nicht vorhanden sein durfte.

Legt man die »Ufo-Theorie« zur Seite, könnte es sich bei den zwei Objekten in 400 und 600 Meilen Höhe auch um deutsche Satelliten oder Reste von Peenemünder Raketenflugtechnik aus dem Zweiten Weltkrieg gehandelt haben.

Abteilung 3: Geheimnisvolle Vorbereitungen für die Eroberung des Weltraums

»Weltraumanzüge 1945«? – Auffällige deutsche Forschungen in der Flugmedizin

Bei Flügen am Rand oder außerhalb der Atmosphäre wären geeignete Druckanzüge für die Piloten nötig gewesen.

An für so extreme Flugbereiche geeigneten Schutzanzügen wurde nachweisbar schon während des Krieges in Deutschland gearbeitet. (73, 74)

Die Drägerwerke brachten 1944 einen Spezialdruckanzug mit Plexiglashaube heraus, der wie der Urahn unserer heutigen Weltraumanzüge aussieht. Seine Entwicklung begann aber bereits in den 1930er- oder genau genommen viel früher in den 1920er-Jahren auf der Basis von Taucheranzügen. Zu Beginn der 1940er-Jahre hatte man erfolgreich Druckanzüge für die Höhenaufklärer Ju-86, -186 und HS 130 entwickelt.

Die uns hier vor allem interessierende Endausführung für Peenemünde bestand im Jahr 1945 aus laminierter Seide und Gummi mit einem verstärkenden Netz aus Seidenstricken. Verschiedene Versionen waren außen mit einer metallischen Schutzschicht überzogen. Der »Drägeranzug« oder Höhendruckanzug genannte Ausrüstungsgegenstand schloss mit einem Helm in der Form eines metallischen Zylinders ab, der nach oben hemisphärisch gebogen war und nach vorne über eine verschiebbare Plexiglasscheibe verfügte.

Der Pilot stieg durch eine vertikale Öffnung an der rechten Rückenseite in den Anzug ein, die sich drucksicher verschließen ließ. Handschuhe und Schuhe wurden bis in die entferntesten Winkel durch eingebaute Leitungen mit Druckluft versorgt. Mit der Außenwelt bestand Verbindung über Elektrizitätsleitungen, Sauerstoff- und Druckluftzuleitung und ein ausgeklügeltes Kommunikationssystem, das in Ansätzen bereits im früheren

Dräger-»Watanzug« der Horten Ho-IX vorhanden war. Unter dem Drägeranzug trug der Pilot speziell gefaltete, wollene Strumpfhosen und Pullover.

Diese Schutzanzüge ermöglichten einen vollen Druckausgleich bei Erhalt der Beweglichkeit und werden von Fachleuten in eine Reihe mit den heutigen Weltraumanzügen gestellt. Warum fragte aber bis jetzt niemand ernsthaft nach dem Grund für ihre Entwicklung? Es muss ein Bedarf daran bestanden haben! Für die damals existierenden oder projektierten Düsenflugzeuge waren sie mit Sicherheit nicht nötig.

Um bei hohen G-Belastungen (wie z. B. Katapultstarts) ein Überleben des Piloten zu ermöglichen, wurde auch an sogenannten »Wasserkabinen« gearbeitet. Über diese »Wasserkabinen« ist leider bis heute fast nichts bekannt geworden. Angeblich wurde keine mehr getestet, aber ein Prototyp könnte hergestellt worden sein. (38) Obwohl sicherlich Zeichnungen und Studien über die »Wasserkabine« angefertigt wurden, ist es noch niemandem gelungen, diese zu finden.

Im gleichen Zusammenhang wurde weiter bekannt, dass von der Luftwaffe und der SS ab 1942 in grausamen Versuchsreihen an Häftlingen die in großer Höhe, extremer Kälte und Wärme sowie unter großen G-Belastungen auftretenden Wirkungen auf den menschlichen Organismus getestet wurden. Mindestens 200 Gefangene starben bei diesen Versuchen.

Hauptverantwortlich für die Luftwaffe war Oberstarzt Dr. Hubertus Strughold. Als Direktor des Luftfahrtmedizinischen Instituts der Luftwaffe in Berlin behielt er diesen Posten bis Kriegsende bei.

In den letzten Kriegsjahren gelang es den beteiligten Luftwaffenmedizinern dann, dafür zu sorgen, dass ihre Namen in Himmlers Unterlagen nicht mehr erschienen. (38A)

Es braucht nicht weiter betont zu werden, dass die auf diese makabre Weise gewonnenen deutschen Erkenntnisse in der Nachkriegszeit von den Alliierten bedenkenlos für ihre eigenen Programme übernommen wurden. Ein kompletter Bericht der schrecklichen Experimente wurde durch die Amerikaner in Himmlers »Privathöhlen-Versteck« in einem Berg bei Hallein zusammen mit einer riesigen Menge geheimster SS-Dokumente gefunden. Obwohl man den Höhleneingang in den Berg mit Dynamit zugesprengt hatte, fand das Suchkommando Himmlers Geheimversteck und scheute keine Mühen, bis man einen Zugang freigelegt hatte. (39A)

Die Amerikaner nahmen dann die führenden deutschen »Luftwaffenmediziner« in ihre Dienste. Es handelte sich um Hubertus Strughold, Hans-Georg Clamann, Konrad Büttner, Siegfried J. Gerathewohl und die Brüder Fritz und Heinz Haber. Ihre während des Krieges gewonnenen

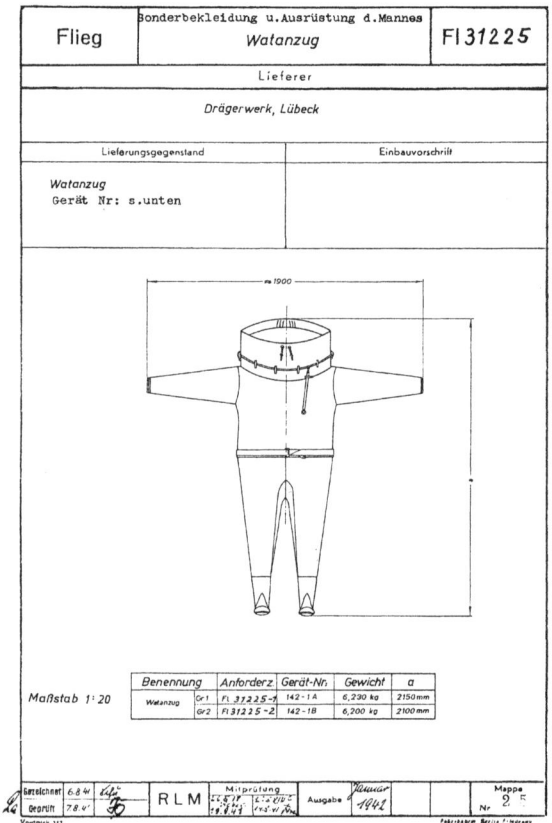

Flieg	Sonderbekleidung u. Ausrüstung d. Mannes *Watanzug*	Fl 31225

Lieferer

Drägerwerk, Lübeck

Lieferungsgegenstand	Einbauvorschrift
Watanzug Gerät Nr: s.unten	

Maßstab 1:20

Benennung		Anforderz.	Gerät-Nr.	Gewicht	a
Watanzug	Gr 1	Fl 31225-1	142-1A	6,230 kg	2150 mm
	Gr 2	Fl 31225-2	142-1B	6,200 kg	2100 mm

Gezeichnet	6.8.44		RLM	Mitprüfung		Ausgabe	Januar			Mappe	2
Geprüft	7.8.44						1942			Nr	

Der »Watanzug«
für die Horten-IX
stammte bereits
aus dem Jahr
1942. Wie weit
gelangte man mit
der Entwicklung
bis 1945?

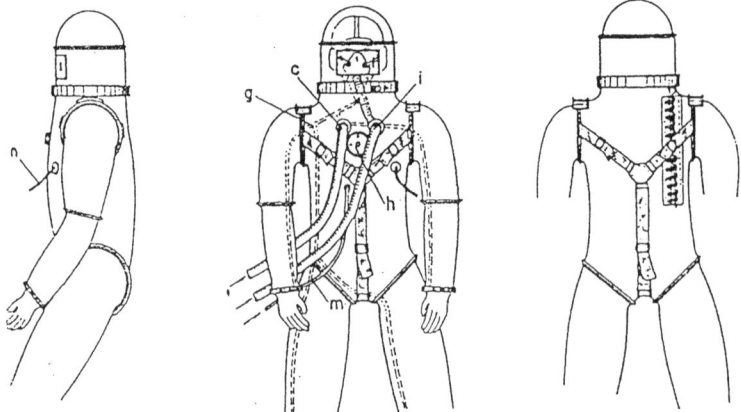

Der »Drägeranzug« 1944/45

Erkenntnisse wurden in dem Referenzwerk *German Aviation Medicine, World War II* (zwei Bände, *US Air Force*, Washington) im Jahr 1950 veröffentlicht. Dr. Strughold wurde bereits 1945 (!) »Senior Scientist« des *US Army Aeromedical Centers* in Heidelberg, bevor er 1947 in der *Randolph Airforce Base* in Texas eintraf.

Ex-Oberstarzt Dr. Strughold und sein Team wurden von den Amerikanern in der Nachkriegszeit mit unzähligen Ehrungen überhäuft, während zur gleichen Zeit genau wegen dieser Vergehen deutsche SS-Ärzte wie Dr. Brandt, der Dr. Strugholds Versuche gebilligt hatte, angeklagt und zum Tode verurteilt wurden.

Noch heute werden von der amerikanischen *Space Medicine Branch* bei ihrem Jahrestreffen mehrere »Hubertus Strughold Awards« vergeben. Nach den offiziellen Worten gehen diese Auszeichnungen an Personen, die »die Ideale von Hubertus Strughold am besten widerspiegeln«. Dazu gehört auch ein spezieller »Young Investigator Award«, der sich an Neulinge unter den Forschern wendet. (38B)

Stimmt also die böse These, dass die USA nur durch das KL (Konzentrationslager) Dachau bis zum Mond kamen? (38C) Rein wissenschaftlich betrachtet war Dr. Strughold in den Augen der Nachkriegszeit-Vertreter der Vater der Weltraummedizin. Wie es aussieht, ging es dabei aber nicht nur um die unreflektierte Nutzung seiner Menschenversuche und ihrer medizinischen Ergebnisse durch US- und UdSSR-Dienststellen.

Es gab aber auch Tatsachen in Dr. Strugholds Arbeiten, die nichts mit den KL-Versuchen zu tun hatten:

Bereits im November 1948 sprach Hubertus Strughold in einem Papier auf der *Randolph Airbase* in Texas über »Aeromechanische Probleme der Weltraumfahrt«. Der kleine Schönheitsfehler daran war, dass es so etwas bis dahin »offiziell« noch gar nicht gab. Man versuchte in den USA damals gerade hinter die Geheimnisse der normalen deutschen A-4-Rakete zu kommen.

Im Jahr 1951 legte der nun im Rahmen des »Project Paperclip« für die USA arbeitende Dr. Hubertus Strughold unter »Weltraum im biologischen (!) Sinn« fest, was darunter zu verstehen war: eine Höhe von 100 Meilen (160,09 Kilometer). Genau hier liegt wieder einer jener Punkte vor, die sehr nachdenklich machen, denn diese Höhe war bis dahin – und auch noch lange Zeit danach – für bemannte amerikanische Flugzeuge oder Raketen nicht zu erreichen …

Woher wusste Dr. Strughold aber dann schon im Jahr 1951 richtigerweise zu sagen, dass der Weltraum im »biologischen Sinn« bereits in 100 Meilen Höhe beginnt?

Auf der Erde ist die Eruierung solcher Angaben mithilfe von Versuchen kaum möglich. Es sollte noch bis 1956 dauern, bevor es in den USA mit einer X-2 gelang, 90 Prozent der von Dr. Strughold geforderten Höhe zu erreichen, und erst mit der späteren X-15 waren regelmäßige Flüge an den Rand des Weltraums möglich.

So bleibt nur die Antwort übrig, dass Dr. Strughold bei seinen Ausführungen auf Vorerfahrungen zurückgriff, die schon während des Krieges mit ehemaliger deutscher Technologie erzielt werden konnten.

Ein auf Microfilm festgehaltenes Interview mit Dr. Strughold aus dem Jahr 1968 beweist übrigens, dass sich der »Vater der Weltraummedizin« neben Weltraumanzügen auch mit nuklear angetriebenen Raumschiffen beschäftigt hatte.

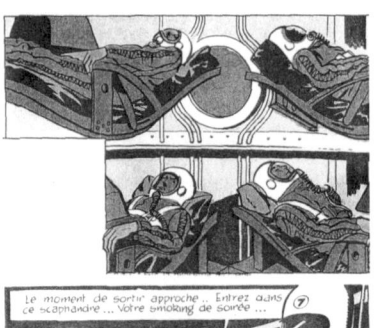

Der belgische Zeichner Albert Weinberg benutzte für seine Darstellungen (1957–1958) gern Blaupausen und Informationen von Wernher von Brauns Peenemünder Team. Haben wir es hier mit Abbildungen deutscher Modelle von Raumfahrtanzügen zu tun? (Via Pierre Tian)

Astronautenkost: fertig!

Recherchen des Journalisten Kristian Knaack brachten Unterlagen zum Vorschein, nach denen das Dritte Reich bereits die für Flüge unter Schwerelosigkeit unabdingbare »Astronautenkost« fertig entwickelt hatte. Das Wissen über diese neue Erfindung war in Deutschland nach dem Krieg verloren gegangen. Die Unterlagen hierzu wurden von den Amerikanern in Österreich erbeutet. Anfragen von Herrn Knaack an die NASA zu diesem Komplex blieben unbeantwortet. (75)

Der Weltraumflugsimulator von Fürstenstein

In einem Nachkriegsinterview bekannte Prof. Dr. Robertus Strughold, dass er im Jahr 1945 eine Art »Weltraumflugsimulator« in den Stollen von Fürstenstein getestet habe. (76)
Daher ist anzunehmen, dass seine in den 1940/1950er-Jahren in den USA berichteten menschlichen Raumflugreaktionen auf diese Experimente zurückzuführen sind. Es ist zwar heute kaum vorstellbar, wie man schon 1945 in einem Stollen Weltraumflugbedingungen erforscht haben will, aber die Nennung des Ortes Fürstenstein stellt eine Verbindung des deutschen Weltraumfahrtprogramms mit dem geheimnisvollen Objekt »Riese« in Niederschlesien her. Tatsächlich betrieb die Luftwaffe in der Nähe von Waldenbuch in Fürstenstein das »Kommando Fürstenstein« mit einem Luftwaffenstudienzentrum und einer Sonderinspektion für Untergrundfabriken, die im Massiv des Eulengebirges unter den malerischen Schlössern von Fürstenstein entstehen sollten. In den Stollen, die unter dem »alten Schloss« von Fürstenstein angelegt worden waren, betrieb die Luftwaffe in den letzten Monaten des Krieges eine Forschungsstation, die den Codenamen »Wetterstelle« trug. Die Arbeiten an den Stollen begannen dort wahrscheinlich 1943 mittels des Einsatzes eines Kommandos von KL-Häftlingen, italienischen Spezialisten und ungefähr 400 sowjetischen Bergleuten aus der Donbas-Region. Heute ist bekannt, dass in den Stollen unter dem Schloss Fürstenstein die elektronischen Geräte und Bombenzielgeräte abgeschossener Alliierten-Flugzeuge getestet wurden. Sicher dürfte sein, dass dort aber auch noch anderes vor sich ging! So ist durch Aussagen einiger Gefangener bekannt, dass der Komplex unter Fürstenstein mit dem gigantischen Untergrundobjekt »Riese« im Eulengebirge durch einen Tunnel mit einer Länge von 16 bis 18 Kilometern verbunden war. Neben der SS betrieb auch die Luftwaffe unter extremer Geheimhaltung dort ihre Forschungs-, Entwicklung- und Produktionsstellen für revolutionäre neue Waffen. Die Luftwaffe hatte dazu ein eigenes Häftlingskommando, das völlig unabhängig von der SS war und über gute Verpflegung und regelmäßige Milchrationen verfügte. Dies könnte bereits ein Hinweis auf Strahlenforschung sein.
Wie es aussieht, wurden auch hier im April 1945 alle dort beschäftigten

Angehörigen dieses Kommandos (Häftlinge, Bewacher und deutsche Wissenschaftler) umgebracht, um eine Aufdeckung ihrer Aktivitäten zu verhindern. Die Stollen unter dem »alten Schloss« von Fürstenstein, wo sich auch der »Weltraumsimulator« von Dr. Strughold befunden haben dürfte, wurden nie von den Alliierten besetzt. Auch noch nach der Kapitulation wurden sie mehrere Jahre lang von deutschen »Werwolf«-Angehörigen bewacht (und betrieben?). Erst 1948 entdeckten sowjetische Soldaten, die auf dem Schloss Fürstenstein stationiert waren, dass zwei Personen in einen unterirdischen Eingang im Bereich des »alten Schlosses« flohen. Bei der Untersuchung des Vorgangs gerieten sie in starkes Maschinengewehrfeuer, und kurz danach ereignete sich eine schwere Explosion, die aus dem Untergrund kam. Durch diese Selbstsprengung wurde neben dem kleinen »alten Schloss« auch zumindest der Eingang zu der Untergrundanlage so weit zerstört, dass bis heute ein Geheimnis um die Vorgänge in dem Stollen von 1943 bis 1948 bleibt.

Wie das Wiedereintrittsproblem 1944/45 gelöst werden sollte

Die weltweit im Fernsehen übertragene spannende Reparatur der beschädigten Hitzekacheln des »Space Shuttle« »Discovery« während seines Fluges im erdnahen Weltraum im Jahr 2005 zeigte, welche Bedeutung das Hitzeproblem beim Wiedereintritt heute noch hat. Bereits das Shuttle-Schwesterschiff »Columbia« war wegen eines Schadens im Hitzeschutzschild, das Temperaturen bis zu 1600 Grad Celsius abweisen soll, beim Landeanflug verglüht. Zumindest wenn man der offiziellen Version glaubt. Sofern selbst die Technik des 21. Jahrhunderts immer noch Probleme bei der Lösung des Hitzeproblems bereitet, wie gering wären dann erst die Chancen in den 1940er-Jahren für die Deutschen gewesen, beim Wiedereintritt nach einem Orbitalflug unbeschadet wieder auf die Erde zurückzugelangen?

Wernher von Braun berichtete dazu 1948 in den USA über die 1944/45 geplante deutsche Lösung. (77) Nach dieser sollte die Wiedereintrittsstufe ab einer Höhe von 80 Kilometern einen 22 000 Kilometer langen Wiedereintrittsgleitflug eingehen. Das wären 55 Prozent des Erdumfangs gewesen. Während dieser Zeit würde der Raumgleiter eine maximale Abbremsung von 0,45 G und eine Höchstaußentemperatur von 1005 Grad Celsius aufweisen. Die Struktur des Gleiters sollte ein Wärmegleichgewicht während des langen Gleitflugs erreichen, wobei die Hitze so schnell wieder abstrahlen sollte, wie sie absorbiert wurde. Auf diesem Prinzip basierend schloss Wernher von Braun, dass der Raumgleiter ohne Weiteres aus bereits existierenden Stahllegierungen gebaut werden könnte. Es wäre lediglich noch ein leichtgewichtiges Kühlsystem nötig.

Die heutige konventionelle Lösung für das Wiedereintrittsproblem wurde der Gebrauch von exotischen hitzeabstrahlenden Rumpfhautmaterialien. Es wurde zum Prinzip, den Wiedereintrittsprozess so schnell wie möglich über die Bühne zu bringen, um eine Hitzeüberladung der Struktur des Raumfahrzeugs zu vermeiden. Das »Space Shuttle« z. B. weist eine maximale Außentemperatur beim Wiedereintritt von 1800 bis 1250 Grad Kelvin auf und landet knapp 5450 Kilometer vom Wiedereintrittspunkt in 80 Kilometern Höhe entfernt. Dabei weist es eine maximale Abbremsung von 2 G während des Wiedereintrittsprozesses auf.

Hätte Wernher von Brauns Wiedereintrittsverfahren aus den 1940er-Jahren eine Chance auf Erfolg gehabt? Tatsächlich gibt es immer noch einige Mitglieder der Weltraumgemeinschaft, die von Brauns Langgleitwiedereintrittsflug mit dem Wiederabstrahlungsprinzip befürworten. Dazu gehörten auch die Vertreter des sogenannten Non-waler-Waverider-Flugs, die vorschlugen, die scharfen spitzen Enden ihrer Entwürfe additiv zu kühlen, gleichzeitig aber darauf bestanden, dass der Rest des Raumfahrzeugs aus konventionellen Metallstrukturen gebaut werden soll.

So fehlt bis heute der Nachweis, ob Wernher von Brauns Lösung aus den 1940er-Jahren funktioniert hätte. Merkwürdigerweise gab von Braun 1948 an, dass die neuesten Informationen (»latest information«) darauf hindeuteten, dass der Hitzegipfel bei seiner Lösung um 300 Grad Kelvin höher liegen könnte. Es erhebt sich in diesem Zusammenhang natürlich sofort die Frage, wie oder wodurch diese »neuesten Informationen« zustande gekommen sind, denn die Amerikaner waren 1948 noch nicht in der Lage, derartige Flüge zu unternehmen.

Abteilung 4: Die Anfänge der bemannten Raumfahrt

A) Die bemannten Fernraketen aus Peenemünde

Der außerordentliche Gewinn an Reichweite, der durch den Einbau von Überschallflügeln in die A-4-Reihe erreicht wurde, veranlasste Wernher von Braun, daraus drei Typen von Raketenflugzeugen zu entwerfen. So

entstanden bemannte Versionen der A-4-B (aerodynamisches Versuchs-flugzeug), der A-9 (Interkontinentalbomber) und eine heute »A-6« genannte, bemannte Rakete (Fotoaufklärer). (45)
Alle drei hatten gemeinsam, dass sie nach dem Wiedereintritt in dichtere Luftschichten zum Gleitflug übergehen sollten. Für diesen Zweck mussten im Windkanal extra neuartige Luftruder und K-Strahlruder entworfen werden.
Nach Informationen seines Biografen Bergaust sagte Wernher von Braun, dass man sich nach einer fast tödlichen Auseinandersetzung mit der Gestapo gegenüber Besuchern von draußen mit der Darstellung und Aufzeigung von Blaupausen über bemannte Raketen sehr zurückhielt. (78)
Damit wollte er wahrscheinlich »legendenbildend« zum Ausdruck bringen, dass Peenemünder Wissenschaftler unter Lebensgefahr 1944/45 schon an zivilen bemannten Raketenprojekten gearbeitet hatten. So schön das auch klingen mag, ist es doch völlig irreführend.
Ihre zivile Verwendbarkeit ist aber schon allein deshalb fast undenkbar, da es sich bei ihnen im Wesentlichen um bemannte, fahrwerklose Raketen ohne Fallschirm handelte, deren einziger Zweck nur der Einschlag in irgendeinem Zielpunkt sein konnte.
Außerdem verfügten die Piloten der »zivilen« Peenemünder Raketen-projekte außer einem primitiven Schleudersitz über keinerlei wirkliche Rettungsmittel, um wenigstens eine Chance zu haben, noch kurz vor dem Aufschlag mit mehrfacher Schallgeschwindigkeit mit dem Leben davon-zukommen. Dies wäre aber schon damals möglich gewesen, wie z. B. beim Höhenfernaufklärer DFS-228. Der Pilot konnte in diesem Fall rechtzeitig vorher in großer Höhe mit einer Rettungskapsel aussteigen. Er hätte in diesem Fall seine Rakete jedoch nicht mehr bis zum Einschlagspunkt ins Ziel lenken können …
Forschung ist ja schon immer, gerade im Grenzbereich, ein gefährliches Unterfangen gewesen, aber wollen wir wirklich glauben, dass sinnlose »zivile Selbstmordeinsätze« zugunsten der Wissenschaft gerade in der letzten Phase des totalen Krieges ausgearbeitet worden sein sollen?
In Wirklichkeit handelte es sich bei den bemannten Raketenentwürfen um nichts anderes als die Verwirklichung der dritten Entwicklungsstufe von Hitlers Raumfahrtprogramm.

EMW A-4Bp (bemannt) und A-4Bp/10: der »Feuerstuhl« der ersten Astronauten

Als am 1. März 1945 Lothar Sieber mit der bemannten Flakrakete Bachem »Natter« M.23 am Heuberg startete, konnte er nicht ahnen, dass er kurz darauf wegen einer nicht abgetrennten Startrakete ums Leben kommen sollte.

Seither gilt dieser Tag als der Beginn der bemannten Raketenluftfahrt. War die Bachem »Natter« aber die einzige bemannte Senkrechtstartrakete, die im Zweiten Weltkrieg flog?

Wernher von Braun erwähnt in seinen Nachkriegsmemoiren, dass es im Frühjahr 1945 auch noch Prototypen einer bemannten A-4B gab, die mit einem Landefahrwerk und einem Cockpit mit Druckkabine versehen war. (79, 80, 81, 82)

Seinen Angaben zufolge seien zwei A-4B wie genannt ausgerüstet worden und hätten in Flugversuchen (!) bewiesen, dass ihnen die Erzielung einer Reichweite von 700 Kilometern möglich war. Es habe sich dabei aber auch herausgestellt, dass die Flügelkonstruktion der A-4B Probleme beim Wiedereintritt in die Atmosphäre bekam. Außerdem sei das normale Kontrollsystem der A-4, das auf einem dreiachsigen Gyroskop beruhte, nicht genügend wirksam gewesen, um die Richtungsänderungen zu korrigieren, die durch die Vibrationen der Flügel beim Wiedereintritt auftraten. Von Braun schrieb leider nicht, wie weit diese Probleme noch bis zum Mai 1945 gelöst werden konnten.

Zeichnungen und Windkanalmodelle aus Kochel beweisen, dass an zahlreichen anderen Flügelvarianten gearbeitet wurde. (51)

Die Länge der bemannten A-4B betrug 14,03 Meter, die Spannweite 6,2 Meter. Bei einem Startgewicht von 13 Tonnen erreichte die bemannte Rakete eine Höchstgeschwindigkeit von 2900 Kilometern pro Stunde (Vergleich A-4: 5760 km/h).

Leider gibt es keinerlei offizielle Zeichnungen, Pläne oder Fotos, die von Brauns bereits realisierte Raketenflugzeug im Original oder im Flug darstellen. Auch traten die mit diesem neuartigen Luftgerät betrauten Piloten nie an die Öffentlichkeit. Sie dürfen – sofern sie die Flüge unversehrt überlebten – für sich in Anspruch nehmen, die Vorläufer der ersten Astronauten gewesen zu sein.

Welche Gründe kann es für dieses Verschweigen der Raketen und ihrer Tests geben? Käme vielleicht ans Licht, dass die mit Fahrgestell versehene EMW A-4B nur als Testgerät für eine spätere bewaffnete Version A-4B dienen sollte?

Sollte sie vielleicht als Trainer für »Astro-Piloten« fortgeschrittener bemannter Raketen dienen? In der frühen Nachkriegszeit bewarb sich in den USA eine große Zahl von Freiwilligen darum, mit der V-2 in den Weltraum fliegen zu dürfen. Ihnen erteilte Dr. James Van Allen 1950 die klare Antwort, dass es extrem unmoralisch wäre, zum gegenwärtigen Zeitpunkt

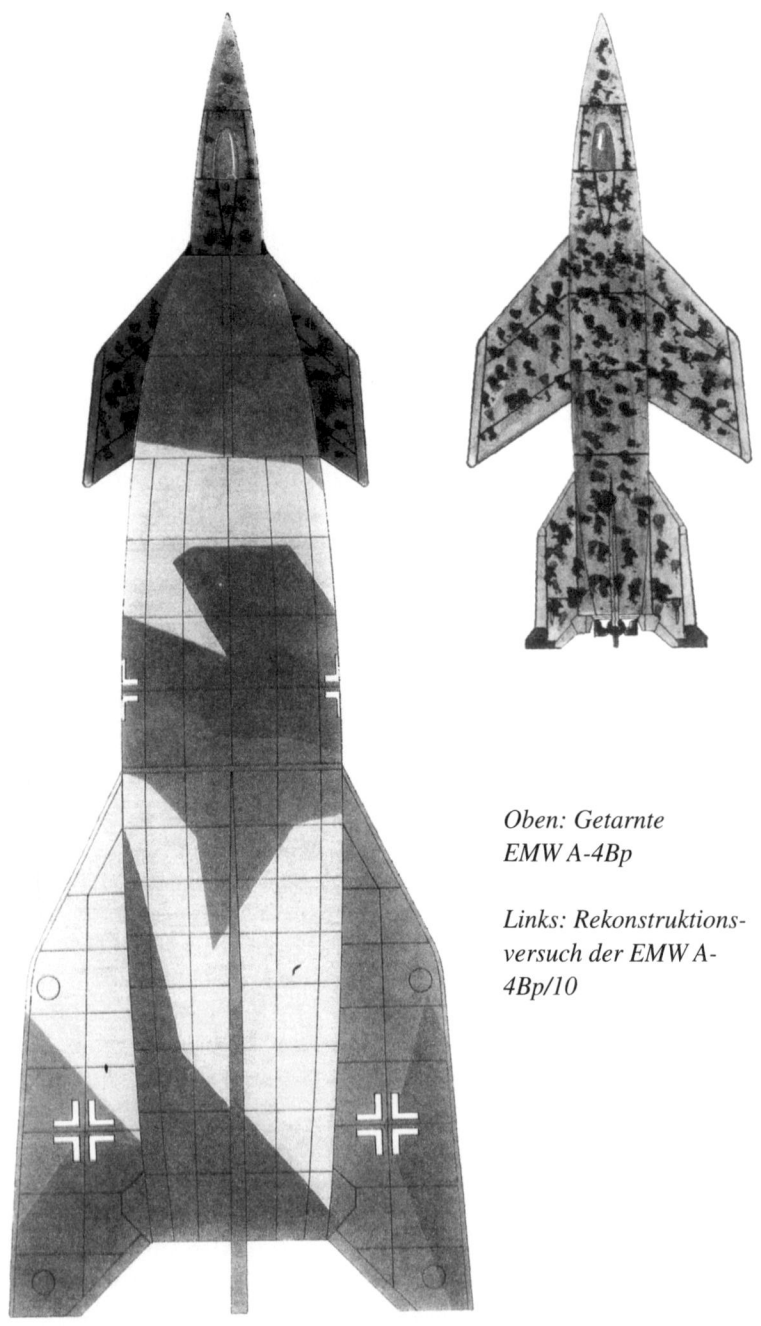

*Oben: Getarnte
EMW A-4Bp*

*Links: Rekonstruktions-
versuch der EMW A-
4Bp/10*

Oben: 1945 im Flug getestet: EMW A-4Bp, bemannte Testrakete mit Dreibein-Rad-Kufenfahrwerk (Modell: Georg)

Links: Bemannte EMW A-4Bp, Einsatzversion (Modell: Pimentel*)*

Unten: Bemannte A-4Bp, Einsatzversion mit Standardleitwerk (Modell: Tian*)*

Bemannte A-4Bp/10 mit Boosterraketen zum Erreichen einer Orbitalbahn (Peenemünde, April 1945?) (Modell: Georg)

das Angebot auch nur eines Einzigen anzunehmen, einen Ritt auf der V-2 zu unternehmen. (84) Die Zeiten hatten sich geändert.

Es ist möglich, dass die A-4B auch als Gleiter ohne Antrieb von Flugzeugen im Mistel- oder Tragschleppverfahren in die Höhe gezogen und dort ausgeklinkt wurde.

Bei einer bewaffneten Version wäre das Fahrgestell weggelassen worden, und man hätte stattdessen denselben Ein-Tonnen-Sprengkopf installieren können wie bei den unbemannten Raketen.

Die Aufgabe des Piloten war eindeutig: Er hätte erst nach dem Wiedereintritt in die Atmosphäre beim Gleitflug die Kontrolle übernommen und die A-4B in der Endphase manuell ins Ziel gesteuert. Kurz vor dem Einschlag sollte er sich (zumindest theoretisch) mit dem Schleudersitz retten und hätte bestenfalls darauf hoffen können, in Kriegsgefangenschaft zu geraten. Es dürfte jedem halbwegs normal Denkenden klar sein, dass ein solcher Aufwand niemals für einen konventionellen Ein-Tonnen-Sprengkopf betrieben worden wäre – hier musste etwas anderes im Spiel sein. Dies ist aber noch nicht alles: Nach Informationen des amerikanischen »Mercury 7«-Astronauten Gordon Cooper stand eine »bemannte V-2« noch kurz vor Kriegsende in Peenemünde zum Abschuss auf New York bereit. (85) Die etwa 800 Kilometer betragende Reichweite der bemannten A-4B war allein für diese Distanz natürlich viel zu kurz. Man hätte hiermit gerade einmal Schottland erreicht.

Tatsächlich gab es Pläne, die A-4Bp mithilfe eines A-10-Boosters zur Interkontinentalrakete zu machen. Peenemünde rechnete mit einer Reichweite von 4300 Kilometern für das neue Zweistufengespann. Da aber selbst dies für die Überwindung der Distanz Peenemünde – New York nicht ausreichte, muss die A-4B/10-Kombination im April 1945 über weitere Schubverstärkung (z. B. außen angebrachte Boosterraketen) verfügt haben. Auch hier warten wir bis heute auf die Freigabe der beschlagnahmten Akten.

Die bemannte V-2 ab 1945

Obwohl man sich von der V-2-Technologie in den späten 1950er-Jahren völlig abwendete, hätte man sie dazu benutzen können, schon viel früher Menschen in den Weltraum zu schießen, als es dann erst in den 1960er-Jahren realisiert wurde. Ansätze dazu gab es, die bei ihrer Verwirklichung die Geschichte der Nachkriegstechnologie hätten völlig verändern können. So schlug am 23. Dezember 1946 eine Studiengruppe der *British Interplanetary Society* (BIS) unter R. A. Smith und H. E. Ross dem *Ministry of Supply* eine bemannte V-2 auf Basis der Ideen von deutschen Raketenwissenschaftlern vor. (87) Der Astronaut sollte hier mit einer abtrennbaren Druckkapsel am Fallschirm zur Erde zurückkehren. Kurzsichtigkeit und

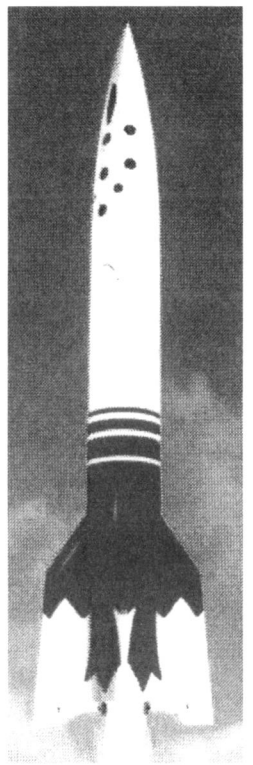 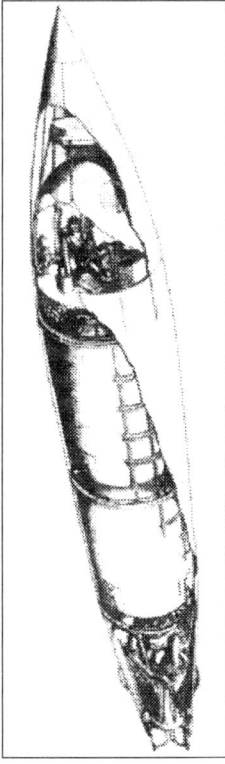

Englischer BIS-Vorschlag aus dem Jahr 1946 (Via Canadian Arrow)

Project »Canadian Arrow« aus dem Jahr 2002 für eine bemannte Weltraumrakete auf Basis der V-2 (88)

Geldmangel verhinderten eine Verwirklichung des anglo-deutschen Konzeptes.

EMW A-9P – die Amerika-Rakete

Wir haben es bei der A-9P mit einer Weiterentwicklung der unbemannten A-9 zu tun. Bei 14,2 Metern Länge wog sie 16,26 Tonnen und sollte eine Höchstgeschwindigkeit von 2680 Kilometern pro Stunde erreichen.

Die bemannte EMW-A-9-Rakete sollte als zweite bemannte Stufe des Raketensystems A-9/10 eine Atomwaffe zielsicher über den Atlantik befördern oder als separates bemanntes Geschoss wie die A-4B verwendet werden. (89, 90)

Ihre genauen technischen Daten wurden bereits in dem Buch *Atomziel New York* ausführlich dargestellt. Verschiedene Rumpflängen und drei Tragflügelkonfigurationen wurden geplant. Was noch gebaut wurde, ist unbekannt. (91)

Glaubt man den Angaben von Dr. X, dem berühmten Peenemünder Raketenforscher, wurde eine bemannte A-9-Rakete bereits im Dezember 1944

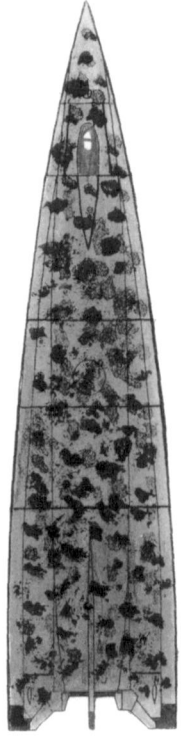

vom Übungsgebiet »Heidekraut« aus mit einem Freiwilligen getestet. (92, 93, 94) Der Schuss in die Atmosphäre soll jedoch für den freiwilligen SS-Mann tödlich geendet haben. Leider ist es seither immer noch nicht gelungen, nähere Einzelheiten über diesen mutmaßlichen ersten bemannten Raumflugversuch der Menschheitsgeschichte in Erfahrung zu bringen.

An dieser Stelle folgen nun ein paar Angaben über die Person von »Dr. X«, zu denen ich ohne Namensnennung autorisiert wurde: »Dr. X« erlebte im Ruhestand die letzten Jahre in Mexiko in seinem Haus in Jocotepec, einer kleinen Stadt 35 Kilometer entfernt von Guadaljara, an den Stränden des Chapala-Sees (größter See Mexikos). Er besaß auch ein Haus in Guadaljara. Seit Anfang der 1970er-Jahre gehörte meine Quelle dann zum Freundeskreis von »Dr. X«, der ihm auch Material über die letzten Entwicklungen des Dritten Reiches weitergab, das er bei Kriegsende retten konnte. »Dr. X« erzählte ihm auch, dass er immer noch in Kontakt mit anderen deutschen Wissen-

EMW A-9p mit Strahlenflügel getarnt, Standardkabine (ohne Strahlruder zur Verwendung bei A-10)

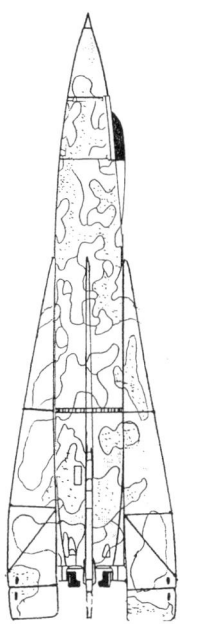

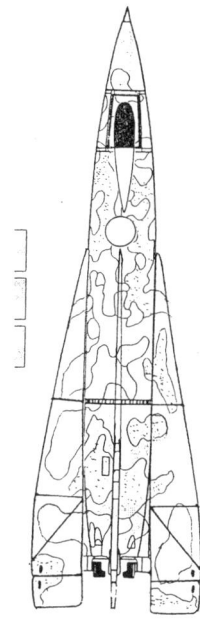

*Links und rechts:
EMW A-9ap mit
Kurzflügel (mit
Strahlrudern)*

*Links unten und
rechts unten:
EMW A-9p mit
Strahlenflügel und
tropfenförmiger
Kabine (ohne
Strahlruder zur
Verwendung
bei A-10)*

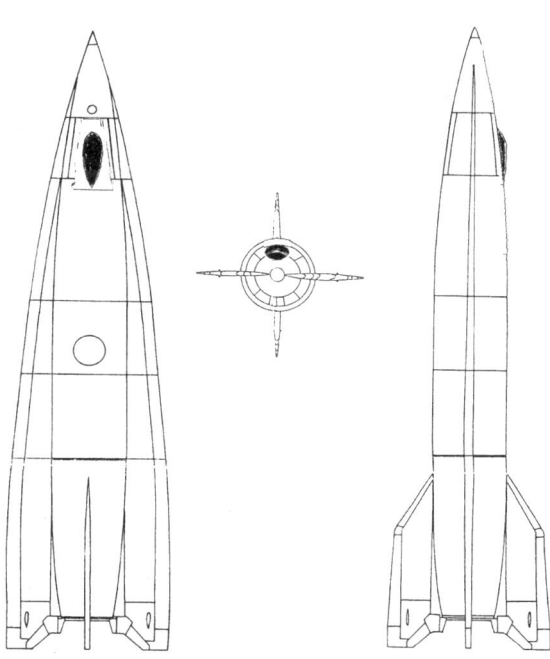

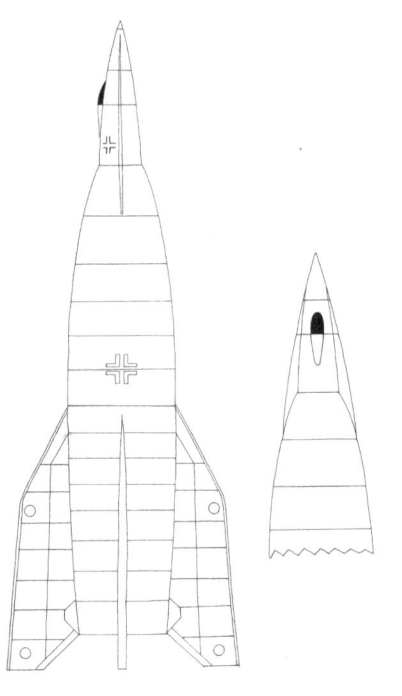

Links: EMW A-9p/10 mit Standardkabine

Ganz rechts: Blick auf den Astronautensitz

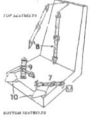

Unten: EMW A-9p/10: Flügel- und Rumpf- spitzenvarianten: Links: Pfeilflügel mit verlängerter Rumpf- spitze Rechts: Strahlenform- flügel mit normaler Rumpfspitze

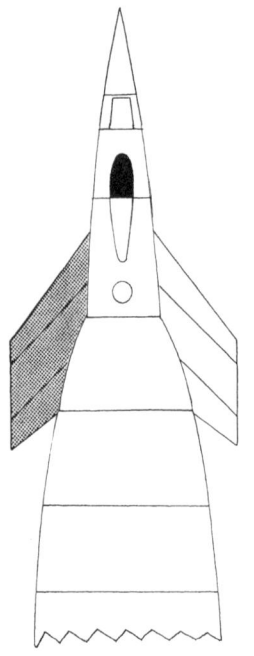

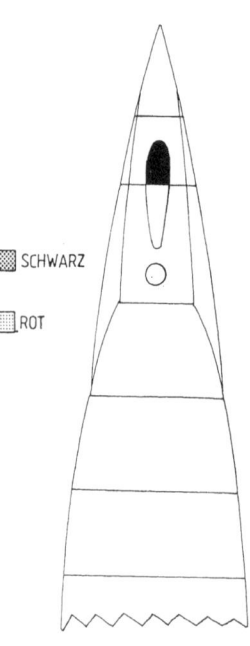

▨ SCHWARZ

▦ ROT

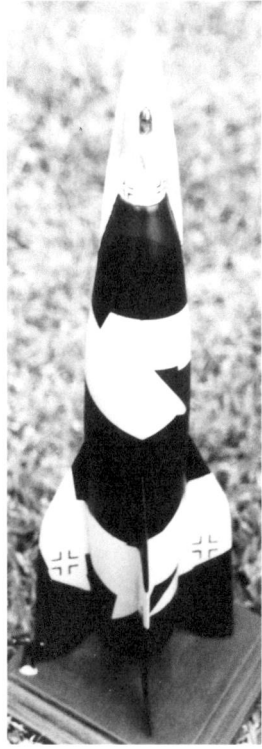

Oben links: Bemannte A-9P
(Modell: Pimentel)

Oben rechts: Bemannte A-9/10,
Frühversion mit Sechser-Trieb-
werk bei A-10 (Modell: Pimentel)

Unten links: Bemannte A-9/10,
spätere Ausführung mit
A-10-Monotriebwerk
(Modell: Pimentel)

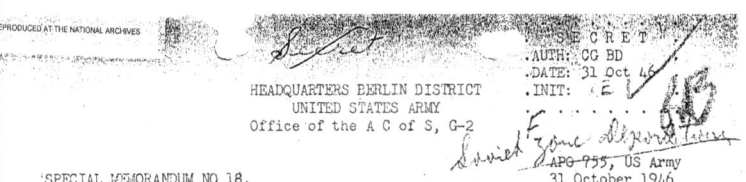

SECRET

.AUTH: CG BD
.DATE: 31 Oct 46
.INIT: E

HEADQUARTERS BERLIN DISTRICT
UNITED STATES ARMY
Office of the A C of S, G-2

APO 755, US Army
31 October 1946

SPECIAL MEMORANDUM NO 18.

SUBJECT: Deportation of German personnel to Russia.
SOURCE : German top flight industrialist, based on conversation with highest officials of Zentralverwaltung (Berlin) for Soviet Zone.

Current deportations of German personnel to Russia came as a complete surprise to officer personnel in Karlshorst and to at least some key figures in Potsdam. For example, Kowal, highest authority under Sokolov in Potsdam, stated that he was taken by complete surprise when deportations started.

Meanwhile, apparently to escape deportation, 5,000 - 6,000 weavers from Chemnitz district crossed over to the American Zone during the last weekend, where they were reportedly received with enthusiasm by the population.

Current Soviet deportation and dismantling activities, concerning mostly armament factories and plants, include:

1. Deportation of the rector and two professors from Dresden Technische Hochschule.

2. Dismantling of Goeschwitz Cement Works near Jena and preparations to deport 500 men.

3. Dismantling of Schwarzenberg Wasserstoff and Sauerstoff Werke (Hydrogen and Oxygen Works).

4. Reported as completely destroyed were Bleicherode V-2 works and "Programm A9" Raketenjaeger plants.

5. Four building material firms--Buescne and Hofmann, Thomas Wedag, and two unknown were consolidated into "Sowjetische Baustoff A.G."

The informant visited Zeiss Works in Jena where he learned that dismantling will be greatly reduced to avoid breaks in production of essentials for Germany. In this connection, it may be mentioned that 5,000 tons of sheepwool and 50,000 tons of cotton sent from Russia to Germany remained unprocessed as necessary tools have been removed.

COMMENT:

"Emigration" of 5,000 weavers from Chemnitz district appears highly unlikely. Chemnitz is approximately 50 miles from US - Russian interzonal border. Movement of such a mass of people over this distance in a two-day period could hardly escape the attention of Soviet authorities.

DISTRIBUTION
copies 1   C/S BD
       2   SSU, Attn: Dr Durand
       3   Region VIII, CIC, Attn: Capt Stewart
       4   BDID
       5-6   OMG BD, Attn: Col Glaser
       7-8   ODI, OMGUS, Attn: Col Potter
       9-13   Off of Dir of Pol Affairs, OMGUS
              Attn: Lt Col Kaiser
       14-16 Econ Div, OMGUS, Attn: Mr Barlerin
       17-18 702 CIC Det,c/o Base Intel O,
              Tempelhof
       19-23 G-2 USFET, Attn: Lt Col Conner
       24-25 G-2 USFET (Misc), Attn: Mr Goldner
       26   ETIS, USFET, APO 147, Attn: Lt Price
       27   Pol Advisor, 3rd Army, APO 205
       28-30 G-2 files, BD

SECRET

COPY NO 3

Gegenüberliegende Seite: Erfolgte die Zerstörung der Fabriken für das bemannte A-9-Programm erst 1946? – Nach einer Meldung der US Army *vom 31. Oktober 1946 anlässlich der Verlagerung deutscher Wissenschaftler in die Sowjetunion wurden nach dem Transfer die Fabriken für das »›Programm A9‹ Raketenjaeger« durch die Besatzungsmacht völlig zerstört. Leider bleibt offen, wo sich diese Einrichtungen befanden. Quelle: RG 319 (Records of Army Staff), Entry 134A, Box 17, Folder XEI69886, »Russian Deportation of German Scientists & Technicians«.*

schaftlern stehe, die in Südamerika lebten. Er habe »Argentinien und so weiter« genannt. Die Angaben von »Dr. X« müssen gleichwertig mit Wernher von Braun und anderen hochrangigen Wissenschaftler aus Peenemünde gewertet werden. – Das, was »Dr. X« zu sagen hatte, kommt einer technischen Sensation gleich, denn egal, ob nun Gagarin der erste Kosmonaut war oder ob schon 1957 Alexej Ledowski einen suborbitalen Raumflug durchgeführt hatte: *Sie alle waren nicht die Ersten!*

Wie bereits im *Atomziel New York* erwähnt, sollte darüber hinaus ein deutscher Astronaut im Mai 1945 nach New York starten. Ob mit einer A-4/10 oder A-9/10, bleibt unbekannt.

Leider gelang es nicht, weitere Einzelheiten über diese von dem zwischenzeitlich verstorbenen US-Astronauten Gordon Cooper berichteten deutschen Versuche in Erfahrung zu bringen. Bei Kriegsende hätte nur noch eine Woche gefehlt, bis die bemannte Zweistufenrakete zu ihrem letzten Flug nach New York einsatzbereit gewesen wäre.

Die Leistungen der bemannten A-9 sollten aber noch vor Kriegsende von neuen bemannten Raketenprojekten auf dem Reißbrett in den Schatten gestellt werden. Bei ihnen wurde der Schritt hin zu wiederverwendbaren Vielzweckraketen mit Fahrwerk getan.

Dieses Konzept wurde bis heute noch nicht verwirklicht.

Selbstopfer-Rakete EMW A-4

Neben den bemannten Flügelraketen A-4B und A-9 interessierte man sich am Ende des Krieges auch für die Möglichkeit des Cockpiteinbaus in die Standard-V-2, um die Treffsicherheit der Rakete im Endanflug zu verbessern.

Dieses Konzept, über das Albert Ducrocq 1947 berichtete (95), erscheint selbst heute noch als sehr riskant. Beim Start hätte der Pilot am Ende der Brennzeit des Triebwerks 7 G Beschleunigung aushalten müssen. Darüber hinaus wären bei der Annäherung an das Ziel bei einer Geschwindigkeit

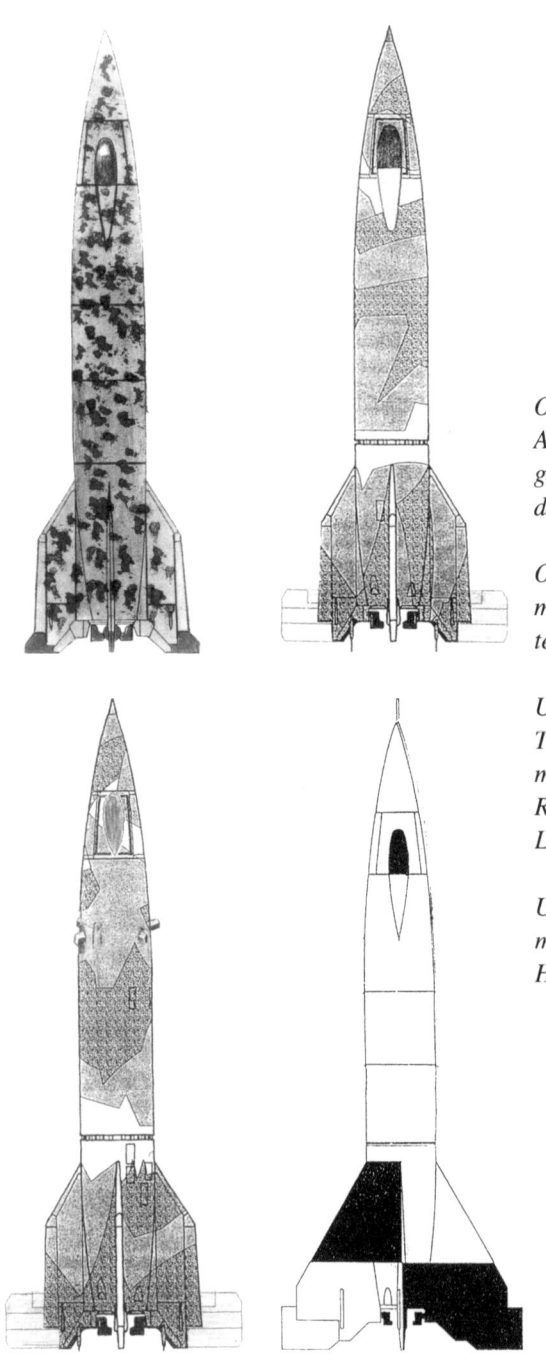

Oben links: Getarnte A-4(P) mit den ver-größerten Luftrudern der A-4B

Oben rechts: A-4(P) mit stark vergrößer-ten Luftrudern

Unten links: A-4(P), Tropfenformkabine mit zusätzlichen Rumpfkeilen zur Lenkhilfe

Unten rechts: A-4(P) mit vergrößerten Heckflächen

Bemannte EMW Selbstopfer-Rakete A-4(P)
(Modell: Georg)

von 760 Metern pro Sekunde extreme Anforderungen an die menschliche Reaktionsfähigkeit gestellt worden. Technisch gesehen hatten die Strahlruder der A-4 nach dem Erlöschen des Triebwerks keinen weiteren Effekt mehr auf die Flugbahn. Zudem benötigten die kleinen aerodynamischen Luftruder am Ende der Schwanzflächen der Rakete viel zu lange, um genügend Kontrolleinfluss auf die Flugbahn auszuüben. Sie sind zu klein für die Raketenmasse. Außerdem hätte der Pilot mit den unzureichenden Standardrudern der A-4 eine nötige Richtungsänderung bereits dann vornehmen müssen, wenn er noch 90 Kilometer vom Ziel entfernt war. Eine Unmöglichkeit! – Die Antwort des Teams um Wernher von Braun auf diese technische Herausforderung konnte nur darin liegen, die aerodynamischen Ruder an den Heckflossen zu vergrößern (A-4B und »Wasserfall«), wollte man eine komplizierte und zeitaufwendige technische Neulösung vermeiden. Diese hätte beispielsweise in der Anbringung von zusätzlichen Lenkflügeln oder beweglichen Keilen am Rumpf bestehen können. Dies hatte Wernher von Braun später in den frühen 1950er-Jahren an seiner V-2-Weiterentwicklung »Redstone« realisiert.

Leider ist unbekannt, wie weit der Plan einer bemannten Selbstopfer-V-2 bis Kriegsende umgesetzt werden konnte.

Peenemündes Konkurrent?
Raketenbomber Zippermayr »Pfeil«

Der am 25. April 1899 in Mailand geborene Stabsingenieur Prof. Dr. Mario Zippermayr gehört heute zu den unbekannten deutschen Wissenschaftlern des Zweiten Weltkriegs. Dabei hatte Dr. Zippermayr etwas für jeden: Strahlen, um das Gehirn zu zerstören, »Einflügel«-Flugzeuge mit Überschallgeschwindigkeit, ein Interesse an der medizinischen Anwendung des Ozons sowie eine Waffe zur Erzeugung von künstlichen Wirbelstürmen und Großraumexplosionen.

1944 hatte Dr. Zippermayr den Torpedo L-40 entwickelt. Ziel war es, einen Torpedo für Hochgeschwindigkeitsflugzeuge (Me-262, Do-335 und Ar-234) zu entwickeln, der aus großen Höhen abgeworfen werden konnte. Der L-40 genannte Lufttorpedo wies V-förmige, längs des Hauptkörpers angebrachte Flächen auf, die nach Trittbrettart angebracht wurden. Testversuche am Neusiedler See bei Wien sowie in Gotenhafen ergaben eine gute Stabilität um die Längs- und Querachse, sodass begründete Aussicht bestand, sogar für den Gleitwinkel und die Trimmung des Torpedos ohne Steuergeräte auszukommen. Im August 1944 war die Entwicklung beim TWP in Gotenhafen bereits weit fortgeschritten, wegen der auf absehbare Zeit angeblich nicht zur Verfügung stehenden Anzahl von Trägerflugzeugen wurde die Erfolg versprechende Entwicklung auf Eis gelegt. Die Flugversuche mit dem L-40-Torpedo waren so eindeutig positiv beurteilt worden, dass es nahelag, auch Hochgeschwindigkeitsflugzeuge nach dem Zippermayr-Prinzip herzustellen. Die Ergebnisse des aerodynamischen Instituts der TH Hannover im Windkanal und andere Forschungen hatten nachgewiesen, dass die neuartigen Zippermayr-Flügel auch erfolgreich an bereits bestehenden Flugzeugen an-

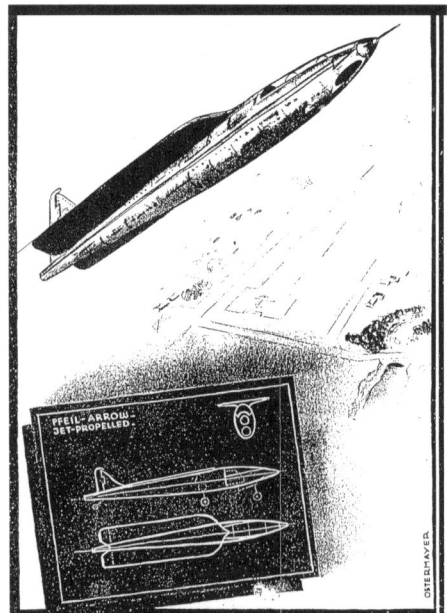

Dr. Zippermayrs »Pfeil«-Überschalljäger in einem aus der Nachkriegszeit stammenden Vorschlag für die Amerikaner

Dr. Zippermayrs Nachkriegs-Vorschlag für die Amerikaner: Verwendung seines »Pfeil«-Düsenjägers als Jagdschutz für die B-29

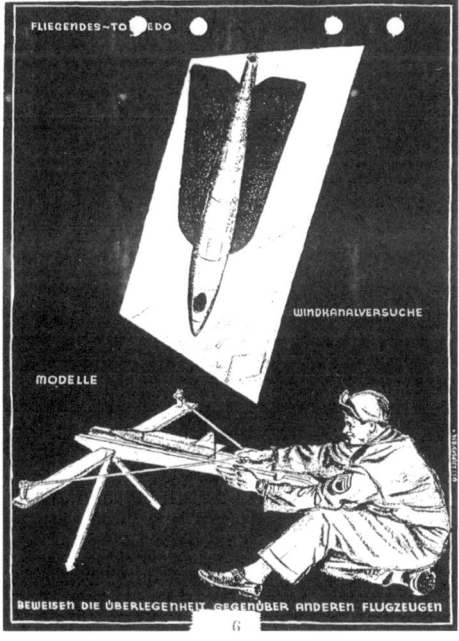

Die einzige bisher bekannt gewordene Darstellung des bemannten Zippermayr-Fernraketenprojekts (Bildunterschrift »Fliegendes Torpedo«)

gebaut werden konnten. Man versprach sich von dieser Konstruktion eine große Stabilität um die Querachse. Auch war die Tragflächenbelastung bei den Zippermayr-Flügeln geringer als bei herkömmlich ausgelegten Flügeln, sodass leicht zu fliegende und stabile Flugzeuge aus dem Ganzen resultieren sollten.

Bekannt wurde bis heute Zippermayrs Jagdflugzeug »Pfeil«, sein aus Holz gebauter Prototyp, der sich im Mai 1945 in der Schreinerei Hagen in Lofer (Bezirk Zell am See) im Bau befand. Noch drei Monate wären bei Kriegsende bis zum Erstflug des »Pfeils« nötig gewesen. (96, 97, 98)

Amerikanische Dokumente beweisen, dass Prof. Dr. Zippermayr den Amerikanern nach der deutschen Kapitulation seinen »Pfeil«-Überschalljäger als Bordjäger zur Mitführung bei den viermotorigen Bombern Boeing B-29 vorschlug. Er stieß dabei aber auf kein großes Interesse. So kam es, dass die veralteten B-29 wenige Jahre später im Koreakrieg von den modernen sowjetischen Mig-15-Jägern wie wehrlose Tontauben vom Himmel geholt wurden.

Parallel zur Entwicklung seines Überschalljägers erhielt Dr. Zippermayr den Auftrag, sein revolutionäres Pfeilflügelkonzept auch bei einem Schnellbomber und einem Transportflugzeug anzuwenden. Eine erst vor wenigen Jahren von den USA freigegebene Akte Dr. Zippermayrs beweist, dass es sich bei dem Schnellbomber um eine bemannte Rakete gehandelt hat, die mindestens bis zum Windkanalstadium gelangte.

Die für die Amerikaner gezeichnete Darstellung zeigt ein Pfeilflügelprojektil mit einer kleinen tropfenförmigen Kabine, das sich im steilen Sturz auf ein Erdziel befindet. Leider haben sich darüber hinaus keine weiteren Daten finden lassen.

Windkanalmodelle beweisen, dass Zippermayrs Flügel auch für die A-9 untersucht wurde.

Bis heute wurde kein Flugzeug und keine einzige Rakete nach dem Flügelprinzip Dr. Zippermayrs verwirklicht. Heißt dies, dass sein Pfeilprinzip veraltet ist, oder hat es nur noch niemand wiederentdeckt?

Strategischer Fernaufklärer und Fernbomber
EMW A-9/A6 – Deutschlands X-15

Der strategische US-Aufklärer Lockheed SR-71 war eines der wichtigsten Wahrzeichen des Kalten Krieges. Ab Ende der 1960er-Jahre flog er praktisch überall dort, wo eine Krise im Entstehen begriffen war. Mit mehrfacher Schallgeschwindigkeit in unerreichbaren Höhen operierend, brachte er trotz massiver Luftabwehr wertvollste Luftaufklärungsaufnahmen, von Kuba bis zum Irak, nach Hause. Die militärische Bedeutung dieser

Flüge kann aus heutiger Sicht gar nicht noch genug eingeschätzt werden. 20 Jahre vor der Indienststellung der SR-71 hatte Wernher von Brauns Mannschaft schon einmal in Bezug auf eine solche Maschine die gleiche Idee gehabt!

Bei dieser futuristisch aussehenden Peenemünder Schöpfung handelte es sich um die dritte Version von bemannten Flugkörpern auf V-2-Basis. Verschiedene Entwürfe mit zusätzlichen Marschtriebwerken (Düsen- und Staustrahlantrieb) zur Reichweitenverlängerung wurden noch auf dem Reißbrett geplant. (99, 100)

Die A-9/A-6 genannte Rakete besaß ein dreibeiniges Landefahrwerk und wurde dem RLM als Schnellstfotoaufklärer für strategische Ziele angeboten. Ihr Start sollte senkrecht erfolgen, die Landung mit dem eigenen Dreibeinfahrwerk.

Im Wesentlichen wurden vier Versionen bekannt. Bisher ging man in der Forschung nur von einer Version aus. Hier wird nun erstmals aufgedeckt, dass stattdessen vier Ausführungen geplant wurden! (101)

EMW A-9/A-6A: Mit 15,72 Metern etwas länger als die A-4B und mit stärker gepfeilten Flächen, die 13° nach oben abgewinkelt waren. Spannweite: 6,33 Meter, Gewicht: 16,260 Kilogramm, maximale Geschwindigkeit: 2900 km/h. Reichweite (Staustrahlantrieb): 840 Kilometer.

EMW A-9/A-6B: Gesamtlänge 15,93 Meter mit weniger gepfeilten, aber längeren Tragflächen (Spannweite 10,36 Meter), Abstellwinkel der Tragflächen nach oben: 5°. Gewicht: 16 390 Kilogramm, maximale Geschwindigkeit 1950 km/h, Reichweite (Staustrahlantrieb): 1240 Kilometer.

Zwei Kanzelvarianten wurden für die B-Version entworfen. Eine mit einer tropfenförmigen Kabine und eine zweite mit einer größeren, konventionell aussehenden Kanzel.

Die EMW A-9/A-6b sollte auch als Endstufe bei der A-10 und A-11 zum Einsatz kommen können.

EMW A-9/A-6 C1 und C2: Aufklärer mit elliptischem Flügel, ähnlich der früher entwickelten A-9p. Cockpithaube mit V-förmiger Verglasung, ähnlich dem US-Nachkriegsversuchsflugzeug NA X-15.

Die C1 sollte ein Lorin-Staustrahltriebwerk als Marschtriebwerk besitzen, das Haupttriebwerk hätte Visol verbrannt. Der Start sollte nach Art der A-4 von einem Starttisch aus erfolgen.

Die C2 war auch ein Aufklärer, sollte aber als zweite Stufe der A-10 oder dritte Stufe der A-11 starten.

Der prinzipielle Unterschied zur C1-Version war, dass die C2 kein Staustrahltriebwerk, sondern als zweites Triebwerk einen Walther-Raketenantrieb mit vier Verbrennungskammern haben sollte. Möglicherweise handelte es sich um dasselbe Triebwerk, das auch bei der Li PO5 verwendet werden sollte. Andere Zeichnungen zeigen stattdessen eine zweite Turbopumpe für das Visol-Haupttriebwerk. Diese Pumpe war deutlich kleiner als die Hauptpumpe. Sollte die kleinere Pumpe zum Marschflug mit weniger Druck beim gleichen Raketenmotor verwendet werden? Die Ideen scheinen dem Peenemünder Entwicklungsbüro nie ausgegangen zu sein.

Der zweite Unterschied zur C1 war, dass bei der C2 das Hauptfahrwerk 63 Zentimeter weiter nach hinten versetzt war.

Über die zu verwendenden Kameras, elektronischen Geräte oder möglicherweise auch kleinen Abwurfwaffen haben sich keine Details finden lassen können.

Bei allen A-6-Varianten wurde der aus der A-4- oder A-9-Reihe entlehnte Rumpf verlängert, ein zusätzliches Fahrgestell- und Nutzlastabteil für Kameras oder kleine Bomben eingebaut. Gemeinsam war allen Versionen ein Hauptraketentriebwerk mit 25,4 Tonnen Leistung.

Mehrere Treibstoffe wurden als Antriebsmöglichkeit für den Zusatz-Staustrahlantrieb (außer C2-Version) untersucht, aber am Ende entschied man sich für Acetylen. Das Gesamtgewicht des Treibstoffes für Rakete und Staustrahlantrieb sollte normal fünf Tonnen betragen. Die Größe der Treibstofftanks variiert aber je nach vorliegender Zeichnung.

Nachdem der Raketenmotor den Flugkörper bis in eine Höhe von 20 Kilometern mit einer Geschwindigkeit von 1000 Metern pro Sekunde (Mach 3,4 in dieser Höhe) geschossen hatte, sollte der Staustrahlantrieb einsetzen und für die notwendige Reichweite sorgen. Die 1600 Kilogramm Treibstoff des Staustrahlantriebs sollten dafür benutzt werden, die Geschwindigkeit von 1000 Metern pro Sekunde in 20 Kilometern Höhe für 1720 Sekunden (fast 29 Minuten) zu erreichen bzw. beizubehalten.

Die Reichweite der A-6 einschließlich Abschussbahn, Antriebsflug und Gleitphase sollte zuerst eine Gesamtflugstrecke von 1800 Kilometern ermöglichen.

Man erhoffte sich bei der Verwendung von alternativen Treibstoffen für den Raketenantrieb eine Steigerung der Reichweite. (102) Anstelle des bisher üblichen Flüssigsauerstoff-Alkohol-Gemisches sollten Tetranitromethan und Visol verwendet werden, wobei Acetylen für den Staustrahlantrieb beibehalten wurde. Man plante weiter, den Treibstoffanteil des Staustrahltriebwerks auf 2850 Kilogramm zu steigern, was eine 3000 Sekunden (50 Minuten) dauernde Antriebsphase ermöglicht hätte. Damit wäre die Totalreichweite auf 3100 Kilometer vergrößert worden.

Das Endziel 1945 war, die Treibstoffeffizienz des Staustrahlantriebs auf das Zehnfache des Ausgangswerts zu steigern! Man erhoffte, so die Gesamtreichweiten für den Flüssigsauerstoff-Alkohol-Flugkörper von 1800 auf 13 500 Kilometer und für den Tetranitromethan-Visol-Flugkörper von 3100 Kilometern auf geradezu unglaubliche 23 500 Kilometer zu erhöhen.

Bis heute ist keine Technik bekannt, die eine derartige Steigerung der Leistung von Staustrahltriebwerken ermöglichen würde. Wusste man damals von einem Verfahren, das mittlerweile längst vergessen worden ist oder niemals offenbar wurde?

Wir wissen bis heute nicht, ob eine EMW-A-9/A-6 fertig gebaut oder im Flug erprobt wurde. So haben sich nur noch ihre Konstruktionspläne erhalten.

Neben strategischer Aufklärung hätten EMW-A-9/A-6-Versionen auch zum Präzisionsabwurf kleiner Siegeswaffen mit ABC-Ladung oder anderen »exotischen« Sonderkampfstoffen (z. B. Zippermayr-Ladungen, N- oder R-Stoff) dienen können.

Auch als »Amerika-Bomber« war die A-9/A-6 vorgesehen: Beschrieben wird hier ein geplanter Anflug Richtung USA über die Nordost-Route mit Bombenabwurf auf eine US-Metropole. Danach sollte die A-9/A-6 ihren Staustrahlantrieb zünden und in Argentinien (deutschfreundlich) landen! (102A)

Vergleicht man bestimmte technische Entwicklungen nach dem Krieg miteinander, so ist eindeutig ersichtlich, dass das Konzept der EMW A-9/A-6 als Vorbild für die bemannte amerikanische X-15-Forschungsrakete der späten 1950er-Jahre diente.

Obwohl immer noch von Geheimhaltung umgeben, ist auch das Bild eines X-15-Fluges bekannt, auf dem die Maschine zusätzlich über ein Staustrahltriebwerk nach Art der von Braunschen A-9/A-6 verfügt. Ob es sich hierbei um einen Zufall handelt, können Unbedarfte gern weiter glauben.

Man kann zusammenfassend davon ausgehen, dass die rechtzeitige Realisierung der EMW A-9/A-6 dem deutschen Oberkommando strategische Aufklärungsflüge jener Art ermöglicht hätte, wie sie erst in den späten 60er-Jahren des 20. Jahrhunderts »Mode« wurden.

Oberst Putt bestätigte vor dem SAE in New York am 7. März 1946, dass einige A-9 bereits bei Kriegsende gebaut, aber wohl nicht mehr getestet wurden.

Das ist aber noch nicht alles: Die von Putt stammende nachfolgende Abbildung (Fig30 – A-9; siehe Seite 132) zeigt eindeutig eine A-9/A-6B

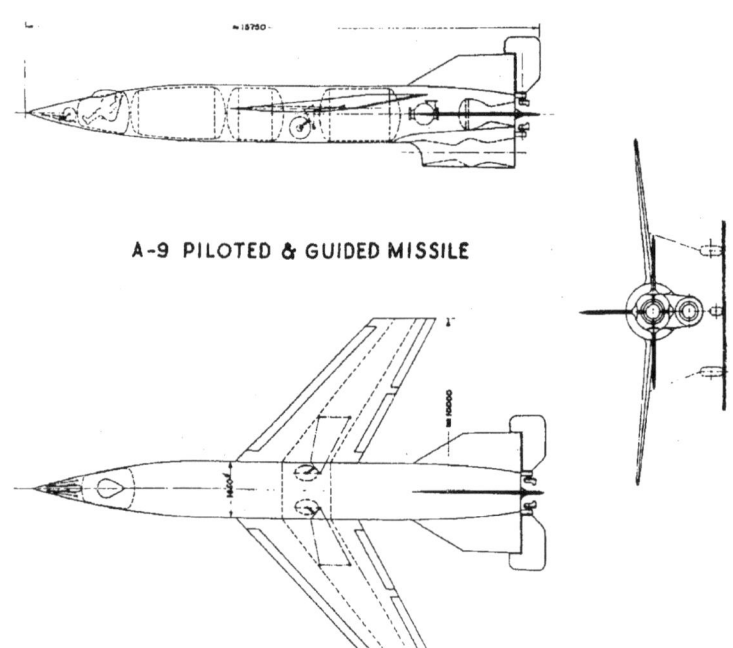

Bemannte A-9 (PTM)

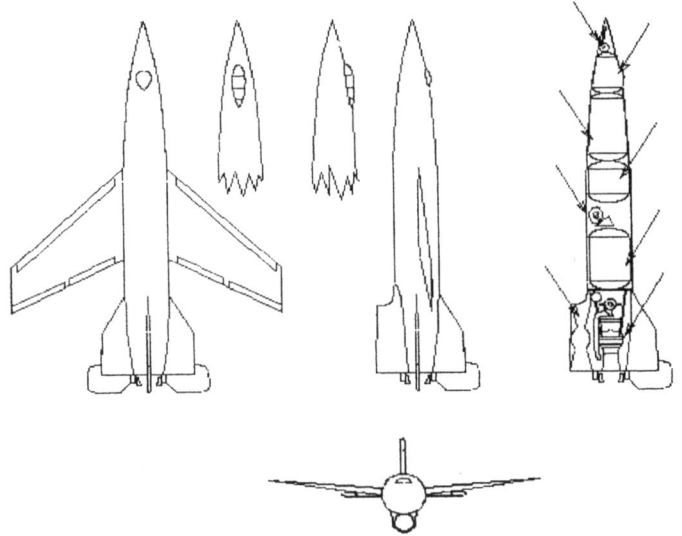

EMW A-9/6A und B (Übersichtszeichnung)

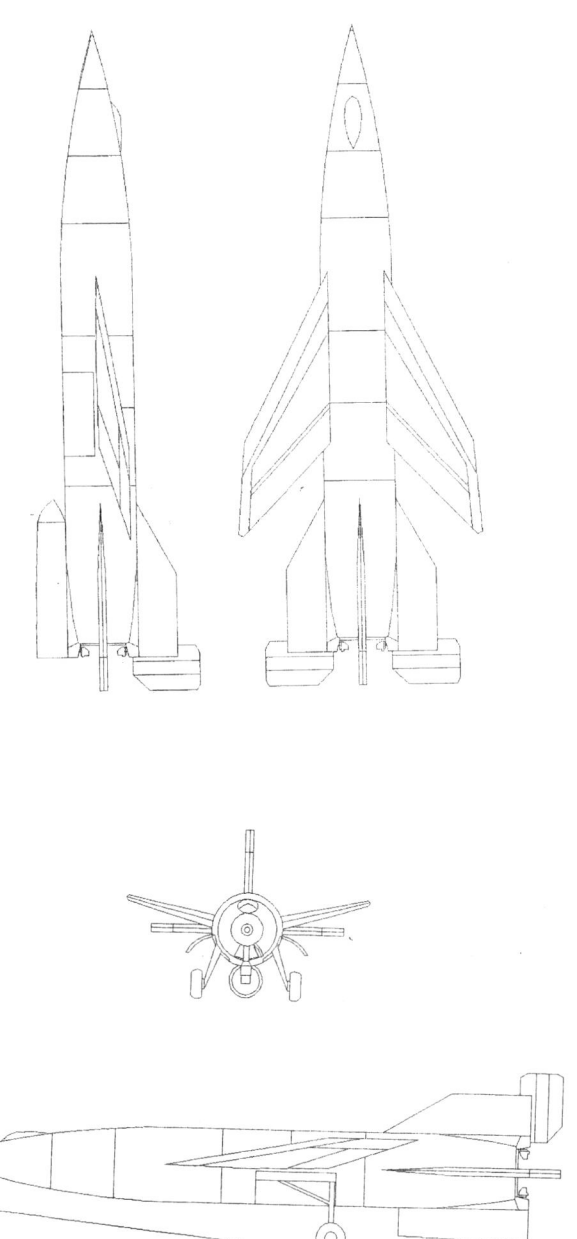

EMW A-9/A6a (Quelle: Aescala)

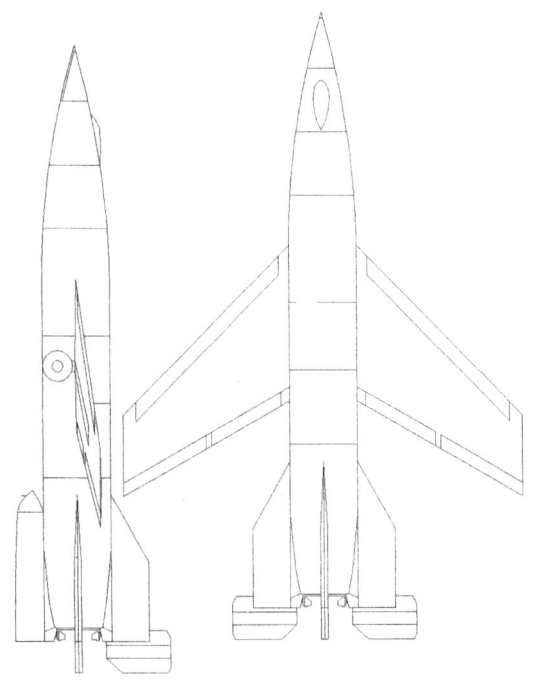

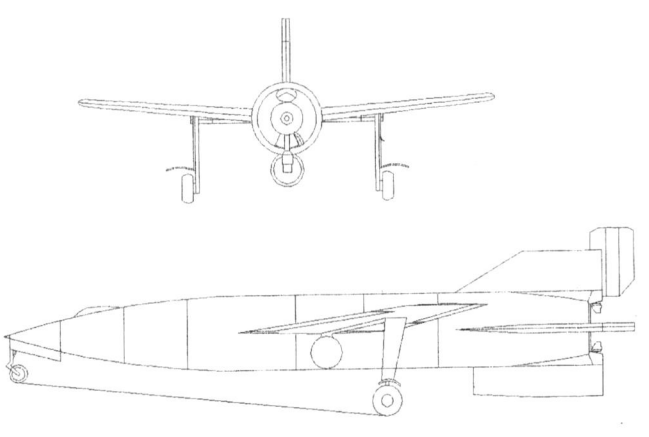

EMW A-9/6B (Quelle: Aescala*)*

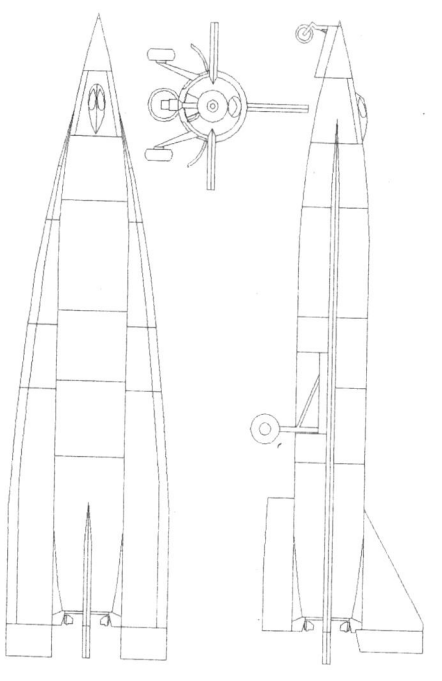

EMW A-9/6C1 (Quelle: Aescala*)*

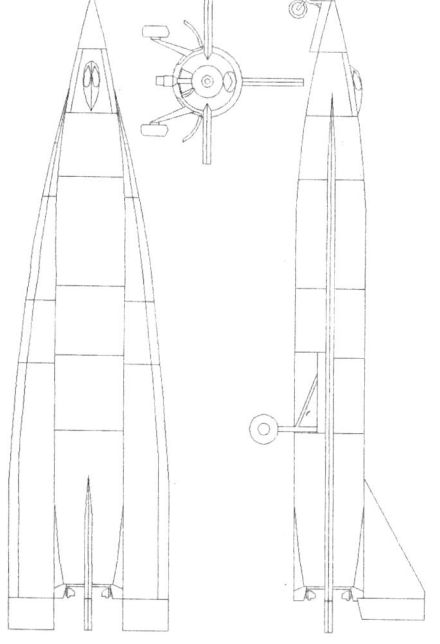

EMW A-9/6C2 (Quelle: Aescala*)*

mit dem in der dritten Zeile stehenden Hinweis, dass die Ausbringung ihres ersten Prototypen für 1945 vorgesehen war (First experimental article date: 1945)!

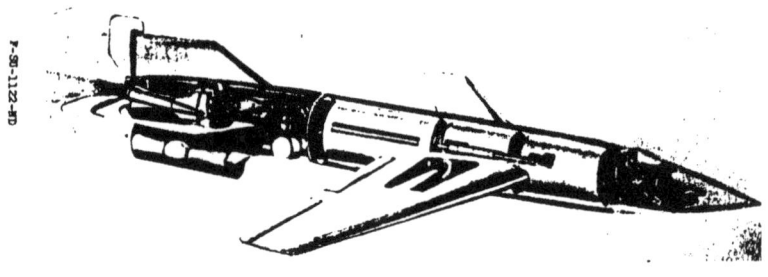

Fig. 30 - A-9

Manufactured by: Army Experimental Station, Peenemunde

Original proposal date: 1945

First experimental article date: 1945

Description: Type: Long-range ground-to ground rocket, supersonic
Note: Specifications generally similar to A-4, but A-9 was equipped with wings and was designed for use with the A-10 launching rocket.
Weight: 29,000 lb
Range: 3000 miles
Max. speed: 5,870 mph

Remarks: A full-scale A-4 equipped with wings to increase the range. Range and speed figures are based on its use with the A-10 launcher. A few A-9's were built but there is every evidence that none were ever test fired. Some consideration was given to including a pilot in the A-9.

Als die Vereinigten Staaten am Ende des Jahres 1951 ihr Programm eines hypersonischen bemannten Raketenflugzeugs ins Leben riefen, war die Bell D-171 der erste eingereichte Entwurf. Sie sah aus wie eine vereinfachte EMW A-9/6 C-2. Ihr Designer: Bell-Ingenieur Dr. Walter Dornberger ... Ende der 1950er-Jahre entstand daraus die North American X-15, die aber viel zu spät flog, um für das »Mercury«-Weltraumkapselprogramm noch von Nutzen zu sein.

Die X-15: »Das erste Flugzeug, das entworfen wurde, um den Menschen an den Rand des Weltalls zu bringen« – Slogan und Titelbild des Revell-Bausatzes H-164 aus den 1960ern.

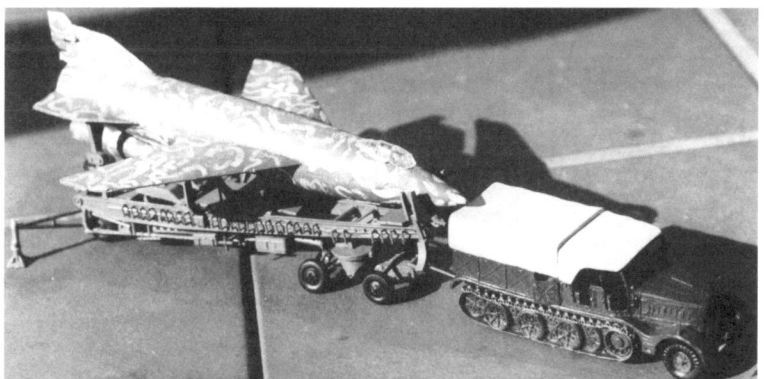

*Links oben: Strategischer Fernaufklärer und Fernbomber EMW A-9/A6,
Version auf Startrampe mit 500-Kilogramm-Nuklearbombe (Modell:
Georg)*
*Rechts oben: Projekt »Ross und Reiter«– Entenflügel-A-9/P mit Stau-
strahltriebwerk auf A-10-Startstufe (Modell: Georg)*
*Unten: EMW-A-9/A6b-Fernaufklärer auf Meiller-Startanhänger mit
18-Tonnen-Zugmaschine (Modell: Georg)*

Peenemündes Raumflugzeuge:
EMW A-9/A-6B und C auf A-10 und A-11

Das Entwicklungspotenzial der EM-A-9/A-6B- und -C-Raketenflugzeuge wollte Werner von Brauns Team in Peenemünde und Bad Sachsa ausnutzen, um sie auf die EMW-A-10- und -A-11-Raketen als zweite (A-10) oder dritte Stufe (A-11) aufzusetzen.

Der Unterschied zwischen den im vorherigen Abschnitt erwähnten Versionen bestand neben der Wahl der Trägerrakete darin, dass die A-9/A-6B zur Verlängerung ihres Fluges mit Staustrahlantrieb auf luftführende Schichten angewiesen war.

Die A-9/A-6C war durch ihren mehrkammerigen Raketenmotor davon unabhängig, eignete sich aber von der Flügelkonzeption her nicht für längere Gleitflüge nach dem Wiedereintritt wie das B-Modell.

Mit der A-10 als erster Stufe hätten beide Raketen nur bis in den erdnahen suborbitalen Raum gebracht werden können, wo sie dann mit eigener Kraft weiterfliegen mussten. Während man mit der A-9/A-6B-Kombination wohl interkontinentale bemannte Raketenflüge mit wellenförmigen Gleitflügen nach der Methode von Prof. Sänger durchführen wollte, hätte die Kombination A-9/A-6C/A-11 wahrscheinlich in eine Orbitalbahn geschossen werden können, um die Erde zu umkreisen.

Die mögliche Einsatzpalette umfasste neben strategischen Aufklärungsmissionen auch den Abwurf von kleineren Angriffswaffen und den Transport extrem wichtiger Güter (z. B. Microfilme oder Kurierpost) in das mit Deutschland verbündete Kaiserreich Japan.

Nach dem Ende ihrer Mission wären die B- und C-Versionen mit ihrem eigenen Fahrwerk wieder auf einem Flugplatz ihrer Wahl gelandet.

Ein ähnliches Konzept wie bei der C-Version wurde auch bei der amerikanischen Raumfähre »Space Shuttle« verwendet, nur dass hier die Raketenstufen nicht hintereinander, sondern parallel aufeinander nach »Huckepack«-Art angeordnet sind.

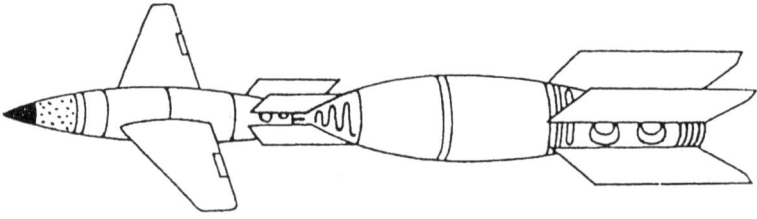

Bemanntes Raketenflugzeug auf A-10, mehrfach veröffentlicht bei Ducrocq und Lusar

*Wernher von Braun und die
A-9/10»b«-Version: leider nur
eine gut gemachte Fotomontage
(Quelle:* Sharkit*)*

B) Vorläufer der Weltraumkapseln?

Tierversuchskapsel für Raketen

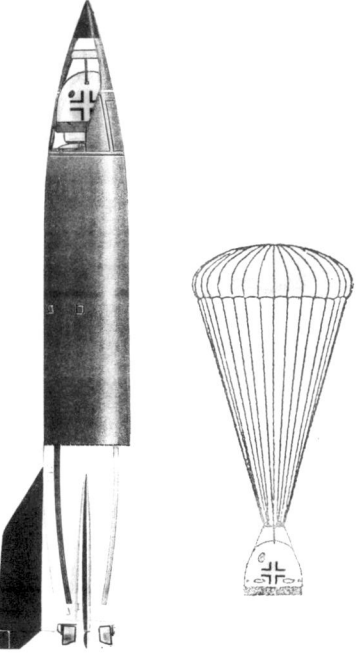

*Links: EMW-A-4-Höhenrakete
mit Tierversuchskapsel (Hams-
ter, Hasen) für Raketenflug-
versuche in die obere Atmosphäre und in den erdnahen
Weltraum. 1951 wurde diese
Idee von den Sowjets für ihre
R-1-Rakete (die eine Kopie
der A-4 war) verwirklicht.
(Rekonstruktionsversuch)*

*Rechts: Tierversuchskapsel
beim Fallschirmflug
(Rekonstruktionsversuch)*

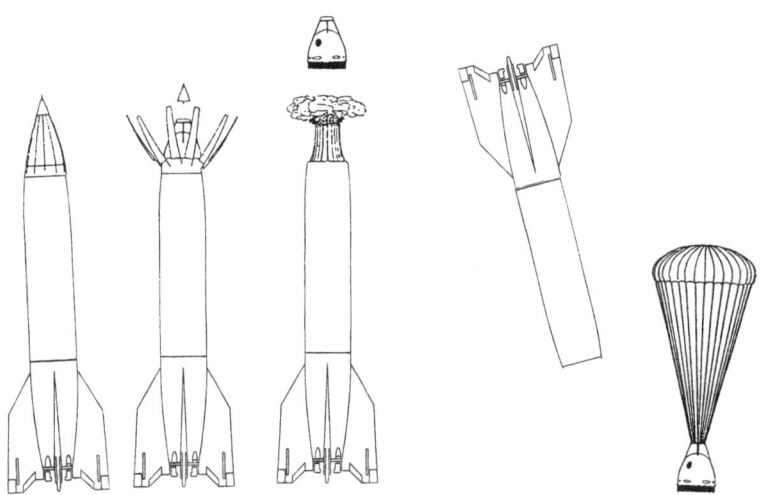

Oben: Flugphasen der Tierversuchskapsel (Rekonstruktionsversuch)

Links: Wernher von Brauns verlängerte »Blossom«-V-2 mit Fallschirm-Tierversuchskapsel aus dem Jahr 1949. Beim Flug mit dem Schimpansen »Albert« am 14. Juni 1949 versagte das Fallschirmsystem.

Suborbitale Raumkapseln –
ein peinliches Geheimnis der Sowjets?

Am 12. April 2001 berichtete Mikhail Rodenko, oberster Forschungsingenieur des experimentellen Entwurfsbüros 456 aus Khimki in der Gegend von Moskau, dass drei sowjetische Piloten bei Versuchen ums Leben kamen, den Weltraum vor Gagarins berühmtem Weltraumflug zu erobern. (103A)

Nach Rodenko wurden drei »Weltraumschiffe« mit den Piloten Ledovskikh, Shaborin und Mitkov aus dem Kosmodrom Kapustin Yar im Gebiet von Astrakhan in den Jahren 1957, 1958 und 1959 gestartet. Alle drei Piloten seien bei diesen Weltraumflügen gestorben und ihre Namen wurden deshalb nie offiziell publiziert. Rodenko erklärte, dass diese Piloten an sogenannten Suborbitalflügen teilgenommen hätten. Das bedeutet, dass ihr Ziel nicht der Orbit um die Erde war. Die Kosmonauten sollten vielmehr am Scheitelpunkt ihrer parabelförmigen Flugbahn den Weltraum erreichen und anschließend mit der Kapsel am Fallschirm zur Erde zurück-kehren.

Nach Rodenkos Informationen waren Ledovshikh, Shaborin und Mitkov reguläre Testpiloten, die keinerlei spezielles Training absolviert hatten. Nach dieser ernsten Serie von tragischen Raketenstarts hätten die Projekt-manager entschieden, das Programm völlig zu ändern und das Training der Kosmonauten ernsthafter anzugehen. Eine eigene »Kosmonautenabteilung« wurde geschaffen.

Der Autor möchte sich hier nicht an der Diskussion über die offensichtli-chen Ungereimtheiten von Gagarins »offiziellem Raumflug« 1961 beteili-gen. Es sieht aber ganz so aus, dass schon vor Gagarin sogar echte orbitale Raumflüge sowjetischer Kosmonauten stattgefunden haben.

Jahre vor diesen »echten« Erdumkreisungen hatten die Russen im Wett-streit mit den Amerikanern versucht, als Erste Menschen in den Weltraum zu schießen. Wären diese Versuche erfolgreich gewesen, hätte es einen noch größeren Schock im Westen gegeben als nach »Sputnik«.

Tatsächlich schlug 1955 der sowjetische Raktenforscher Sergei Korolov Studien bemannter Kapseln vor, die von der V-2-Weiterentwicklung R-2 in suborbitale Bahnen geschossen werden sollten. Die R-2 sollte dabei zwei Tonnen Nutzlast in eine Höhe von 200 Kilometern befördern. Das kürzere Vorgängermodell A-4 erreichte »nur« ca. 140 Kilometer Höhe und hieß in Russland R-1.

Bis zum Bericht Rodenkos, der in der *Prawda* erschien, war man davon ausgegangen, dass diese Idee das Reißbrett nie verlassen hatte. Nun aber kommt nach dem Ende des Kalten Krieges heraus, dass sie binnen zwei Jahren wie »aus dem Nichts« verwirklicht wurde. Diese Schnelligkeit erzeugt noch mehr Erstaunen, wenn man bedenkt, dass das genannte Vorhaben so gut wie gleichzeitig mit dem Start des ersten sowjetischen Satelliten realisiert wurde.

Es dürfte zweifellos feststehen, dass die sowjetischen Wissenschaftler hier auf die Mithilfe ihrer »Zwangsverpflichteten« deutschen Kollegen aus Peenemünde angewiesen waren, die auf eigene Pläne im Dritten Reich zurückgriffen.

Während die Landestützen der suborbitalen Kapsel von 1955 äußerlich schon Ähnlichkeiten mit den späteren »Apollo«-Mondlandern aufwiesen, war ihre Grundkonstruktion nichts anderes als eine bemannte Ausführung der »Regener«-Tonne von 1944.

Nun wird klar, warum die *Prawda* selbst noch 2001 nichts Näheres über die Details der suborbitalen Kapseln berichten wollte. Es wäre zu peinlich gewesen, die deutschen Grundlagen zu offenbaren.

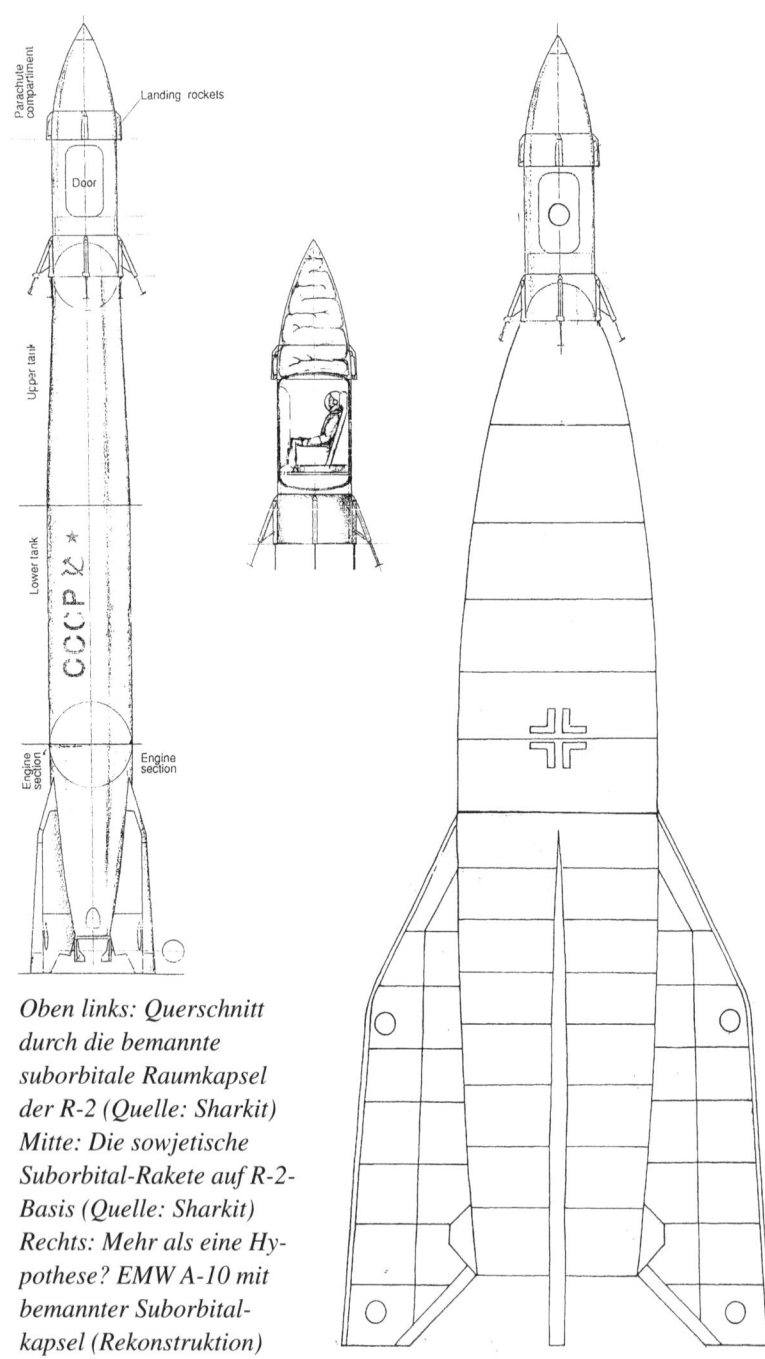

Oben links: Querschnitt durch die bemannte suborbitale Raumkapsel der R-2 (Quelle: Sharkit) Mitte: Die sowjetische Suborbital-Rakete auf R-2-Basis (Quelle: Sharkit) Rechts: Mehr als eine Hypothese? EMW A-10 mit bemannter Suborbital-kapsel (Rekonstruktion)

Sollte die EMW A-13 im Jahr 1956 bei der
Firma *Bell* »wiedererstehen«?

Am 1. März 1956 riefen die USA das Programm »Project 7969« ins Leben. Wollte man ursprünglich noch Prototypen von Erdwiedereintrittssystemen für die geplante US-Mondbasis (!) entwickeln, ging es nun um das bescheidenere Ziel, einen Menschen in den Orbit zu schießen. Dazu sollte die Flüssigkeitsrakete »Atlas«, eventuell noch zusätzlich mit einer »Polaris«-Feststoffrakete als zweiter Stufe versehen, verwendet werden.

Elf Vorschläge einer dritten Stufe mit Wiedereintrittskörper gingen seitens der US-Industrie ein. Unter den Projekteinreichern war auch die Firma *Bell*, die unter maßgeblicher Federführung des ehemaligen Peenemünder Ex-Generals Dr. Dornberger ihr Konzept einer Flügelrakete vorstellte. Es beruhte auf der Endstufe der 1944/45 geplanten EMW A-13, die nach der Erdumrundung selbstständig landen sollte. *Bell* wollte sein Raumflugkörpersystem innerhalb von fünf Jahren zur Flugreife bringen.

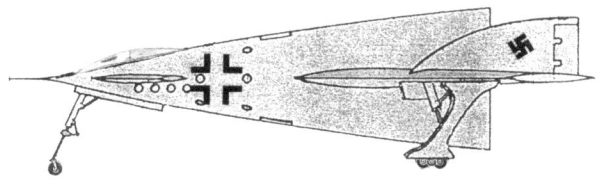

Bell/Dornberger-Vorschlag »Project 7969« auf Basis EMW A-13 (Quelle: Mark Wade)

Es sollte jedoch nicht dazu kommen. Das »Project 7969« wurde 1958 eingestellt, als die NASA die Verantwortung für das bemannte amerikanische Weltraumprogramm übertragen bekam. Die NASA wollte stattdessen das einfachere »Mercury«-Programm verwirklichen. Dies geschah, weil man von nun an nur noch 30 Monate brauchen wollte, um den ersten Amerikaner ins Weltall zu schicken!

Bemannte Raumfahrt 1945 bis 1961:
Wer war Joaquin »Jack« Keutner?

Der amerikanische Astronaut Gordon Cooper widmet zwei Seiten seines Buches *Leap of Faith* einem Mann namens Joaquin »Jack« Keutner. (104) Nach Coopers Worten war er einer von ca. Hundert expatriierten Deutschen gewesen, die mit Wernher von Braun nach Amerika kamen, um den USA die Vorherrschaft im Weltraum zu sichern. Sie seien als »Huntsville Gang« bekannt gewesen.

Joaquin »Jack« Keutner machte auf Gordon Cooper neben Wernher von
Braun und Kurt Debus unter den deutschen Raketenspezialisten den größten Eindruck.

Der US-Astronaut schreibt, dass Keutner, mit dem er seit den frühen Tagen
des »Mercury«/»Redstone«-Raketenprogramms zusammengearbeitet habe,
auch ein häufiger Gast in Wernher von Brauns Haus war. Nach seiner
Beschreibung muss es sich bei ihm um einen richtigen Teufelskerl gehandelt haben. Er flog im Krieg in bemannten V-1-Probeeinsätzen über England und teilte ihm Details über einen noch kurz vor Kriegsende geplanten
bemannten Raketenstart mit dem Ziel New York mit.

Wer war dieser Joaquin Keutner? Nirgendwo in der Literatur ist eine
Person dieses Namens bekannt.

In Coopers Buch steht denn auch auf der Impressumseite zu lesen, dass aus
gesetzlichen Gründen einige der im Buch verwendeten Namen verändert
wurden.

Als Möglichkeit kommt in Betracht, dass Gordon Cooper eine Person ins
Spiel bringt, die eigentlich nicht erwähnt werden sollte, weil vielleicht
sonst zu viel über das bemannte Raketen- und Flugkörperprogramm des
Dritten Reiches und seine heiklen Zusammenhänge mit dem amerikanischen Weltraumprogramm offensichtlich geworden wäre.

Als Klärungsversuch wurde deshalb eine FOIA-Anfrage (FOIA, Gesetz
zur Freiheit der Information) bei der NASA gestartet, da davon ausgegangen werden konnte, dass ein solcher Mann zuerst dort seine Spuren hinterlassen haben musste. Dazu wurden mögliche Schreibvarianten von Vor-
und Nachnamen angegeben wie Joachim, Kuettner und Kutner. In ihren
Antworten kannten aber weder das Nationalarchiv noch die anderen NASA-
Büros eine Person mit diesem Namen. Das Rätsel um ihn wäre wohl nie
geklärt worden, wenn nicht nach mehreren Monaten das *George C. Marshall Space Flight Center* als einzige Einrichtung doch positiv auf die
Anfrage geantwortet hätte. Und bei der Auskunft handelte es sich um einen
Volltreffer! (105)

Es gab die gesuchte Person wirklich! Ihr richtiger Name war Dr. Joachim
»Jack« Kuettner. In Gordon Coopers Buch waren lediglich die Buchstaben
U und E sowie das Doppel-T »verwechselt« worden.

Dr. Jack P. Kuettner wurde nach seinem amerikanischen NASA-Lebenslauf am 21. September 1909 in Breslau geboren. Schon im Alter von
21 Jahren bekam er seinen Doktortitel in Jura an der Universität Breslau.
Neun Jahre später erwarb er nach Studien in Darmstadt und Helsinki
weitere zwei Doktortitel in Physik und Meteorologie an der Universität
Hamburg.

Dr. Kuettner lernte Segelfliegen an der berühmten Grunau-Flugschule, an der auch viele andere später international bekannte Persönlichkeiten ausgebildet wurden. Darunter waren Dr. Wernher von Braun und die Testpilotin Hanna Reitsch.

Später avancierte er zu einem erfahrenen Düsenflugzeugpiloten.

Nach offiziellen amerikanischen Angaben vom Mai 1963 arbeitete Dr. Kuettner während des Zweiten Weltkrieges von 1941 bis 1945 zuerst als Flugtestingenieur und Testpilot sowie später als Leiter einer Flugtestentwicklungsabteilung fortschrittlicher Flugzeuge. Daneben war er für die deutschen Flugzeugfirmen Arado, Messerschmitt und Zeppelin tätig.

Die NASA erwähnte dabei besonders Dr. Kuettners Anteil beim riskanten Abwurf eines künstlich beschwerten Me-262-Rumpfes durch eine sechsmotorige Me-323 und seine Flüge mit der bemannten V-1. Er sei einer der ersten Piloten gewesen, die die »Reichenberg« im Flug getestet hätten. Wie wir wissen, blieb es nicht nur bei Tests!

Über mögliche Aktivitäten von Dr. Kuettners Flugtestabteilung im Zusammenhang mit Peenemündes Raketen wird offiziell nichts mitgeteilt.

Dass dies aber der Fall gewesen sein dürfte, lässt sich einwandfrei erkennen. So wurde Dr. Joachim P. Kuettner, nachdem er 1958 zur *Army Ballistic Missile Agency* in Huntsville (Alabama) kam, dort gleich zum Direktor des Projects »Mercury«. »Mercury« brachte die erste bemannte Weltraumkapsel der Vereinigten Staaten hervor. Im Jahr 1960 siedelte er an das *NASA Marshall Space Flight Center* über und wurde zum Chef des »Mercury-Redstone«-Projeks, das zu den ballistischen Weltraumflügen der Astronauten Shepard und Grissom führte. Später wurde er Deputy Director der »Systemintegration« des »Apollo-Saturn«-Weltraumprojekts.

Wernher von Braun hatte Dr. Kuettner bereits im Vorgriff auf die offizielle Billigung des »Projects Adam« (so hieß anfänglich das bemannte Raumfahrtprogramm der *US Army*) als designierten Leiter seines Weltraumprogramms vorgesehen. Er muss also schon in der Kriegszeit über die entsprechenden Erfahrungen verfügt haben!

Ein NASA-Bericht schreibt, dass Dr. Kuettners Leben voll von interessanten Erfahrungen und spannenden Abenteuern war und dass er selbst schon bis an den Rand des Weltraums geflogen sei. Leider wird nicht näher beschrieben, wann dieser Flug stattgefunden hat.

Wenn ein solcher Flug schon während des Krieges erfolgt ist, hätte man diesen Umstand genauso formuliert wie im NASA-Bericht, um die Wahrheit für Kundige anzudeuten, ohne gleichzeitig Argwohn bei der uninformierten Öffentlichkeit zu wecken. Es würde sich sonst automatisch die Frage eröffnen, womit die Deutschen in der Kriegszeit bis an den Rand

𝔐𝔞𝔯𝔰𝔥𝔞𝔩𝔩 ★ 𝔖𝔱𝔞𝔯

Vol. 5; No. 47   NASA George C. Marshall Space Flight Center — Huntsville, Ala. 35812   August 25,

Kuettner Assigned Temporary Duties At New Agency

Dr. Joachim P. Kuettner is expected to leave the Marshall Center during September for Washington, D.C. on a temporary assignment as Chief Space Scientist of the National Weather Satellite Center.

The Administrator of the new Environmental Sciences Services Administration (ESSA) requested the assignment of Dr. Kuettner. The Marshall Center scientist will be concerned with the new agency's space program and specifically with manned and unmanned advanced systems.

ESSA is a new agency established recently by the President to provide a national focus for understanding and predicting man's total environment — the earth, oceans, atmosphere and space.

It includes the Weather Bureau and the Coast and Geodetic Survey and, later this year, will include the Central Radio Propagation Laboratory of the National Bureau of Standards. About 10,000 people will work in the new agency.

Dr. Kuettner is presently the deputy director of the Technical
(See KUETTNER on Page 4)

Combined Federal Campaign Headed By Marion I. Kent

The Marshall Center's combined federal campaign will be conducted this year by Marion I. Kent of the Manpower Utilization and Administration Office.

The one-drive-for-all campaign will be held at the Marshall Center from Sept. 20 through Oct. 1.

The drive will combine the previous United Givers Fund, held annually in the fall, and the Joint Fund Drive, usually in the spring. In charity drive campaigns once

DR. J. P. KUETTNER

Battleship S-IVB Full Duration Run Marks Milestone

The battleship S-IVB stage was fired successfully for full duration Friday at the Douglas Aircraft Company's Sacramento Test Center.

In a test simulating a flight to the Moon, the S-IVB was ignited, cut off and re-ignited to complete its test program.

The S-IVB ran for three minutes before being cut off for a 30-minute "orbital coast" period. It was then re-ignited for a 355-second run

The test was another milestone in the Saturn V development program. The S-IVB was the last of the vehicle's three stages to complete battleship testing.

The S-IC battleship stage was built and tested at the Marshall Center. The S-II stage was built by North American Aviation and tested at the firm's site at Santa Susana.

Douglas officials reported immediately after Friday's test that all events scheduled occurred smoothly, on time and apparently without complications or any signs of trouble.

Gemini 5 Still Soaring, Endurance Record Near

Astronauts Gordon Cooper and Charles Conrad continued to around the Earth in their Gemini 5 spacecraft after solving elec power supply problems which threatened to end their voyage a hours after launch from Cape Kennedy last Saturday.

Dr. Adams To Succeed Bisplinghoff

Dr. Mac C. Adams, a top executive and engineer in space related work for the AVCO Corp., will succeed Dr. Raymond L. Bisplinghoff as NASA Associate Administrator for Advanced Research and Technology.

Adams, a long time consultant to NASA and its predecessor, the National Advisory Committee for Aeronautics, is expected to assume his new duties sometime in October

Bisplinghoff will continue in the post until Adams takes over, after which Bisplinghoff will become a special assistant to Administrator James E. Webb.

The 40-year-old aeronautical engineer comes to NASA from AVCO's Wilmington, Mass., research facility where for the past year he has been vice president and assistant general manager for space systems.

Just prior to his present position with AVCO, he served for more than three years as technical director and vice president of AVCO's Research and Advanced Development Div. at Wilmington.

Adams has been with the firm since 1955, first at its Everett, Mass., Research Lab where he was deputy director and associate technical director for research and advanced technology.

Other employment for Adams, all in the field of aeronautics, included positions with the Douglas Aircraft Co. in California,

Flight Director Christopl C. Kraft said the astrona should have no further tr ble with the electrical s tem and that "I don't anything to stop us from ing eight days at the r ment."

Kraft also announced that the space twins would have chance to rendezvous with pod they ejected early in the fl instead they jockeyed their into a hookup with a simu Agena rocket

The Titan II rocket which ried Cooper and Conrad int bit lifted off precisely on Saturday after a perfect c down The launch had been poned two days

The initial orbit attained so near perfect that only s maneuvering by Cooper was n
(See GEMINI 5 on Page

Dr. Mueller Lauds James And Johnson

The Marshall Center's Satu team has been commended f "job well done" by Dr. Georg Mueller, associate administr for Manned Space Flight.

In a recent letter to Dr. Braun, Dr. Mueller also cited efforts of Lee James, Satur program manager, and Dr. Will G. Johnson, Pegasus program r ager

"The associate administrator s "Now that the Saturn I prog has been completed, I would to take this opportunity to tend my heartiest congratulat and sincere appreciation to Lee James and all the Satur team for a job well done

I would like to express my ap ciation, also, to Bill Johnson his efforts in behalf of Pega The success of the Pegasus sp craft was a major factor in n

Der Marshall-Star *(Vol. 5, Nr. 47), die Hauszeitschrift des* NASA George C. Marshall Space Flight Center, *mit dem Bild von Dr. J. P. Kuettner*

des Weltraumes vorgestoßen sind. Es gibt jedoch – wie immer – auch eine harmlosere, aber keineswegs überzeugende, Deutung:
Nach dieser bezog sich die NASA-Angabe auf Dr. Kuettners Nachkriegserfahrungen als Leiter des *Mountain Wave Jet Stream Project*, bei dem er mit einem Segelflugzeug von Kalifornien bis in den Bereich des Grand Canyon flog und dabei eine Höhe von 30 000 Fuß erreichte. An einem

anderen Tag erreichte er sogar mithilfe des Jetstreams 43 000 Fuß Höhe. Dr. Kuettner gelang es so, mehrere nationale und internationale Rekorde für Segelflugzeuge zu brechen. Diese frühen Aktivitäten Dr. Kuettners für die Amerikaner wurden als »geophysikalische Flugforschung« bezeichnet. Woher Dr. Kuettner aber seine Vorkenntnisse für derartige Einsätze hergehabt hat, bleibt – erneut – im Dunkeln der Geheimhaltung.

Fassen wir zusammen: Alle Fakten zeigen, dass er während der Kriegszeit auch mit Extremhöhen-Langstreckengleitflügen unter Ausnutzung von Höhenströmungen beschäftigt gewesen sein muss. Andernfalls wäre er 1948 nicht gleich zum Direktor (!) dieser Abteilung am amerikanischen *Air Force Cambridge Research Center* gemacht worden, obwohl er soeben erst mit »Paperclip« in die USA gekommen war.

Für einen Flug an den Rand des Weltraums waren die in den USA von Dr. Kuettner erreichten 43 000 Fuß zudem eindeutig zu wenig! Dies führt zu dem Schluss, dass er sich schon während des Zweiten Weltkrieges auch praktisch mit einer Art »Astronautik« in Deutschland beschäftigt hat.

Wenn es also einen Mann gab, der im Dritten Reich mit der Erforschung der bemannten Langstrecken-Raketengleiter A-4 P und A-9 P befasst gewesen war, spricht alles dafür, dass dieser Mann Dr. Kuettner hieß. Sein Arbeitgeber Zeppelin war auch am Raketenprojekt beteiligt.

Ist es zu gewagt, zu spekulieren, dass die NASA in ihrem Bericht von 1963 auf einen bemannten Raketenflug Dr. Kuettners aus den Jahren 1944/45 Bezug nahm? Die letzten Peenemünder Projekte wie die A-4P, A-9P und A-6/9 sowie A-9P/10 waren schon in der Lage, bis an den Rand des Weltraums zu fliegen. Tatsächlich berichtete die NASA, dass sich Dr. Kuettner am liebsten in den 1950/60er-Jahren als Wissenschaftsastronaut beworben hätte, wenn er dazu nicht schon zu alt gewesen wäre.

Eine Veröffentlichung des *Marshall Space Centers* bestätigt, dass Dr. Kuettner sowohl eng mit den Astronauten des »Mercury«-Programms (wie Gordon Cooper) als auch mit denen der »Apollo«-Kapseln zusammengearbeitet habe. Er sei die »Chefautorität« der bemannten Aspekte des Weltraumflugs gewesen und habe speziell für die Sicherheit der »Apollo«-Astronauten in der Antriebsphase der »Saturn«-Trägerraketen verantwortlich gezeichnet.

Dr. Kuettners Gegenspieler bei der *US Air Force* war Ing. Bernhard A. Hohmann, der von 1957 bis 1960 Chef des *Mercury-Atlas Project Office* gewesen war, bevor er zur NASA kam.

Hohmann war schon vor 1930 Mitglied des VfR (Verein für Raumschifffahrt) in Breslau geworden und absolvierte von 1942 bis 1945 zahlreiche Flüge auf den Raketenjägern Me-163A und -B. Sein letzter Me-163-Start

144

FOR OFFICIAL USE I

GEOF

Memorandum

TO   Distribution   DATE February 7, 1961

FROM   Mercury-Redstone Project Office

SUBJECT   Recommendation to Space Task Group/on Manned Mercury-Redstone
          Flight

1. NASA Space Task Group and Headquarters will have to make a
decision within one week from now whether or not to man the next Mercury-
Redstone flight, MR-3, using the MR-5 booster. It is expected that many
considerations (technical, political, medical, etc.) will enter into this
decision. The technical aspects will cover a number of items such as
booster, capsule, recovery, etc. We are only concerned with the
technical aspects of the booster.

2. MSFC has been asked by the Space Task Group to supply a technical
recommendation regarding the Mercury-Redstone booster at the earliest
possible time. In view of the importance of this recommendation, an
appraisal of the present situation by the Division Directors is required and
should be investigated at once with a priority overriding all other projects.
It should be made clear that the appraisal refers to the question only of
how well the booster will complete its powered flight without impairing the
abort capability. It does not refer to the question of astronaut survival
which will be decided by another part of NASA and actually has a high probability of success, even under conservative assumptions. (For example,
an 85% mission reliability of the boosted flight and a 80% functional
reliability of the abort system result in a 97% survival reliability which
is high even in terms of aircraft flight testing.)

3. In a Mercury-Redstone meeting called by Mr. Rees on February 6, 1961,
it was agreed to take the following approach:

a. Estimated trend of mission reliability based on all R&D and
tactical Redstone, Jupiter C and Mercury firings. This is to be investigated
immediately by Messrs, J. Moody, M-REL-E, B. Jones, M-G&C-TSJ,
C. Dalton, M-RP, and J. Levinson, M-S&M-TSC.

WORD ONE/KEYSEARCH **FOR OFFICIAL USE ONLY**

INDEXING DATA

MSFC - Form 488 (August 1959)	OPR	#	I	PGM	SUBJECT	SIGNATOR	LOC
D:02-07-61	MSFC	N:00	M	MER	Recommendation... Flight	Kuettner	R10006

*Diese und die drei nachfolgenden Seiten: Dr. Kuettners Memorandum vom
7. Februar 1961 an die* Space Task Group *zur Beschleunigung des ersten
bemannten »Mercury-Redstone«-Fluges.
Woher stammten seine im Dokument unterstrichenen Flugvoraussetzungen,
die sich auf »best available information« (»beste verfügbare Informationen«) berufen? (Quelle: NASA, via GRP)*

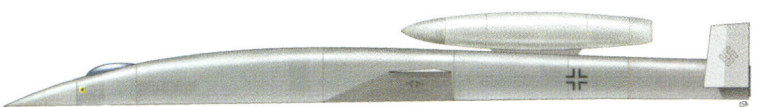

Sänger-Antipodenbomber; späte Ausführung mit außenliegender Piloten-kabine und 30-Tonnen-Stratosphärenbombe auf Rumpfrücken für Kurzstreckeneinsätze. Farbgebung: Oberseiten RLM »Grauvariation 1945«, Unterseiten schwarzgrau (Wärmeschutzanstrich). GRAFIK: IGOR A. SHESTAKOV

Sänger-Antipodenbomber; Ausführung ohne Außenkabine abschussbereit auf Starthilfsschlitten und Startschiene. Farbgebung: RLM 01, Startschlitten RLM 02. GRAFIK: IGOR A. SHESTAKOV

Alternative Kabinenvariante für späte Ausführung des Sänger-Projekts. GRAFIK: IGOR A. SHESTAKOV

Sänger-Projekt T: bemannte Fernflugbombe (Lüneburger Heide Ende 1944). Farbgebung RLM 82/83 Splitteranstrich mit gelbem Bauchband. GRAFIK: IGOR A. SHESTAKOV

Die Darstellung der einzelnen Systeme untereinander erfolgt auf allen Bildtafeln nicht maßstabsgerecht.

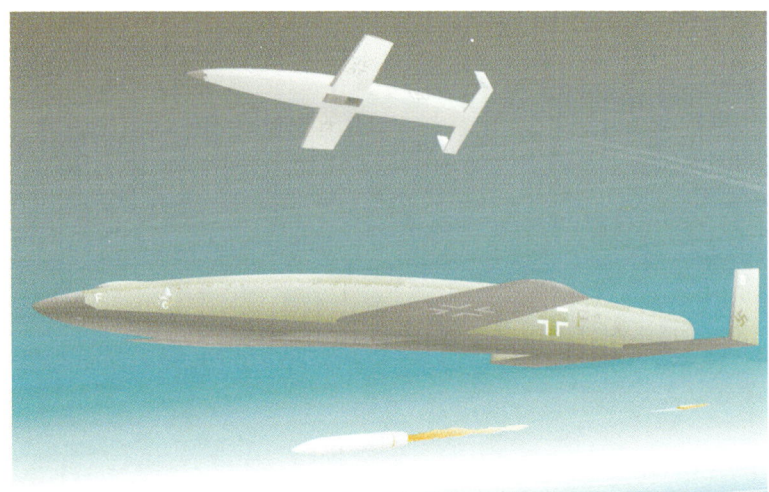

DFS/Siebel-Orbitalbomber beim Abwurf einer Vier-Tonnen-Atombombe auf San Franzisko in Begleitung eines DFS/Siebel-Orbitalaufklärers zur Zielaufnahme (eingebaute Spezialhöhenkameras im Bombenschacht). GRAFIK: RICHARD MENDES

Farbzeichnung des experimentellen Druckanzugs der Drägerwerke (1944), QUELLE: R. MANGALLON

Ar-234-C-5-Zugflugzeug für »Deichselschlepp« einer Fi-103 »Reichenberg 4« mit nuklearem 850-Kilogramm-Uransprengkopf. Farbgebung: Ar-234-C-5-Oberseite: RLM 81/82, Unterseite: RLM 76. Fi-103: RLM »weißgrau 1945« über alles mit RLM-83-Wolkenmustertarnung. GRAFIK: IGOR A. SHESTAKOV

Arado-Ar-234-C-5-Doppelsitzer mit Fi-103 »Reichenberg IV« im Hucke-packschlepp. Version mit »kleiner 250-Kilogramm-Uranbombe«. Farb-gebung: Ar-234-C-5-Oberseite: RLM »weißgrau 1945« auf RLM 82. Un-terseite: RLM 76. Fi-103 Reichenberg: Oberseite RLM 76 und RLM 82, Unterseite RLM 76. (B) GRAFIK: IGOR A. SHESTAKOV

Mistel-Stratosphärenbomber He-277B/DFS 346 mit »Flüssigluft«-Bom-ben (Projekt 1945). Farbgebung: He 277: RLM 74, DFS 346: Unterseite RLM 76, Oberseite: RLM 82/76 Wellenmuster. GRAFIK: IGOR A. SHESTAKOV

DFS 346 mit »Flüssigluft«-Bomben in sowjetischem Dienst. Rumpfauf-schrift »Viktorija« (»Sieg«) Farbgebung: AAV-Bomberstandart-Anstrich. GRAFIK: IGOR A. SHESTAKOV

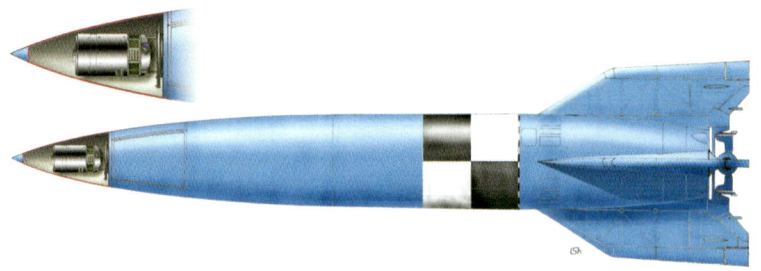

Sondenträger A-4 zum Transport der Höhensonde »Regener Tonne« (Peenemünde, Februar 1945). Farbgebung: A-4 blau RAL 7016, Rumpfband: Schachbrettmuster schwarz RAL 9005/weiß RAL 9001. Regener Sonde: RLM 66. GRAFIK: IGOR A. SHESTAKOV

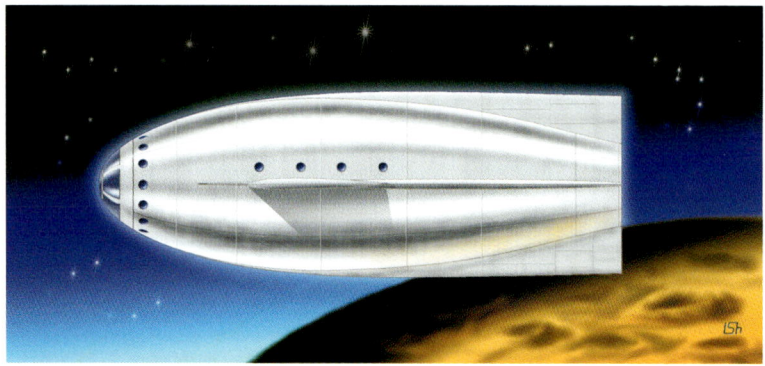

»Weltraumschiff I« – künstlerische Darstellung des »Bavaria Filmkunst«-Weltraumflugmodells zur Mondumkreisung (1938/40). GRAFIK: IGOR A. SHESTAKOV

A-9A bemannte Ausführung (Peenemünde März 1945), Farbgebung: Splittertarnung RLM 81/82/RLM weißgrau 1945. (B) GRAFIK: IGOR A. SHESTAKOV

*Links: Bemannte A-9/A-10, Spätausführung. Rechts: EMW A-10 (Visol)/
A-4 mit Aufklärungssatellit (Projekt Dezember 1944), Farbgebung: A-10:
Wellenmuster/RAL 9003 signalweiß/RAL 6003 olivgrün. A-4 und Satellit:
»RLM weißgrau 1945«. GRAFIKEN: IGOR A. SHESTAKOV*

Oben: EMW A-9/6 C-1. Farbgebung: IG-Farben-Stealth-Anstrich »Schornsteinfeger« über alles. Grafik: Igor A. Shestakov

Links: EMW-Interkontinental-Raumflugzeug A-9/6 auf A-11. Farbgebung: RLM 82/84. Grafik: Igor A. Shestakov

Dornberger Interkontinental-Orbitalflugzeugprojekt 1945 (Rekonstruktion). Farbgebung: Mutterflugzeug RLM 82/83, Orbitalgleiter: RLM 01. GRAFIK: IGOR A. SHESTAKOV

Stöckel handgesteuertes Raketenprojektil (Projekt 1944/45). Farbgebung: Geschoss: Gezacktes Tarnmuster mit RAL 9003/7028/6003. Lenkflugzeug: Wellenmuster RLM 82 über RLM 76. GRAFIK: IGOR A. SHESTAKOV

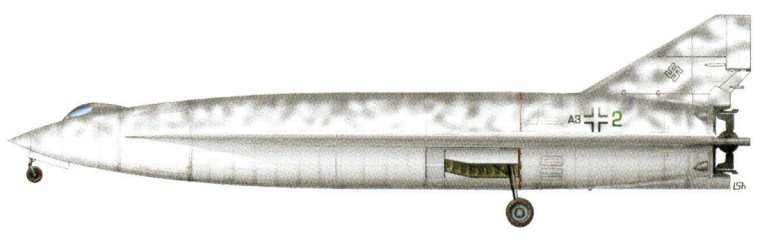

EMW A-9/6 C-2 (Projekt 1945). Farbgebung: RLM 75 über RLM »weißgrau 1945«. GRAFIK: IGOR A. SHESTAKOV

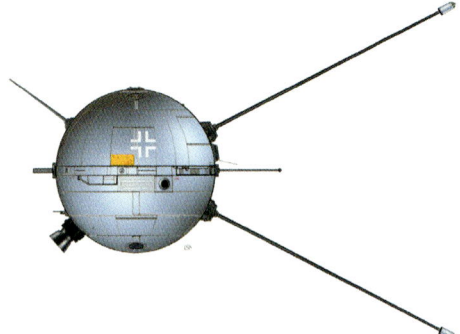

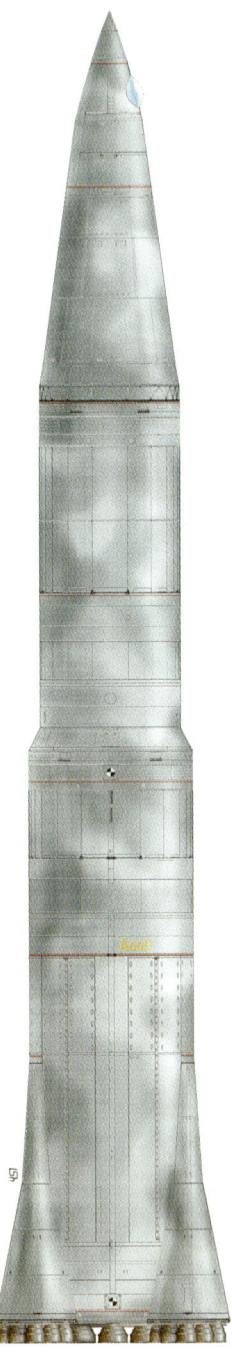

*Oben: Deutsches Satellitenprojekt (1945)
(Rekonstruktion).
Farbgebung: RLM 75.*
GRAFIK: IGOR A. SHESTAKOV

*Links: Bemannte Dreistufen-Atomrakete
(Projekt 1945). Farbgebung: RLM
»weißgrau 1945« über RLM 74.*
GRAFIK: IGOR A. SHESTAKOV

FOR OFFICIAL USE ONLY   February 7, 1961

Subject: Recommendation to Space Task Group on Manned Mercury-Redstone
Flight

      b. Numerical range of probability to achieve booster mission with the
Mercury configuration as composed of flown subsystems. This study is to be
compiled by Messrs E. Butler and D. Burrows.

      c. Failure appraisal by Division Directors.

    4. The appraisals (c) will cover past malfunctions, corrective actions taken,
and expected repeatability of probable malfunctions with special emphasis on what
the Directors consider the "weak spots" in their respective systems and what
corrective action they recommend prior to the first manned firing.

    5. This approach will give a matter-of-fact basis for appraising the present
situation of the total launch vehicle, which in turn will allow us to arrive at a
MSFC recommendation supplemented by some probability figures. It will also
be helpful in anticipating what failures are most likely to happen in the coming
launchings and how best to prevent them.

    6. In their respective areas of cognizance S&M, G&C, Test, Quality and
LOD Division Directors are requested to submit a list of items, each of which
in their best judgement, may contribute to future booster failures. These "weak
spots" may be systems, subsystems, components or timing sequences and should
be listed in order of relative importance. If corrective action is recommended
by the Divisions prior to the first manned flight, this action should be described
in detail including time required.

    7. In addition to these hardware items, each of the five mentioned Division
Directors is requested to point out present undesirable practices or procedures
including those with a tendency toward human error which may contribute to
booster mission failures and submit recommendations for improvement.

    8. Aeroballistics Division is requested to make recommendations as to
how the first manned flight mission can be reduced from its present high performance
to a more conservative level. According to the best available information, any
nominal flight of approximately 100 nautical miles altitude and about five minutes
zero g time, disregarding retro firing, will be acceptable to the Space Task Group
provided the re-entry acceleration is kept under 12 g. It should be investigated
whether or not the engine burning time can be reduced to allow for more deviation
in performance. A recommendation along these lines will be included in the
MSFC position.

-2-

FOR OFFICIAL USE ONLY

fand in Peenemünde noch am 14. April 1945 statt. Es muss dabei wohl um
etwas Wichtiges gegangen sein, wenn so kurz vor dem jeden Moment
möglichen Einmarsch der Russen noch ein »Forschungsflug« unternommen wurde. Der NASA-Lebenslauf Ing. Hohmanns berichtet dann auch
hier wieder zweideutig, dass gerade Hohmanns Flüge auf der Me-163 ihn
für die Leitung des bemannten »Mercury-Atlas«-Programms geeignet gemacht hätten. Wir fragen uns, ob hier ein Mitarbeiter der NASA einen

146

February 7, 1961

Subject: Recommendation to Space Task Group on Manned Mercury-Redstone Flight

9. It is requested that the required information from the Division Directors and Committees be submitted to the Mercury Project Office (M-S&M-TSM) on Friday, February 10. The final Marshall position will be arrived at on Monday, February 13.

10. For the time being, all work at Space Task Group, McDonnell, and Marshall continues on present schedules under the assumption that the MR-5 booster will be used for a manned MR-3 flight.

[signature]

Joachim P. Kuettner
Chief
Mercury-Redstone Project

CONCURRENCE: *[signature]*
Eberhard Rees
Deputy Director for R&D

Distribution:
M-DIR	Dr. von Braun
M-DEP, R&D	Mr. Rees/ Mr. Neubert
M-QUAL-DIR	Mr. Grau
M-QUAL-E	Mr. Buhmann
M-G&C-DIR	Dr. Haeussermann
M-G&C-TSJ	Mr. Brandner/Jones
M-TEST-DIR	Mr. Heimburg
M-TEST	Mr. Pearson
M-F&AE-DIR	Mr. Maus
M-F&AE	Mr. Shettles
M-AERO-DIR	Dr. Geissler
M-AERO	Dr. Hoelker
M-AERO	Mr. Teague
M-LOD-DIR	Dr. Debus
M-LOD-P	Mr. Bertram
M-LOD	Mr. Wasileski
M-RP-DIR	Dr. Stuhlinger
M-RP	Mr. Dalton

-3-

Hinweis für die Nachwelt hinterlassen wollte! Dieser setzt sich auch im Falle der Akte von Dr. Kuettner fort.

Die Spekulation drängt sich auf, dass Dr. Kuettner vielleicht am Ende einer der Freiwilligen gewesen sein könnte, die mit der bemannten Rakete zum Wellengleitflug über den Atlantik nach New York starten sollten, wozu es zum Glück nicht mehr kam.

Die geniale Persönlichkeit Dr. Kuettners war unglaublich vielschichtig.

147

Subject: Recommendation to Space Task Group on Manned Mercury-Redstone
Flight

Distriubtion (Continued)

M-REL   Mr. Schulze
              Mr. Moody
M-S&M-DIR   Mr. Mrazek
              Mr. Weidner
M-S&M-TSM   Dr. Kuettner   - /b
              Mr. Butler
M-S&M-TSC   Mr. Burrows
M-S&M-PL   Mr. Davidson
M-S&M-TSC   Mr. Levinson

FOR OFFICIAL USE ONLY

-4-

Tatsächlich ließ es sich der 1941 aus unbekannten Gründen aus der Wehrmacht ausgetretene Spezialist nicht nehmen, 1944/45 mehrere scharfe Probe-Versuchseinsätze mit der bemannten V-1 zu fliegen, wenn man dem Astronaut Gordon Cooper glauben will. Auf genauere Nachfrage zu diesen Punkten ließ Gordon Cooper dem englischen Journalisten David Monaghan gegenüber mitteilen, dass alle Berichte in seinem Buch A *Leap of Faith* zuträfen, auch die über die bemannte V-1. Leider kam es nicht mehr zu

148

Die Peenemünder Raumraketen (Gesamtübersicht) (Quelle: Asescala)

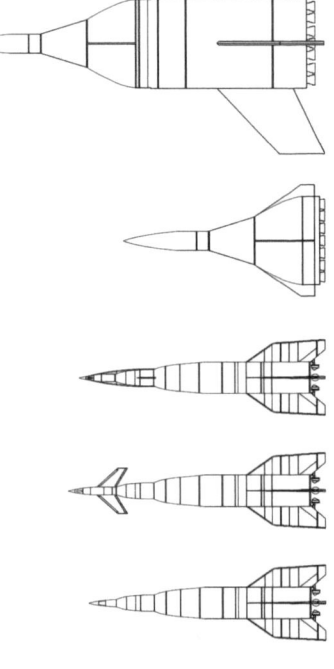
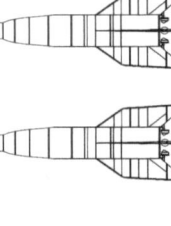
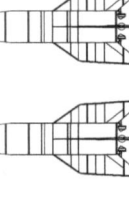

A13   A 12   A11 FAMILY MOST COMMON TYPES

A10 FAMILY, MOST COMMON TYPES

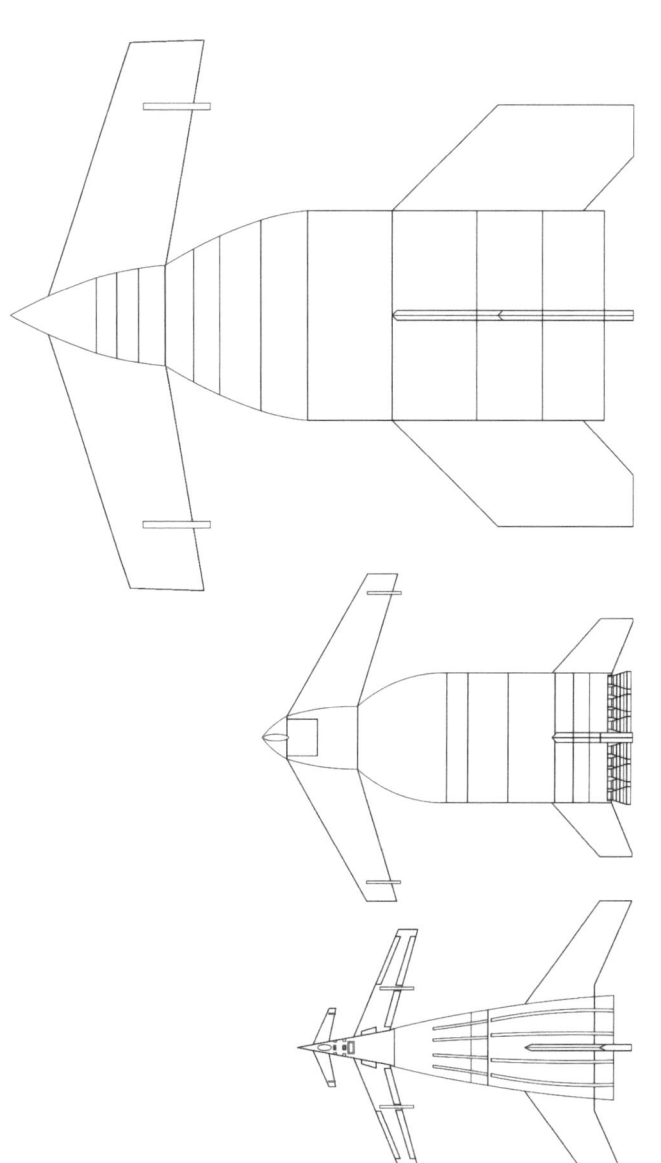

A15 CARGO? OR MARS CARGO 1949?

A15? OR MARS 1948?

A14

dem geplanten Interview, da der Astronaut zwischenzeitlich verstarb. (106) Die Diskussion über Derartiges soll heute anscheinend vermieden werden. Dr. Kuettners Sohn sagte dann auch gegenüber dem *German Research Project* (GRP) bei einem Interview aus, dass sein Vater nie mit der bemannten V-1 geflogen sei. Bei seinem einzigen versuchten V-1-Flug habe sich die Flugbombe nicht vom Mutterflugzeug gelöst. Die NASA und Cooper wussten offensichtlich mehr …

Gordon Cooper gab in diesem Zusammenhang an, dass es Dr. Kuettner war, der ihm von der bei Kriegsende startbereiten bemannten New-York-Rakete in Peenemünde berichtet hatte.

In einem Memorandum aus dem *Mercury-Redstone Project Office* vom 7. Februar 1961 scheint Dr. Kuettner auch bei der Beurteilung der Erfolgschancen der »Mercury-Redstone«-Kombination auf seine vorherigen Erfahrungen mit dem A-9-P/A-10-Projekt Bezug zu nehmen. Er schrieb: »According to the best available information, any nominal flight of approximately hundert nautical miles aditude and about five minutes zero G time … will be acectable to the space task group provided the reentry acceleration is kept under twelve G.« Übersetzt heißt dies, »dass nach der besten zur Verfügung stehenden Information jeder nominelle Flug von ungefähr hundert nautischen Meilen Höhe und fünfminütiger Schwerelosigkeit … für die *Space Task Group* akzeptabel sein wird, solange die Wiedereintrittsbeschleunigung unter 12 G gehalten wird«.

Woher wusste er das?

Da bis dahin sonst keinerlei Daten über menschliche Weltraumflüge zur Verfügung standen, dürfte es sich um einen direkten Bezug auf Peenemünder Ergebnisse bei den Tests der bemannten A-4 oder dem tödlich ausgegangenen »Weltraumflugversuch« der A-9 P handeln.

Es ist klar, dass die NASA ebenso wie ihr Astronaut Gordon Cooper voll über die frühen Raumfahrtversuche der Deutschen mit ein- und zweistufigen bemannten Flügelraketen informiert waren. Es ist nur schade, dass es so vieler Jahrzehnte bedurfte, bevor diese Informationen allmählich ans Tageslicht kommen.

Es bleibt aber verwunderlich, dass von den zahlreichen befragten NASA-Organisationen sich nur eine Einzige an den ehemaligen Leiter ihres »Mercury-Redstone«-Projekts überhaupt erinnern wollte, dem die USA so viel zu verdanken hatten.

Die einzig mögliche Erkenntnis ist, dass es heute der führenden Weltmacht peinlich ist, dass das bemannte Raumfahrtprogramm der USA (übrigens selbstverständlich genauso wie das der Sowjetunion) auf das geheime Raumfahrtprogramm Hitlers zurückgeht.

Abteilung 5: Hyperschallflugzeuge, Orbitalgleiter und Weltraumfähren

A) DM-Projekte: Hyperschall zur Nutzung des erdnahen Raumes

Am 3. Mai 1945 besetzte die US-Armee den Flugplatz Prien am Chiemsee. Sie fand dort in der Halle der FFG München (Flugtechnische Fachgruppen, wie die akademischen Fliegergruppen im Dritten Reich genannt wurden) den unvollendeten Prototypen der DM-1 (Darmstadt München).

Es handelte sich hierbei um einen bemannten Segler, der als aerodynamisches 1:1-Flugtestmodell des fliegenden Überschallflügels Lippisch P-13 dienen sollte. Unter Verantwortung von Wolfgang Heinemann, eines Mitglieds der Akademischen Fliegergruppe, wurde die DM-1 seit Dezember 1944 gebaut und befand sich kurz vor ihrer Fertigstellung.

Am 9. Mai 1945 besuchte der Kommandeur der 7. US-Armee, General Patton, mit großem Gefolge den Deltaflügler und ordnete seinen Weiterbau an. Im Sommer 1945 wurde das futuristische Flugzeug auch von Charles Lindbergh besichtigt. Ende 1945 verfrachtete man die DM-1 in die USA und testete sie dort ausgiebig im Windkanal. Am Ende wurde sie zum Vorbild für amerikanische Entwicklungen wie die XF-92A und die F-102A, die alle mit einem 60-Grad-Dreiecksflügel nach Dr. Lippisch ausgerüstet waren. (107, 108)

Während sich Dr. Lippisch in der Nachkriegszeit gerne mit diesen Entwürfen in den USA öffentlich zeigte, gab es aber 1945 auch schon Weiterentwicklungen seines Fliegenden Flügels, über die nicht viel gesprochen wurde. Aus gutem Grund, wie wir unten noch sehen werden. Dazu gehörten die DM-2 mit Walter-Raketentriebwerken, verglastem Bug und liegenden Piloten. Bei einer Spannweite von 8,25 Metern und einer Länge von 8,94 Metern handelte es sich bei dem Holz-Metall-Flugzeug um eine vergrößerte Ausführung der DM-1. Ihr errechnetes Fluggewicht betrug 11,5 Tonnen. Das Projekt DM-2 sollte der Erprobung des Durchgangs durch die Schallmauer dienen und in Höhen von 35 000 Metern eine Geschwindigkeit von 6000 km/h erreichen (Mach 6).

Bei gleichen Abmessungen war die DM-3 der DM-2 sehr ähnlich, aber mit einer Druckkabine versehen. Das Projekt DM-3 war für Höhen von 50 000 Metern bestimmt, in denen es eine Geschwindigkeit von 10 000 Kilometern pro Stunde erreichen sollte.

Diese Leistungen klingen selbst im 21. Jahrhundert noch interessant.

152

Rudolf Lusar, der berühmte Geheimwaffenspezialist, stellte die DM-3 in direkten Zusammenhang mit dem »interkontinentalen Luftverkehr«. Leider führte er dies aber nicht näher aus. (109)
Die DM-3-Attrappe befand sich in Prien bereits im Bau, wurde aber anscheinend von den Amerikanern nicht weiter beachtet! Die Pläne dieser revolutionären Fliegenden Flügel wurden dem amerikanischen Projektoffizier Major A. C. Hazen von der *Air Intelligence Section* der amerikanischen Luftwaffe in Europa ausgehändigt. Sie wurden ihm aber aus einem offenen BMW-Wagen gestohlen, der von einem Zahnarzt aus Bad Tölz von den Amerikanern »requiriert« worden war. Kurz darauf soll ein russischer Sender erklärt haben, dass sich diese Pläne in sowjetischer Hand befänden. Wir werden darauf später zurückkommen.
Dr. Alexander Lippisch, der geniale Konstrukteur des Fliegenden Flügels und der Deltaflügel-Flugzeuge, fiel den US-Truppen in Strobel am Wolfgangsee in die Hände und wurde schon am 23. Mai 1945 nach Paris geflogen, wo er vor amerikanischen Spezialisten einen Vortrag über Deltaflugzeuge hielt, die bei diesen aber nur auf wenig Verständnis stießen. Seine für Herbst 1945 geplante Einreise musste wegen der – von einheimischen US-Wissenschaftlern aus Konkurrenzangst organisierten – Proteste gegen die Aufnahme der wissenschaftlichen Experten aus Deutschland in den Vereinigten Staaten zunächst abgesagt werden. Erst im Januar 1946 kam der »Nazi-Scientist«, wie ihn die Zeitschrift *Life* bezeichnete, in die USA, wo Dr. Lippisch dann erfolgreich Delta-Jäger und Delta-Bomber entwarf.

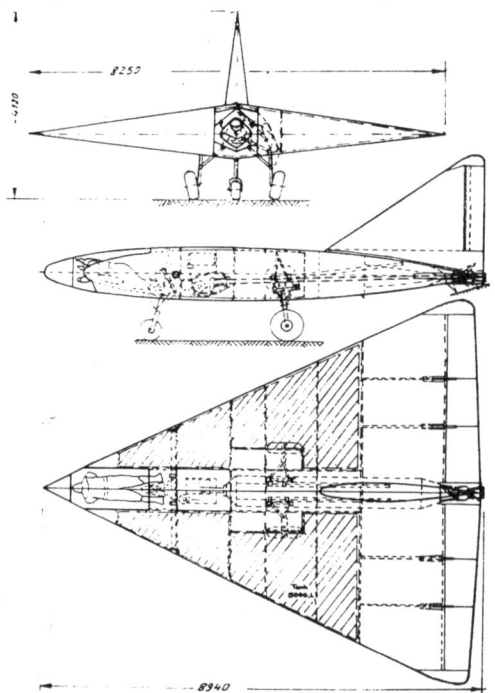

Von den Amerikanern erbeutete deutsche Zeichnungskopie der DM-3 mit einer errechneten Höchstgeschwindigkeit von 10 000 km/h.

Dr. Lippisch distanzierte sich aber von den Weiterentwicklungen DM-2 und DM-3 mit der Begründung, dass er nicht ihr »geistiger Vater« sei. Der Grund dürfte sein, dass die hyperschallflugfähigen DM-2/DM-3 als Delta-Versuchsflugzeuge zur Untersuchung der Flugeigenschaften nicht Lippisch-Überschalljäger wie die DM-1 waren, sondern verkleinerte Flugtestmodelle eines futuristischen Angriffsflugzeuges mit interkontinentaler Reichweite werden sollten. Dieses konnte in 50 Kilometern Höhe mit Hyperschall im erdnahen Raum operieren.

Der den Flugtestmodellen DM-2 und 3 zugrunde liegende endgültige Lippisch-Entwurf ist bis heute verschollen. Leider gibt es deshalb keine genauen Daten über dieses interkontinentale Hyperschallprojekt. Was blieb, sind nur ein paar doppelte Zeichnungen der Flugtestmodelle nach dem Diebstahl der Originalunterlagen.

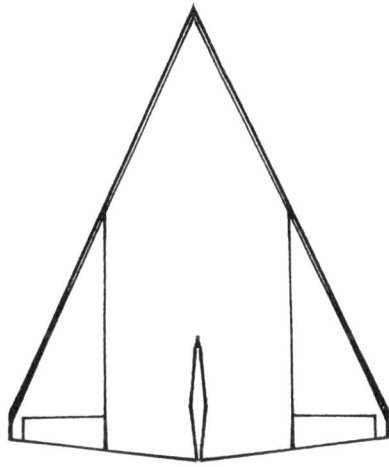

Seit dem Ende des Kalten Krieges wurden aber sowjetische Hyperschallflugzeugprojekte für Interkontinentalaufklärer und Bomber bekannt, die bis auf die Grundrisse dem Projekt Lippisch/DM-3 entsprachen. In 30 Kilometern Höhe wie die DM-3 operierend, sollten sie mit Mach 6 bis 8 mithilfe eines Antriebs von Flüssigwasserstoff als Scramjets operieren können. Es fällt schwer, hier an Zufälle zu glauben! Jedoch blieben all diese Projekte seit dem Zusammenbruch der Sowjetunion auf den Zeichenbrettern der Konstrukteure liegen.

Zeichnung des sowjetischen Mach-6-bis-8-Hyperschallprojekts aus den 1990er-Jahren

Auch US-Hyperschallprojekte wie die ASP, X-24, X-30 »Orient Express« und X-33 ähneln den ehemaligen DM-Entwürfen. Der DM-3 am nächsten unter den US-Projekten kam das »Aerospaceplane Project« (ASP). Das einstufige Orbitalflugzeug ASP sollte eine Nutzlast von jedem Flugplatz auf der Erde in den Orbit und zurück bringen. Ab 1958 entwickelt, wurde das ASP allerdings im Jahr 1963 wegen »unüberwindlicher technischer Schwierigkeiten« aufgegeben.

Dies zeigt, dass das Tor zur zivilen und militärischen Nutzung des erdnahen Raumes schon 1945 durch die DM-Entwürfe in Prien am Chiemsee aufgestoßen worden war.

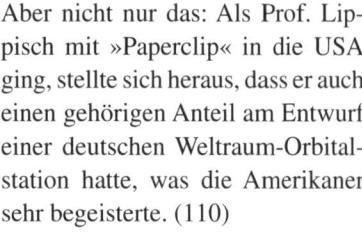

Aber nicht nur das: Als Prof. Lippisch mit »Paperclip« in die USA ging, stellte sich heraus, dass er auch einen gehörigen Anteil am Entwurf einer deutschen Weltraum-Orbitalstation hatte, was die Amerikaner sehr begeisterte. (110)

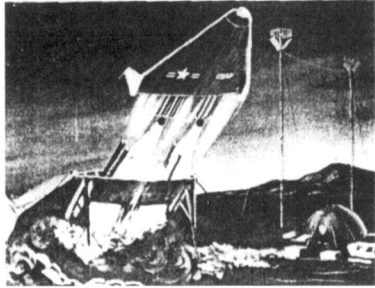

Zeichnerische Darstellung des US-Orbitalflugzeugs ASP aus den 1960er-Jahren

B) Neue Enthüllungen über Prof. Sängers Antipodenbomber

Aufsehenerregende Details über den Orbitalgleiter

Der Name Prof. Eugen Sänger ist auf Ewigkeit mit dem deutschen Projekt zur Schaffung eines sogenannten Antipodenbombers verbunden, mit dem – nach den Plänen der Führung des Dritten Reiches – innerhalb kurzer Zeit verschiedenste Punkte auf der Erde angegriffen und bekämpft werden sollten.

Knapp vor Beginn des Krieges hatte Prof. Sänger die ersten Prüfstandsversuche mit größeren Brennkammern begonnen und bis 1942 war das Großprojekt in allen seinen Hauptgruppen durchgearbeitet, wie Dr. von Zborowski, damals Versuchsingenieur bei Prof. Sänger, berichtete. (110A) Nach 1940 hatten hohe Generalstabsoffiziere die Versuchsanstalt Trauen besucht, aber schon ein Jahr später gab es »merkwürdige Behinderungen« der Arbeiten am Orbitalbomber, die am 27. April 1942 in der Kündigung Prof. Sängers in Trauen gipfelten. Auf Anordnung der neuen Prüfstellenleitung sollte das fertige Verdampfersystem der 100-Tonnen-Raketenbrennkammer eingeschmolzen und die Negative aller Aufnahmen davon vernichtet werden (was aber teilweise nicht geschah!). (110B) Warum diese bahnbrechenden Arbeiten, wie so viele andere chancenreiche Flugzeug- und Motorenentwicklungen der Luftwaffe, von höchsten Stellen im Führungsstab der Luftwaffe mit Verfügungen, Bauverboten und Zerstörungsanordnungen 1941 bis 1943 unterdrückt und verhindert werden sollten, ist bis heute nie geklärt worden. Nach einem ewigen Hin und Her wurde dann ein Teil der unsinnigen Verbote 1944/45 rückgängig gemacht – als es zu spät war. Diese gravierenden Fehlentscheidungen können außer mit Dummheit und Unfähigkeit nur mit systematischer Sabotage erklärt werden.

Auch im Falle des Sänger-Orbitalbombers kam es zu einem Hin und Her von Verhandlungen mit Behörden, Forschungsanstalten und der Industrie zwecks Weiterführung der Arbeiten, die dann viel zu spät 1944 zu einem Gemeinschaftsprojekt unter Leitung von DFS/Siebel führten.

Bis zur Veröffentlichung unseres Buches *Atomziel New York* hieß es, dass der »Sänger-Bomber« nie über das Reißbrettstadium hinausgekommen sei. Aufgrund von eindeutigen Dokumenten der Alliierten in der Nachkriegszeit konnte aber nachgewiesen werden, dass der »Sänger-Bomber« in seiner Entwicklung bei Kriegsende bereits weit fortgeschritten gewesen sein muss. (111) In der Zwischenzeit ist es uns gelungen, hier weitere Beweise zu finden.

Tatsächlich ist der Sänger-»Antipodenbomber« einer der Kandidaten für das von den Engländern identifizierte, weit fortgeschrittene deutsche »Zweite Weltraumprogramm«.

Bei der bis jetzt vorhandenen Datenlage muss aber davon ausgegangen werden, dass weder den Westalliierten noch den Sowjets Teile oder Fertigungsanlagen für den »Sänger-Bomber« in die Hände fielen. Diese neuartige Technologie, die man anders als die Peenemünder Raketen nicht in die eigenen Hände bekam, muss den Siegern so unheimlich vorgekommen

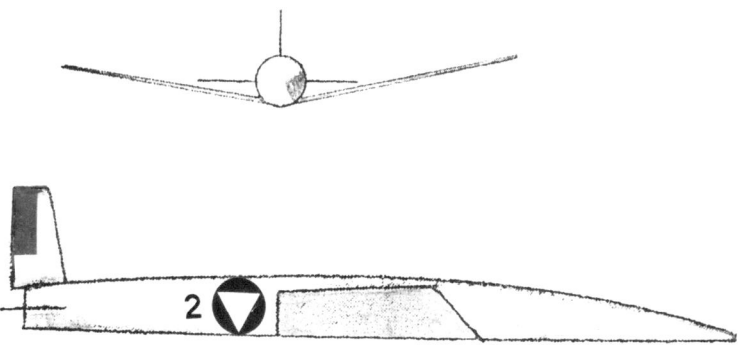

Ideen aus der Vergangenheit für die Träume von übermorgen
Mitten in der Weltwirtschaftskrise von 1931 entwickelte Dr. Sänger in Wien den Entwurf eines interkontinentalen Mach-10-Raketenflugzeuges mit Benzin-Flüssigsauerstoff-Raketenmotor. Der hier spekulativ mit den Hoheitszeichen der künftigen Luftwaffe Österreichs dargestellte Entwurf wurde in seinem Heimatland abgelehnt, erregte aber die Aufmerksamkeit Hermann Görings ...

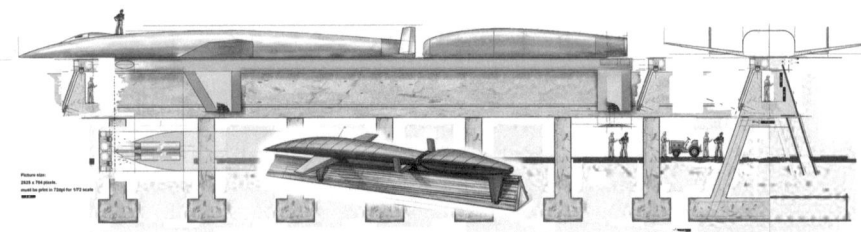

Sänger-Orbitalbomber mit Startschlitten und Startanlage (Quelle: Renaud Mangallon)

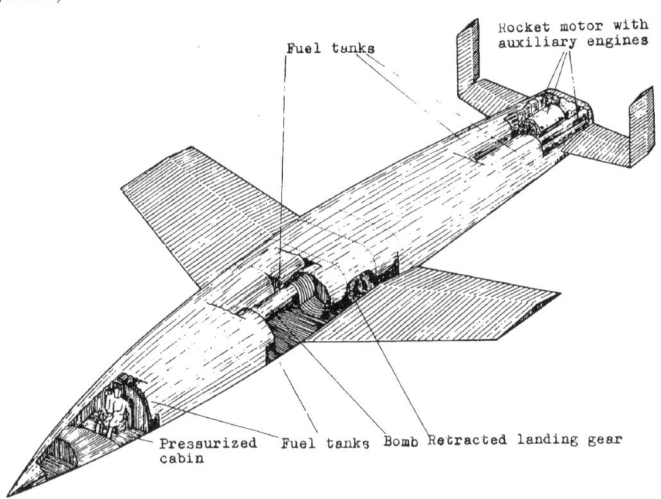

Figure 33; Total view of 10 ton Rocker Bomber

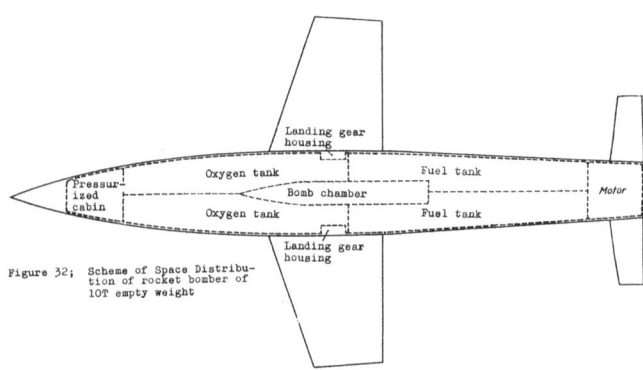

Figure 32; Scheme of Space Distribution of rocket bomber of 10T empty weight

Oben: Totalübersicht des »Zehn Tonnen«-Raketenbombers (Fig. 33 aus U. M. 3538). Unten: Schema der Platzaufteilung (Fig. 32 aus U. M. 3538)

157

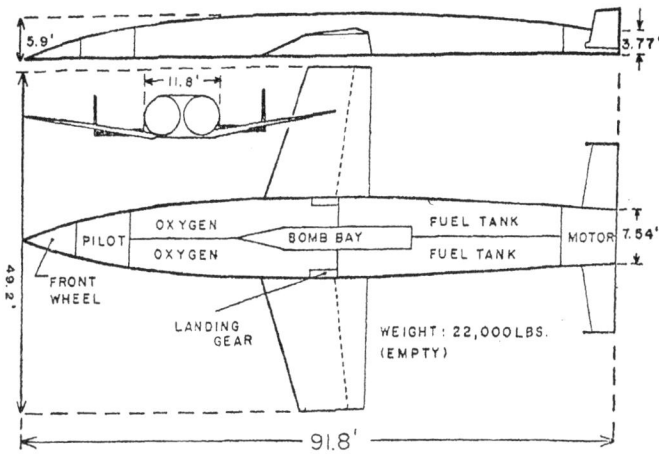

Mysteriöse US-Nachkriegszeichnung einer Sänger-»11 Tonnen« (22 000 LBS)-Version mit doppelten Haupttriebwerken und Bugfahrwerk. Handelt es sich dabei um eine Alternativversion Dr. Sängers oder um eine Fälschung?

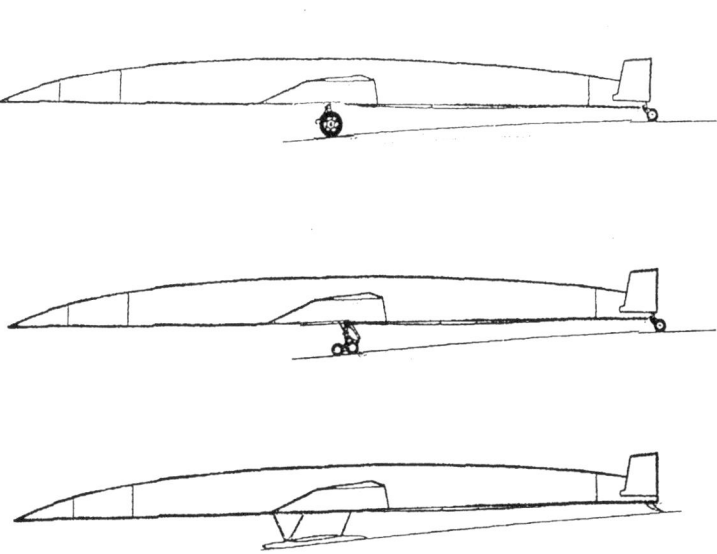

Fahrwerkvarianten des Orbitalbombers mit Hecksporn-Einzel- und 8-fach-Bereifung sowie Kufenfahrwerk.

sein, dass man sich ab einem bestimmten Zeitpunkt entschloss, die deutschen Technologiefortschritte auf diesem Gebiet in Abrede zu stellen.

Bis heute ist es nicht gelungen, Prof. Dr. Sängers revolutionären Hyperschallgleiter zu verwirklichen, obwohl das Potenzial eines solchen Raumflugzeugs auf militärischem und zivilem Gebiet in Ost und West klar erkannt wird.

DFS/Siebel-Antipodenbomber nach Rückkehr vom Einsatz (Sharkit; Modell: Georg)

Mistel He-177 A-5 mit Sänger-Segelgleitermodell (Landekufen), Stufe 5, von Prof. Sängers »Zwölfpunkteprogramm« (Modell: Georg)

```
                    V e r t e i l e r

1    -   Forschungsführung ? I A
2    -            "          ? IV
3    -   ZWB
4    -   RLM/OKL-Chef TLR/P12IB
5    -   RLM GL/C-E Chef
6    -   RLM GL/C-E 2 III
7    -   RRK, Techn. Amt, Entwicklung
8    -   RRK, Techn. Amt, Entwicklung
9    -   SS-Waffenamt, General Gärtner
10   -   Heereswaffenamt, General Dornberger
11   -   Heereswaffenamt
12   -   HVA - Peenemünde, Dr. v. Braun
13   -   HVA - Peenemünde, Dr. Hermann
14   -   Deutsche Akademie f. Luftfahrtforschung
15   -   Stabkampfgeschwader 200, Tilenius
16   -   AVA - Göttigen, Prof. Betz
17   -   AJA - Aachen, Prof. Seewald
18   -   DFS - Ainring, Prof. Georgii
19   -   DFS - Ainring, Z.B.
20   -   DFS - Ainring, Z.B.
21   -   DFS - Ainring, T2
22   -   DFS - Ainring, T2
23   -   DVL - Adlershof, WB
```

*Diese und nächste Seite: »Prof. Sängers Liste« – offizieller Verteiler über
die Empfänger von U.M. 3538«*

Nahm man bisher an, dass nur 60 Exemplare der Schrift U.M. 3538, die
sich mit dem Sänger-Orbitalbomber befasst, im September 1944 verteilt
wurden, verzeichnet die offizielle Verteilerliste 70 Empfänger. Die weiteren Exemplare mit den Nummern 71 bis 100 werden als »Reserve« bezeichnet. So darf davon ausgegangen werden, dass sich dahinter teilweise
Stücke versteckten, die für die politische Prominenz des Dritten Reiches
bestimmt waren!

Die Gesamtauflage hat aber 125 Stück betragen. Die Verwendung der
»nicht offiziell« nummerierten 25 Exemplare bleibt mysteriös.

Die offizielle Verteilerliste liest sich beinahe wie das »Who's who« der
deutschen Luftfahrt-, Raumfahrt- und Atomforschung (!). Welch ein Aufwand für ein angeblich Jahre zuvor eingestelltes Zukunftsprojekt. Selbst
die »praktischen Anwender« bekamen ihr Exemplar zugestellt, denn eine
der U.M. 3538 ging an den Stab des KG 200. Diese Einheit wurde auch als
das »Gespenstergeschwader« bezeichnet und war das geheime Fern-
geschwader der Luftwaffe für »Sondereinsätze« …

```
24  -  DVL - Adlershof, Inst. J
25  -  LFA - Braunschweig, Sekr.
26  -  LFM - München
27  -  LFM - Wien, Dr. Lippisch
28  -  PGZ - Stuttgart, Prof. Madelung
29  -  FKFZ - Stuttgart
30  -  E-Stelle - Rechlin
31  -  E-Stelle - Peenemünde
32  -  TAL - Gatow, Prof. Schardin
33  -  TAL - Gatow, Prof. Holfelder
34  -  KWI - Göttingen, Prof. Prandtl
35  -  KWI - Berlin, Prof. Heisenberg
36  -  Inst.f.Treib- u.Schmierst. - Strassburg
37  -  TH - Graz, Prof. Federhofer,
38  -  TH - Wien, Prof. Richter
39  -  TH - Wien, Prof. Schrenk
40  -  TH - Wien, Prof. Kuba
41  -  TH - Dresden, Prof. List
42  -  TH - Braunschweig, Prof. Schlichting
43  -  TH - Berlin, Prof. Hoff
44  -  TH - Berlin, Prof. Triebnigg
45  -  TH - Berlin, Prof. Föttinger
46  -  TH - Hannover, Prof. Pröll
47  -  TH - Darmstadt, Prof. Scheubel
48  -  TH - Stuttgart Prof. Wewerka

49  -  Univ. Frankfurt/M. Prof. Schumacher
50  -  Univ. Marburg, Prof. Jost
51  -  Fa. Heinkel, Prof. Heinkel
52  -  Fa. Heinkel
53  -  Fa. Focke Wulf, Prof. Tank
54  -  Fa. Focke Wulf
55  -  Fa. Messerschmitt, Prof. Messerschmitt
56  -  Fa. Messerschmitt
57  -  Fa. Dornier, Prof. Dornier
58  -  Fa. Dornier
59  -  Fa. Junkers, Prof. Mader
60  -  Fa. Junkers
61  -  Fa. Arado
62  -  Fa. Fieseler
63  -  Fa. Blohm u. Voss
64  -  Fa. Henschel
65  -  Fa. BMW
66  -  Fa. Walter, Prof. Walter
67  -  Fa. Linde, R. v. Linde
68  -  Fa. Heylandt, Dr. Heylandt
69  -  Fa. Rheinmetall - Berlin
70  -  Fa. Rheinmetall - Unterlüß
71  -  100 Reserve
```

WORLD'S CITIES THREATENED BY NAZI SUPERSONIC BOMBER

EVIDENCE is growing that there were startling grains of truth among the prevarications of the garrulous Hitler, and that a sizable cross-section of civilization escaped destruction under his "secret weapon" by so little as the ticking of the clock.

For instance, had not time run out, the Nazis might have been using a new long-range, liquid-fueled, supersonic pilot-controlled bomber capable of crossing the Atlantic in 40 min. Nazi leaders visualized the possibility of destroying any large city on earth within a few days by employing only 100 of these aircraft. They were to be catapult-launched at 500 mph, reach an altitude of 154 miles in 4-8 min, and then, fuel exhausted, glide through the stratosphere until over target.

Fantastic as this project may seem, it is only one of a dozen or more to be described in August *SAE Journal* by Col. D. L. Putt, of Air Technical Service Command. Col. Putt will be reporting chiefly on Nazi progress with guided missiles, a field in which, he will say, they were – in thinking – at least 10 years ahead of the Allies.

Slight Differences

While the technically inclined may wish to point out the difference between guided missiles and aircraft of the type designed to span oceans and destroy cities, Col. Putt's reports will reveal that the difference is only one of degree.

"These German developments usually are grouped under the loose term 'guided missiles,'" he will explain. "However, that isn't correct. Some of the missiles are not guided and some of the developments are not missiles."

Whatever the degree of difference of the classification may be, these once "secret weapons" obviously are part and parcel of a potential future aerial warfare which bodes good for none. Col. Putt will say that the British got a preview of it. Between June 13 and Sept. 3, 1944, the Nazis launched approximately 8205 missiles against England. Some 2300 landed in the London area, killing 5476 persons and destroying 23,000 houses. Additionally, 1462 Allied fliers were killed in bombarding the launching sites. All this happened within three months and at slight cost of human life to the Nazis.

Testimony to the tremendous achievements of Nazi scientists, and to how closely they came to making good Hitler's boasts, are these few among the numerous developments:

• "Beethoven," a Ju-88 bomber carried an Me-109 fighter and released over target.
• "Steel of the Ruhr," a six-foot rocket bomb released from aircraft and controlled by two four-mile lengths of wire.
• "Gentian," a 17-ft radio-controlled plywood flak rocket carrying 990 lb of explosive, and capable, with modifications under way, of achieving supersonic speeds.
• "Waterfall," a 26-ft flak rocket radio-controlled from the ground.
• "Butterfly," a rocket-propelled, radio-controlled missile launched from the ground against bomber formations at a speed of 560 mph.
• "Daughter of the Rhine," a rocket-propelled anti-aircraft weapon, controlled in flight by radio, carrying an explosive charge of 330 lb to a ceiling of 48,000 ft at a speed of 1100 mph.
• "Fritz X," a bomb released from aircraft at 22,000 ft, carrying 2530 lb of explosive behind an armor-piercing warhead; gyrostabilized and visibly guided to target by radio.
• "F26-76," a gun-launched 5000-lb missile, carrying 1870 lb of explosive 120 to 160 miles at the rate of 288 to 425 mph and accurate within five miles.

Fuels and Controls

Other developments include fuels made from nitric acid, zylidine and amine compounds, methyl nitrate, gaseous oxygen, even powdered coal. Attention was being paid also to various methods of controlling the missiles, including a beam-riding system. This system, Col. Putt will say, was not entirely successful. The missile, riding a beam of energy emanating from the radar unit toward the target, was likely to reverse its course and follow the beam back to its source with results unfortunate for the Nazis. Consequently resort was made to various types of "homing" or "seeking" devices, some incorporating radar units.

Col. Putt will report extensively on the propulsion units developed by Nazi scientists, including the reed intermittent-combustion engine, the ram jet, the turbo jet, and the gas turbine. The reed, or aeropulse, engine, he will say, consists of a tube with a grill of bent strips of metal forming a spring-loaded valve. Following explosion of the fuel-air mixture within the tube, the reduced pressure, combined with the ram pressure against the front of the grill, forces open the valve and permits air to enter. Fuel simultaneously is injected. The resulting explosion closes the valve, forcing discharge of the products of combustion through the rear nozzle and giving a forward impulse to the weapon.

Ram-Jet Engines

He will report that, in the fall of 1944, when American engineers were discussing whether such a device would even operate, Nazi scientists were flight-testing ram-jet engines employing the Lorin nozzle for propulsion at speeds of 500 mph.

»Die Städte der Welt wurden von einem Nazi-Überschallbomber bedroht«. So kündigte das SAE Journal *der* Society of Automotive Engineering *im Juli 1946 sensationelle Neuigkeiten seiner August-Ausgabe an und schrieb, dass ein Teil der Zivilisation nur knapp der Zerstörung entgangen sei.*

Exkurs: »Wie ein kleiner Meteorit« – die besondere
Wirkung eines Bombeneinschlags aus der Troposphäre

Prof. Sänger beschrieb, dass eine von seinem Orbitalbomber mit 8000 Metern pro Sekunde abgeworfene Bombe wegen ihres tangentiellen Abwurfes ein um das 12,1-fache größeres Areal im Zielgebiet zerstören würde wie die gleich schwere, frei fallende Bombe eines normalen Bombenflugzeugs.

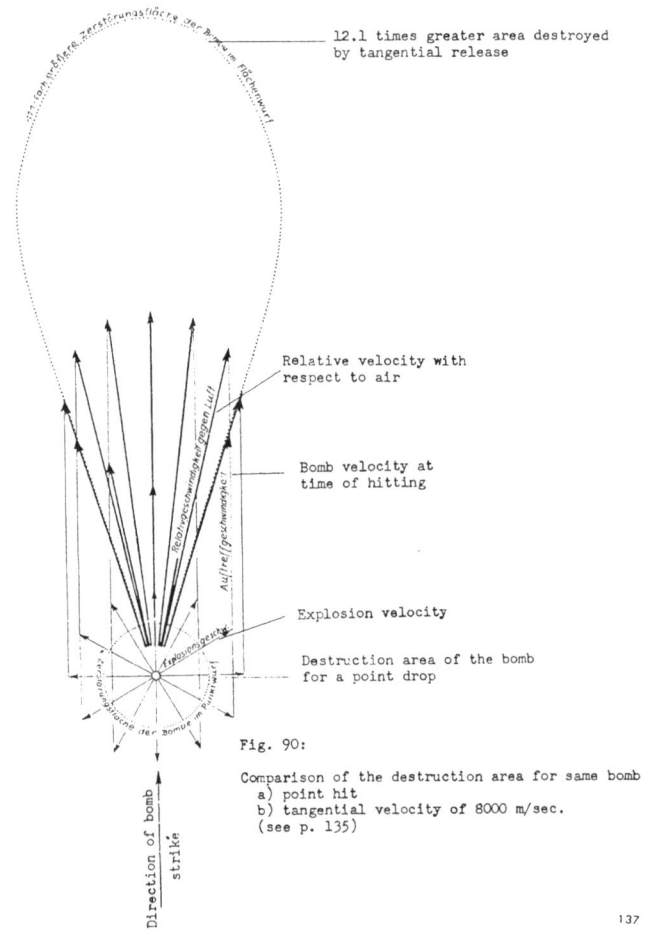

Abbildung aus UM 3538 (Fig. 90): Prof. Sänger zeigte mit dieser Darstellung, dass mit einer tangential abgeworfenen Bombe seines Antipodenbombers eine 12,1-fach größere Zielregion zerstört würde als bei einer normal fallenden Fliegerbombe gleichen Kalibers.

Der von Prof. Sänger beschriebene Effekt würde sich wohl wirklich so ereignen! Grund dafür ist die Erhaltung des Momentums der Bombe.

Der Versuch, auf diesem Weg ein Ziel präzise zu treffen, erscheint aber recht schwierig, da es sich hier im Grunde genommen darum handelt, mit einem sich seitlich bewegenden Gegenstand zu treffen und nicht, wie sonst üblich, mit einem vertikal stürzenden, wie bei einer normalen Flugbombe.

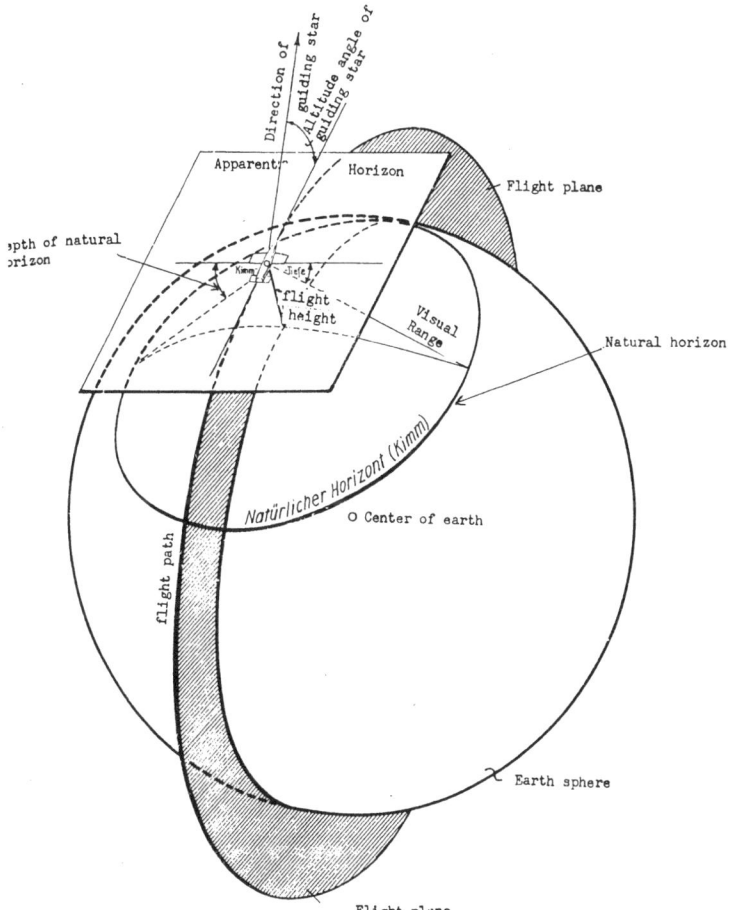

Fig. 89: The third aiming phase of bomb release (see p. 134).

133

Abbildung aus U. M. 3538 (Fig. 89): die dritte Zielphase des Bombenabwurfs unter Zuhilfenahme der Astronavigation

VI. Types of Attack

1. Basic Types of Attack

The type of attack procedure to be used by the rocket bomber in any specific case is determined by the nature of the target and its distance from the home base.

The extraordinary variety of targets is discussed in Section VI-9. There we discuss in greater detail the basic difference between point and area targets, according to which the types of attack can be subdivided into point-attack and area-attack procedures.

The individual types of point attack follow from the requirement that the bomber fly as slowly as possible over the target, so that it may have rather small residual energy there. If in spite of this, the bomber is to return to its takeoff field without a stop-over, then after dropping its bombs, over the target it must be propelled by its own rocket motor until it has acquired a sufficient speed to get home on the corresponding energy. Thus we arrive at a procedure for point attack involving two propulsions and return home, which consists essentially in having the bomber, after being catapulted at the home base, accelerated only till it acquires enough energy to bring it over the target. There it releases and turns at the lowest possible speed, then starts its motor with the residual store of fuel, to get up enough energy for the home trip, and lands back at its home base. Very large quantities of fuel are required for this double propulsion, so that this procedure can be used only for limited ranges of attack (up to 6000 km) and limited bomb loads. Point attacks over greater distances or with larger bomb loads than in this first procedure are possible if the bomber can land not too far from the target, and take on new fuel.

For the point-attack procedure with two driving periods, partial turning and auxiliary point, the bomber is again accelerated after catapult from the home base, until the acquired energy carries it just to the target. Then it releases, turns through the required angle at least possible flight speed, starts its motor with a small residue of fuel on board, to get the small amount of energy which carries it to the auxiliary field not far from the target; it lands there and takes on new fuel. With this, it takes off again in normal fashion and returns to the home base; it has the possibility of making further bombing attacks on the way home.

If a point attack is to be carried out over a larger distance or with very great bomb load and there is no possible auxiliary landing place fairly near the target, then rocket-technique, as seen at the present time, gives no possibility of retrieving the bomber and bringing it back to its home field. If attack on the target seems more important than the bomber itself (which has only a relatively small material value), then there is the possibility of sacrificing the bomber after the attack. This procedure of point attack with a single propulsion period and sacrifice of the bomber is, in principle, applicable to all points on the earth's surface. It is, naturally, to be applied to attacks and targets of very special significance, as for example the surprise destruction of a government building and the governing group assembled there, to the killing of a single, specially important enemy person, to sinking large enemy transports or warships, blocking of important avenues of commerce (say canals or straits), and to similar special cases; this is less because of the loss of the aircraft than for the more valuable pilot.

For procedures of attack on an area the need to fly slowly over the target disappears, so that one has more freedom in carrying out the procedure. The most obvious procedure for area attack, with single propulsive period and return home, consists in the bomber being catapulted from its home base, and then driven until it gets sufficient energy to get to the vicinity of the target, turn and get back home. The turn path uses up very large amounts of energy, so that this attack procedure remains limited to small distances and bomb loads.

Area attack over great distances is very much simplified, if an auxiliary field exists not too far from the target, so that the bomber can land and take on new fuel for the return trip. In this case the area attack goes as follows: after release the bomber makes a partial turn through an angle less than 180° (this requires smaller energy consumption than for a complete turn) that flies to the auxiliary field on its residual energy. This area attack with single propulsion, partial turn and auxiliary field is applicable to all distances on the earth; it assumes, however, that within at most a few thousand km from the target there is a suitable auxiliary field, for landing, and which has a takeoff apparatus. In view of the large number of possible targets for area attack, this requirement can be fulfilled only in exceptional cases.

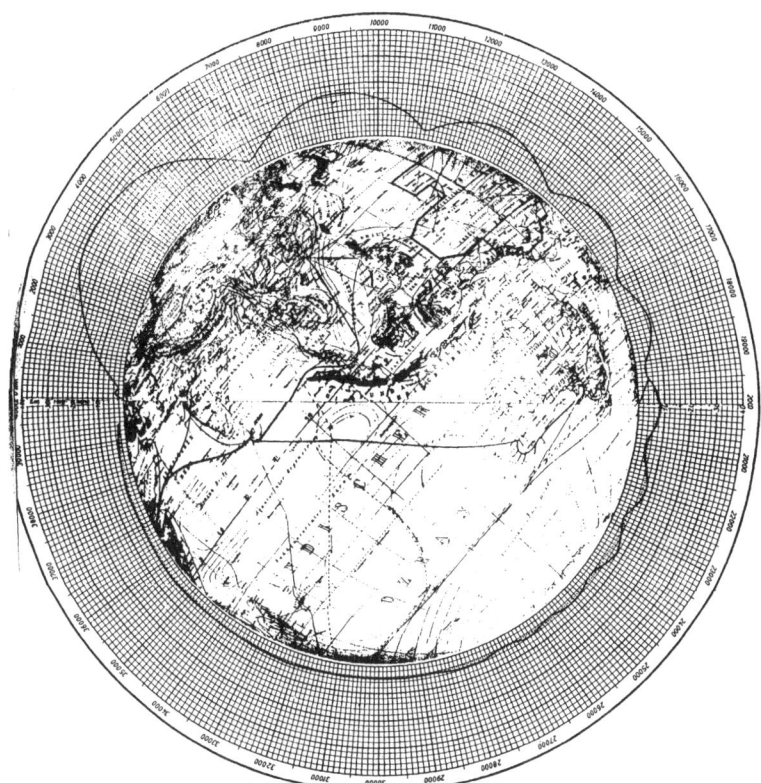

Fig. 77: Influence of the release of a 3.8 ton bomb from a height of 40 km and the velocity of 6060 m/sec on the flight path of the Rocket Bomber with c = 4000 m/sec, v_0 = 7000 m/sec.

Fig. 77 aus dem Bericht U. M. 3538 zeigt den Einfluss des Abwurfs der 3,8-Tonnen-Bombe aus einer Höhe von 40 Kilometern auf die Flugbahn des Orbitalbombers. Ist es nicht erstaunlich, wie man derartige Berechnungen bereits in den 1940er-Jahren anstellen konnte?

Codename »Silbervogel« und das rätselhafte Hitzeschutzmaterial

Moderne Technikautoren lachen gerne über die Idee, dass im Dritten Reich von Leuten wie Prof. Sänger allen Ernstes versucht werden sollte, mit Stahlrümpfen Weltraumflüge durchzuführen und diese zu überleben.

Zum Beispiel mussten für den Sänger-Stratosphärenbomber Schutz-materialien entwickelt werden, die den extrem hohen Außentemperaturen beim Wiedereintritt gewachsen waren. Hierfür hatte Prof. Sänger bereits mehrere Lösungsmöglichkeiten entwickelt.

Einer der Gesichtspunkte befasste sich mit dem Material, aus dem der Ferngleiter gebaut werden sollte. Man nannte den Stratosphärengleiter auch »Silbervogel«, da er hitzeresistente, unbemalte, metallische Oberflächen verwenden sollte.

Bis heute ist nicht veröffentlicht worden, woraus dieses raumfahrttaugliche Material bestehen sollte. Es gibt aber einige Anhaltspunkte dafür, dass man auch dieses Problem erfolgreich in Angriff genommen hatte. Schon im März 1944 beschrieb ein Bericht der polnischen Heimatarmee, dass im Mittelwerk an einem »Thol«-Metall gearbeitet wurde. Diese Bezeichnung soll sich auf den Wissenschaftler Dr. Eduard Tholen (oder Tohlen?) beziehen, der superresistente Metalllegierungen für »Raketenzwecke« erfunden haben soll. (114)

Wir wissen auch, dass die Deutschen damals bereits Titanmetall in kleinem Umfang verwenden konnten. Titan wäre wegen seiner mechanischen und hitzeresistenten Eigenschaften das ideale Baumaterial für derartige Hochleistungsgeräte gewesen. In diesem Fall hätte der unbemalte DFS/Siebelflugkörper einen dunkleren Farbton aufgewiesen.

Die wahrscheinliche Auflösung dieses Rätsels kam dann für mich aus einer völlig unerwarteten Ecke. Kurz nach der Wiedervereinigung Deutschlands besuchte uns ein Vetter meines Vaters. Er war während der DDR-Zeit einer der führenden Wissenschaftler und genoss nun die Zeit, um seine jahrzehntelang nicht mehr gesehene Verwandtschaft zu besuchen. Als wir auf die Unterschiede zwischen der amerikanischen und sowjetischen Technik zu sprechen kamen, berichtete er mir am Beispiel des früheren Mig-25-Hochleistungsjägers, dass dieser seinerzeit den westlichen Jagdflugzeugen des Typs »Phantom« weit überlegen gewesen sei. Um den Temperaturen bei hohen Geschwindigkeiten zu widerstehen, hätten die Sowjets bei der Mig-25 andere Wege beschritten als die US-amerikanischen Ingenieure bei der viel aufwendigeren SR-71-»Blackbird«-Aufklärungsmaschine. Die Mig-25 habe zu etwa 80 Prozent aus Stahl, elf Prozent Aluminium, acht Prozent Titanlegierungen und einem Prozent sonstiger Materialien bestanden. Ihre Konstruktion sei äußerst robust, widerstandsfähig, zuverlässig und billig gewesen. Er verrate mir hier kein Geheimnis, so der Vetter meines Vaters, da die Mig-25 seit dem 6. September 1976 dem Westen bereits bekannt geworden sei, als Leutnant Viktor Belenko mit einer solchen Maschine nach Japan geflohen sei. Auf meine weiteren Nachfragen nach dem Material der Mig-25 fiel bei dem Professor folgende Aussage: »Mit ähnlichen Materialien wollte man schon Ende der 1940er-Jahre den sowjetischen Antipodenbomber bauen, die sowjetische Metallbauindustrie konnte die Legierung damals aber nicht herstellen.« Als ich ihn dann fragte, ob die Idee zu diesem Baumaterial vielleicht von Prof. Sängers Antipodenbomberprojekt aus den Kriegsjahren stammen könne, nickte er vielsagend und meinte, viele führende Wissenschaftler Deutschlands hätten sich damals freiwillig für die Zusammenarbeit mit der Sowjetunion statt den Vereinigten Staaten von Amerika entschieden. (115)

Es sieht also ganz danach aus, dass Prof. Sängers Leute am Ende des Krieges auf dem richtigen Weg waren, das Stabilitäts- und Hitzeproblem für das Material ihres Antipodengleiters zu lösen.

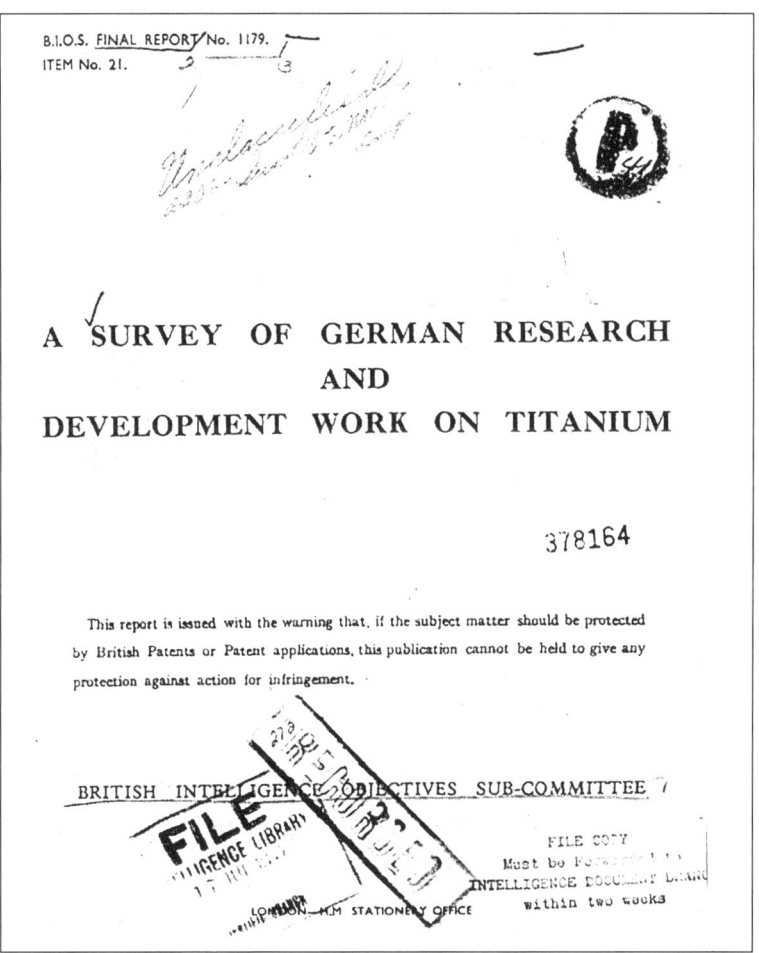

BIOS-Report No. 1179, item 21: offizieller englischer Nachkriegsbericht über die deutschen Forschungs- und Entwicklungsarbeiten der Titantechnologie

Januar 1945: Test des Raketenboosters für den Sänger-Bomber?

Bis heute ist die genaue Beschaffenheit des Boosters für Prof. Sängers Raketenschlitten ein Rätsel. Die sich widersprechenden Theorien gehen beispielsweise von einem System aus bis zu 30 kombinierten EMW-A-4-Triebwerken als Antriebselement aus, ohne dass aber letztlich Klarheit herbeigeführt werden konnte. Nur die äußeren Dimensionen des Boosters wurden von Prof. Sänger veröffentlicht, aber nicht einmal das Volumen der LOX/Alkohol-Treibstofftanks wurde bekannt.

Im Januar 1945 testeten Heinkel-Ingenieure einen merkwürdigen Raketenantrieb als Starthilfe für »Riesenbomber«. Es ist sehr gut möglich, dass dieser Versuch mit Sängers Orbitalbomber in Zusammenhang steht. Der ehemalige Tiroler Gauleiter Franz Hofer beschrieb, was sich ereignete: (116) »›X minus drei. Zeit läuft …‹, dröhnt die Stimme des Ingenieurs, aus dem Lautsprecher.

Noch drei Minuten also bis zum Start des ersten Versuchs mit einem Strahltriebwerk der in Jenbach, Tirol, ansässigen Heinkel-Werke.

Es ist Anfang Januar 1945, sieben Uhr morgens, ein Tag mit eisigem Nordwind und leichtem Schneetreiben.

Schauplatz: ein Waldgelände bei Brixlegg am Inn, streng durch Sicherheitspolizei und eine Kompanie junger Soldaten abgesperrt.

Auf dem Beobachtungsstand, etwa dreihundert Meter von dem Versuchsobjekt entfernt, ist die Prominenz von Partei und Rüstungswirtschaft versammelt. An der Spitze Gauleiter Franz Hofer. Neben ihm der von vielen gehasste Hauptdienststellenleiter Saur aus dem Ministerium Speer.

›X minus ein. Zeit läuft …‹

Hofer blickt gebannt auf die mächtige Stahlröhre des Strahltriebwerks. Eine Erfindung von Professor Heinkel, dazu bestimmt, schwer beladene Riesenbomber auf kürzester Rollbahn mit Raketenkraft in die Luft zu heben.

Heinkel selbst ist bei diesem wichtigen Versuch nicht anwesend. Er befindet sich in diesen Tagen in seinen Wiener Werksanlagen. Auf Anregung des allmächtigen Saur sind dort alle Kräfte aufgeboten, um als ›Schnellentwicklung‹ den He-162 ›Volksjäger‹ zu bauen.

Jetzt steigt eine grüne Rauchpatrone in den Himmel. Sie ist das Zeichen, dass der Start in zehn Sekunden erfolgt.

Da dröhnt es aus dem Lautsprecher: ›Zündung!‹

Im selben Augenblick schießt eine gewaltige Feuersäule aus dem Triebwerk. Dann ohrenbetäubendes Donnern.

Das Triebwerk schiebt sich mit einem Druck von vielen Tonnen gegen den Kraftmesser, dessen Rückwand von einem mächtigen Felsen gehalten wird.

Nach einer Minute ist der Versuch zu Ende. Einer der Ingenieure Heinkels kommt zum Beobachtungsstand gelaufen. Er strahlt über das ganze Gesicht. ›Wir haben 25 Tonnen Schubkraft gemessen. Eine wunderbare Leistung. Noch ein paar solche Versuche, und wir sind so weit.‹

›Was heißt das? Wie lange ist das: ein paar Versuche?‹, poltert Saur. ›Kann ich dem Führer melden, dass in einigen Wochen die ersten Strahltrieb-Bomber einsatzfähig sind?‹ ›Wenn nichts Unvorhergesehenes eintritt …‹, erwidert Heinkels Ingenieur vorsichtig.

›Was soll denn passieren? Die Jenbacher Werke haben Fertigungshallen, die jeden Bombenteppich aushalten. Stellen Sie so viele Ihrer dreitausend Arbeiter für den Strahltriebwerkbau ab, dass es Tag und Nacht damit vorwärtsgeht. Sie haben unsere besten Leute aus Norddeutschland hier. Ich sehe nicht die geringsten Schwierigkeiten.‹

Gauleiter Hofer wendet sich zu Saur. ›Ich werde schon aufpassen, dass hier alles in Ordnung geht. Ich besorg' den Kerlen schon den richtigen Schub …, mehr als fünfundzwanzig Tonnen, wenn's sein muss.‹«

Peenemünder Heereslok HR360 (mit Afrika-Anstrich) mit Schwerstlasttransportwagen und Starttriebwerk für den Sänger-Orbitalbomber (Modell: Sharkit/Georg)

Seitdem hat man nie wieder etwas über den Raketenbooster gehört. Außer Hofer schien ein plötzlicher Gedächtnisverlust die Jenbacher Heinkel-Mitarbeiter und andere Zeitzeugen befallen zu haben.
Was wurde damals wirklich getestet? Es kann ausgeschlossen werden, dass Großbombern wie der HO XVIII oder der Ju-390 ein Start mit 25-Tonnen-Raketentriebwerken technisch möglich war. Ein sofortiger Crash wäre die Folge gewesen. Immerhin entsprach diese Kraft in etwa der einer V-2. Beim Sänger-Orbitalbomber lag der Fall entgegengesetzt, hier war eine solche Starthilfe unbedingt notwendig!
Wir wissen, dass sich außer der Außenstelle der Heinkel-Werke auch ein Raketenforschungsinstitut der SS in Jenbach befand. Alle Unterlagen darüber sind heute leider verschwunden. (117)

DFS/Siebel -Antipodenbomber:
Über 60 Jahre Schweigen gehen zu Ende

In unserem Buch *Atomziel New York* deckten wir die zahlreichen Hinweise auf, denen zufolge der revolutionäre Sänger-Stratosphärenbomber am Ende des Krieges als Gemeinschaftsprojekt führender Forschungsinstitute und Flugzeugfirmen des Dritten Reiches mit höchster Dringlichkeit realisiert werden sollte. Behauptungen, dass das Projekt des Sänger-Bombers in den Jahren 1941/42 auf Befehl Göhrings »verboten« wurde, sind nicht länger haltbar. (118)
Es ging bei Prof. Sängers Plänen um die Realisierung eines halbballistischen Raketen-Stratosphärenbombers, der auf wellenförmiger Flugbahn mit etwa 26000 Kilometern pro Stunde die Erde umkreisen sollte. Typischerweise sollte dieser Bomber in 19 200 Kilometer Größtkreisentfernung als Standardlast eine etwa 3,8 Tonnen wiegende A-Bombe in 40 Kilometer Höhe auslösen. Die Flugzeit bis zum Ziel New York sollte etwa 20 Minuten betragen, und nach etwa 80 Minuten Missionsdauer wäre das leer 100 Tonnen wiegende Fluggerät wieder an seinen Einsatzplatz zurückgekehrt.
Wie so viele deutsche Geheimprojekte wurde auch der Sänger-Bomber nach Kriegsbeginn jahrelang vernachlässigt.
Dies wurde erst anders, als Oberst Siegfried Knemeyer sich im Sommer 1944 des Sänger-Antipodenbomberprojekts annahm. Es ging darum, schnellstens einen »Amerikabomber« zu schaffen, der Deutschlands A-Bombe in die USA transportieren sollte, ohne durch Abwehrmaßnahmen der konventionell massiv überlegenen Alliierten gefährdet zu werden. Knemeyer sorgte auch für die Veröffentlichung von Prof. Sängers berühmter Denkschrift U.M. 3538 (*Untersuchungen und Mitteilungen der deutschen Forschungsanstalt für Segelflug e.V. Ernst Udet z. Zt. Ainring*) mit

dem harmlos klingenden Titel *Über einen Raketenantrieb für Ferngleiter.* Das Exposé wurde als geheime Kommandosache an eine auserlesene Schar von Politikern sowie führende Luftfahrt-, Atom- und Raketenforscher des Dritten Reiches verteilt und sorgte für den endgültigen Durchbruch von Sängers Entwicklung (Verteiler siehe Seiten 159/160).

Tatsächlich sieht es so aus, dass es ab Spätsommer 1944 plötzlich zu einer großen Dringlichkeit bei der Entwicklung des Sänger-Hemisphärenbombers kam. Auf höheren Befehl (Reichsmarschall Göring?) beschäftigte sich die mit Hochgeschwindigkeitsforschung und Stratosphärensegelflugbau erfahrene DFS in Bad Ainring zusammen mit den Siebelwerken mit der Realisierung des Sänger-Projekts, für das sich auch die SS immer mehr interessierte. Dabei kooperierte man mit der LFA Braunschweig, mit Peenemünde-West (Luftwaffe), Peenemünde-Ost (Heer/ Wernher von Braun und Prof. Dr. Dornberger), der Firma Junkers, LVA Wien (Dr. Lippisch) sowie Forschern aus Hamburg, München, Frankfurt am Main, Göttingen und Lindau (Institut Prof. Regener/Weltraumphysik?).

Heute wird immer noch behauptet, dass die Arbeiten am Sänger-Bomber ab 1941/42 beendet worden seien. Das ist falsch! Es muss stattdessen davon ausgegangen werden, dass es vor dem Kriegsende zu einem dramatischen Wettlauf gegen die Zeit kam, um den DFS/Siebel-Stratosphärenbomber als Gemeinschaftsprojekt der deutschen Luft- und Raumfahrtforschung fertigzustellen.

Tatsächlich soll das 100-Tonnen-Triebwerk des Antipodenbombers schon im Februar 1943 so gut wie fertig gewesen sein – noch bevor die Denkschrift U.M. 3538 unter der wissenschaftlichen Elite des Dritten Reiches für Furore sorgte.

Bei Kriegsende waren die Arbeiten an fortgeschrittenen Systemen für den Interkontinentalgleiter wie der exo-atmosphärischen Drei-Achsen-Kontrolle, Trägheitsnavigation, Astronavigation, Wiedereintrittsdynamik und fortgeschrittenen Sensorsystemen in vollem Gange.

Zwei bemannte Versionen und eine unbemannte Ausführung des Sänger-Bombers wurden geplant. Seine Nutzlasten reichten von 250 Kilogramm bis zu einer 30-Tonnen-Riesenbombe für Kurzstreckeneinsätze. Die genauen Details dieser Bewaffnungsvariationen wurden in dem Buch *Hitlers Siegeswaffen* (Band 1) schon vor Jahren ausführlich dargestellt. (119)

Nach einer Mitteilung des *Office of War Information* vom August 1945 war der Raumgleiter bei Kriegsende bereits im Experimentalstadium. Dazu passend veröffentlichte der Journalist Harper im *American Magazine* vom April 1946 eine sensationelle Nachricht über den Stratosphärenbomber. Ihr zufolge seien Angriffe auf New York mit dem »Hemisphärenprojekt«

Nazis Almost Had Rocket for Atlantic Hop

By James E. Chinn

God blessed America.

Just before the European war ended the Nazis were experimenting with a piloted rocket missile designed to span the Atlantic in 17 minutes, the Office of War Information revealed yesterday as it unveiled a variety of Germany's inner war secrets.

The Germans also, according to OWI, had reached the experimental stage with the devastating atomic bomb, devices to destroy the sight of the all seeing eyes of radar, and new war gases they hoped would prove more deadly than any chemical agent yet developed. And that's not all.

Many More "Up Sleeve"

The now conquered "master race" had:

1. Specifications and construction details for naval vessels of advanced design, including submarines with high underwater speeds and apparatus for sustained underwater operations.

2. Found new uses for many staples such as coal from which the Nazis were making synthetic butter, soap, gasoline, aviation lubricants and alcohol of both beverage and industrial types.

3. Designed a highly advanced jet engine, rocket-assisted take-offs and vastly improved aerodynamics.

4. Perfected designs for various secret types of guns and gun sights, novel gear and transmission construction and air cooled diesel engines.

5. Plans for V-type weapons much more advanced than those which were hurled last year against the British Isles.

Other German war secrets ranged from records on the location of German capital in neutral countries, and the status and composition of German cartels, to specifications of long range rocket de-

See ROCKET, Page 2, Column 1.

Diese und gegenüberliegende Seite: Obwohl wichtige US-Zeitungen wie die Washington Post *und die* New York Times *schon am 27. August 1945 berichteten, dass sich der deutsche Orbitalbomber (hier bezeichnet als »17-Minute Oversea Rocket Plane«) schon im Experimentalstadium befand, als der Krieg zu Ende ging, fehlen bis heute sämtliche Fotos vom Bau des Prototypen. Werden vielleicht russische Archive hierzu eines Tages Klarheit bringen, wenn schon nicht die Amerikaner das Material endlich freigeben?*

17-Minute Oversea Rocket Plane Among Germany's War Secrets

Special to The New York Times.

WASHINGTON, Aug. 26—American and British technicians, closely and quickly following the Allies' military advances across France and Germany, have taken possession of a wealth of information about German "secret weapons" on which the enemy counted so much but that he did not have time enough to develop.

Besides an atomic bomb, on which, as has been made known, the Germans had made considerable progress, German scientists and engineers had developed a defense against radar and experimented on piloted rocket missiles that it was thought would be capable of crossing the Atlantic in seventeen minutes. These and many other German war secrets were disclosed today by the Office of War Information in reporting on the operations of a combined American and British intelligence organization that made daring forays on targets containing vital war information. The work of this group, called the Combined Intelligence Objectives Subcommittee, was itself, as disclosed today, a secret weapon of our own.

The CIOS, according to the OWI, has been operating inside Germany for many months, tracking down Germany's inner war secrets, and all the information uncovered has been channeled to both London and Washington, from where it was directed first to the war with Japan and now toward our post-war technical and scientific planning. In the United States the work is performed by the Technical Industrial Intelligence Committee, which functions under the Chiefs of Staff.

Instructions Were Specific

The CIOS' teams moved into Germany with plans and instructions as specific as those carried by a Flying Fortress crew or a party of Commandos. They concentrated on the "targets" believed to be richest in vital information on weapons, oil production, raw materials, synthetics, new engineering and chemical processes, inventions, patents and machinations in finance, economics and politics.

More than 2,000 missions to such "targets" have already been made, and the information obtained was estimated by the receiving authorities as being worth "millions of dollars" in research and scientific development. The findings indicated, the OWI reported, that "German invention was far ahead of her capacity to translate theory into industry.

"The rapid advances of the Allied armies prevented her from putting into practice many of the technological advances evolved in the laboratories of her scientists," the OWI said. It added that some of the unlocked secrets might soon make some American technical processes "obsolete and outmoded."

Some Secrets Unrevealed

Not all the secrets have been disclosed, but the most startling ones were said to pertain to the development of the atomic bomb and the production of "heavy water," used in one method of making the bomb. The defense against radar was a system of radar camouflage consisting of anti-radar coverings and coatings. It would be employed, presumably, on submarines and other weapons.

The Germans contemplated a piloted missile with a possible range of 3,000 miles. The designer envisioned for it a commercial application for flying passengers across the Atlantic in a little more than a quarter hour.

Other Finds Listed

Other discoveries were:

The Germans were working on a formula for new war gases that, they hoped, would prove more deadly than any chemical agent yet developed.

They had specifications and construction details for naval vessels of advanced design, including submarines with high underwater speeds and apparatus for sustained underwater operations.

They had highly advanced jet engines, rocket-assisted take-off and aerodynamics designs.

They had found new uses for many staples. From coal the Germans were making a synthetic butter as well as alcohol of both beverage and industrial types, aviation lubricants, soap and gasoline.

in spätestens einem Jahr, also 1946/47, ausgeführt worden. Man hatte es hier mit einer Verwirklichung der fünften Entwicklungsstufe von Hitlers Raumfahrtprogramm zu tun. Harper wurde von offizieller Seite weder widersprochen noch wurde er kritisiert.

März 1946:
Die Amerikaner geben offiziell die Existenz eines Prototypen des Sänger-Orbitalbombers zu

In einem Bericht über den genialen amerikanischen Zeichner und Designer Alex Sarantos Tremulis (120) findet sich der Hinweis, dass Tremulis eines Tages einen radikalen bemannten Raketenentwurf für die *US Army Air Force* (den Vorläufer der *US Air Force*) zeichnete, der von einem Dreirad-Startwagen aus abheben sollte. Ein hochrangiger Colonel habe aber den Vorschlag von Tremulis verlacht und in den Papierkorb geworfen. Der Oberst habe sich bei Tremulis auch nicht entschuldigt, nachdem er in Deutschland herausgefunden hatte, dass die Nazis ein ähnliches System bereits im Bau (»in the fabrication stages«) hatten. Das Raketenflugzeug der Deutschen sei dazu gedacht gewesen, New York zu bombardieren. Die Quelle deutete unmissverständlich an, dass es sich bei dem engstirnigen US-Oberst um niemand anderen als Donald Putt gehandelt habe.

Es kommt aber noch viel eindeutiger.

Der gleiche Oberst D. L. Putt hielt am 7. März 1946 eine Ansprache vor der *Metropolitan Section* der Ingenieurgemeinschaft SAE in New York. Darin trug er nicht nur vor, dass die Deutschen ihre V-2 letzten Endes mit geeigneten Atomsprengköpfen versehen wollten, sondern gab auch (eine in dieser Form seither nie mehr wiederholte!) Informationen über den »Nazi Supersonic Rocket Bomber« bekannt. Auf einem seiner Glasdias war folgende Unterschrift zu lesen: »...(Fig. 14): ›Raketenbomber, der von Berlin nach New York 40 Minuten in einer Höhe von 154 Meilen benötigte (...) Ein Testmodell, das eine Person tragen konnte und über ein Fahrwerk verfügte, wurde hergestellt. Obwohl unbekannt ist, ob dieses Modell jemals geflogen war, ist aber bekannt, dass es Testläufe seines Triebwerkes gab.« (121) Die SAE veröffentlichte dann diesen Beitrag wortgetreu in ihren Monatsheften.

Oberst Putt wusste als Chef der »Operation Lusty« und später ab August 1945 als stellvertretender kommandierender General T-2 der gesamten technischen Geheimnachrichtensammelstelle der US-Luftwaffe in Wright Field wie kein anderer Bescheid über das, was die Amerikaner in Deutschland vorgefunden hatten.

Ein Prototyp des Sänger-Bombers existierte bei Kriegsende in Deutsch-

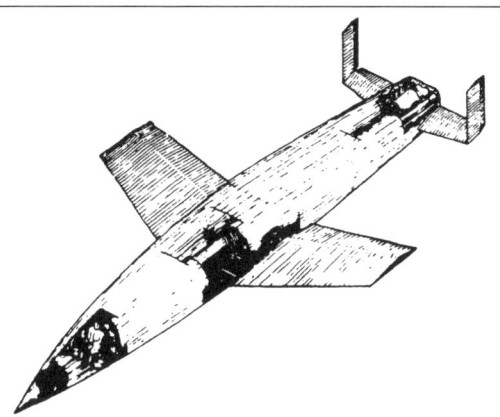

■ Fig. 14 – Rocket bomber designed to fly from Berlin to New York in 40 min at an altitude of 154 miles – engine burned liquid oxygen and alcohol – rocket nozzle was cooled by water, condenser being used to form water from products of combustion – other side of condenser could be used to vaporize the alcohol. Test model was made that carried one man and had landing gear, although it is not known if this model ever flew; it is known, however, that test runs were made on its engine

finished, but it is believed that time was the only obstacle against its completion.

This bomber was to be catapult-launched at 500 mph and rise to altitude in 4-8 min, during which time the fuel would be exhausted. It was then to glide and skip along the outer atmosphere with decreasing oscillations. The Germans hoped to be able to destroy any large city on the earth with a fleet of 100 of these bombers within the space of a few days' operations.

land! Was mit dem Orbitalbomber passierte, ist völlig unbekannt. Es sieht jedenfalls ganz danach aus, dass er nicht unzerstört in amerikanische Hände fiel. Seither ist es niemandem mehr gelungen, etwas Vergleichbares herzustellen. Im Übrigen haben die Vereinigten Staaten später bei der Archivierung des Putt-Vortrages im Juni 1946 eine Änderung des Textes vorgenommen – der Leser darf raten an welcher Stelle ...

SAE Transactions

Volume 54
1946

SOCIETY OF AUTOMOTIVE ENGINEERS, INC.
Twenty-Nine West Thirty-Ninth Street
New York, N. Y.

Oben: Fig. 14 von Oberst Putts Vortrag vom 7. März 1946 mit den Angaben über einen fertigen Prototypen des Sänger-Bombers (aus dem Originalheft des SAE)

Links: Deckblatt der SAE-Ausgabe

Die Zensur schlägt zu und streitet es wieder ab!

In der späteren amtlichen *US-Air-Force*-Zusammenfassung des Putt-Vortrages vom 27. Juni 1946 ist dieselbe Abbildung wieder abgedruckt. (122)

Im Vergleich zur Original-SAE-Veröffentlichung ist nun allerdings die »verräterische« Fig.-14-Unterschrift nicht mehr vorhanden ...

Das 60-jährige Verschweigen konnte also beginnen!

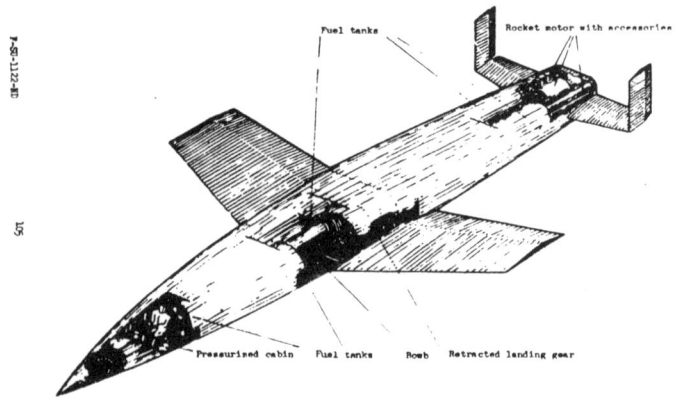

Die nachträglich korrigierte Version des von Putt vor dem SAE gehaltenen Vortrags.

C) Weitere Raumgleiterprojekte

DFS/Siebel-Staustrahl-Antipodenbomber

Glaubt man amerikanischen Quellen, konzentrierte sich Prof. Dr. Sängers Forschung im Jahr 1945 auf chemische Treibstoffe, die es Raketen und Staustrahltriebwerken ermöglichen sollten, mit Spitzenwirksamkeiten in Höhen bis zu 32 Kilometer über eine Reichweite von 20 000 Kilometern zu funktionieren.

Bekannt ist, dass man sich im Auftrag des RLM ab 1942 mit neuen Arten von Brennstoffen befasste. Dazu zählten neben Versuchen mit Kohlenstaub und Schaumkohle auch ab 1944 Versuche mit einem sogenannten Gallertbrennstoff. Diese Experimente mit Gallert, zellstoffartigen oder kolloidalen Brennstoffen wurden vom Ministerium Speer unter Oberst Geis gefördert. Weiter beteiligt waren die Firma LFW, BMW, IG Farben sowie die Forschungsstelle der Luftwaffe in Gallarate. Diese letztgenannten Brennstoffe erinnern an das »Engelshaar«, das von Treibstoffresten so bezeichneter »UFOs« herrühren soll.

Im Falle Prof. Dr. Sängers hatte dies aber sehr irdische Gründe: Das RLM hatte ihm den Auftrag erteilt, sein Orbitalbomberprojekt mit Staustrahltriebwerken und einem Minimum an Entwicklungsrisiko zu verwirklichen. (123) Sänger verbrachte beträchtliche Zeit an Experimenten mit verschiedenen Konfigurationen von Staustrahltriebwerken und ihren Treibstoffarten, um das gesetzte Reichweiten- und Höhenziel zu erreichen. Dann war sein Konzept fertig: Zwei riesige Staustrahltriebwerke sollten die geforderte Leistung erbringen. Wegen der dabei entstehenden hohen Triebwerkstemperaturen und der stark korrosiven Natur der Treibstoffe sollten die Triebwerke so weit wie möglich von den Schwanzflächen entfernt sein. Die vorgeschlagene Staustrahlversion des Antipodenbombers unterschied sich neben den außen erkennbaren Staustrahltriebwerken und ihren Öffnungen auch in der betonteren Rumpfspitze sowie einem Pitotrohr am linken Flügel und einer Antenne in der Rumpfspitze der Raketenversion.

Bei der zweiten Staulstrahlversion wurden die Staustrahltriebwerke an die Flügelspitzen montiert. Hätte es die Zeit noch zugelassen, wäre wohl diese Version realisiert worden.

Auch der geplante Staustrahlbomber sollte 100 Tonnen wiegen. Der errechnete hohe Treibstoffverbrauch von Prof. Sängers Bomber mit reinem Raketenantrieb war ein Reichweitenrisiko, das durch die zusätzliche Verwendung zweier Staustrahltriebwerke verringert werden sollte. Die Staustrahltriebwerke mit Überschalldiffusor sollten in der Startbeschleunigungsphase zusammen mit dem Haupttriebwerk benutzt werden und dem Orbitalbomber helfen, die Brennschlussgeschwindigkeit von 5000 Metern pro Sekunde zu erreichen, die für eine interkontinentale Reichweite erforderlich war. Man erhoffte sich dadurch die doppelte Reichweite im Vergleich zur normalen Version. Die Gewichtsverteilung des Staustrahl-Antipodenbombers wurde wie folgt angegeben: 70,5 Tonnen waren für den Raketenbrennstoff und 7,5 Tonnen Brennstoff für die Staustrahltriebwerke vorgesehen, neun Tonnen sollten auf die Zelle und die

Flügel, 2,5 Tonnen auf die Raketentriebwerke, 2,5 Tonnen auf die Treibstofftanks und acht Tonnen auf die Nutzlast und Ausrüstung entfallen.

Nach dem Krieg versuchten die Sowjets, eine Version ihres nachgebauten
Sänger-Bombers unter Leitung des Raketenforschers Keldysh ebenfalls
mit zwei großen Staustrahltriebwerken zu verwirklichen. Mitte der 1950er-
Jahre gab man das Programm auf, ohne dass wir wissen, wie weit man
vorher noch gelangte.

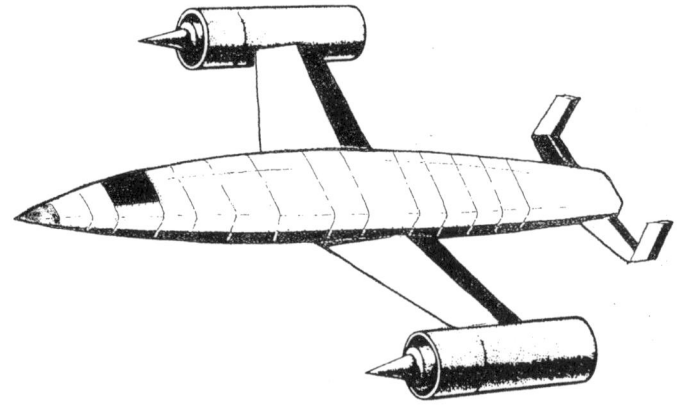

*Rekonstruktion des DFS/Siebel-Staustrahlbombers mit an den Flügeln
angebauten Staustrahltriebwerken ...*

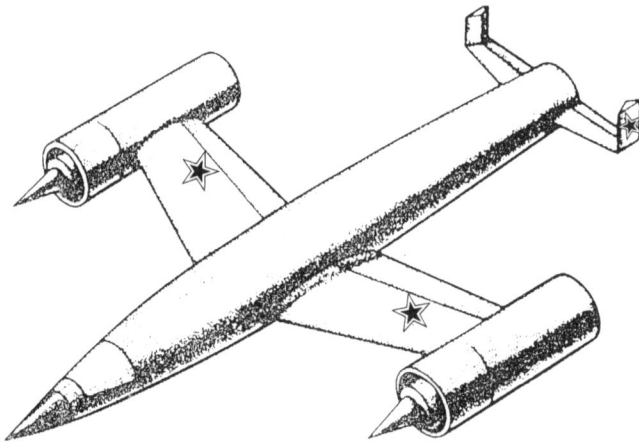

*... und die geplante Nachkriegsverwirklichung: Keldysh Staustrahlbomber-
projekt (1947, UdSSR)*

Dornberger-Ferngleiter

General Dr. Dornberger entwarf während der letzten Kriegsjahre Vorstufen eines militärischen Weltraum-Ferngleiters. (124A)

Wegen des Kriegsverlaufs musste Dornbergers zukunftsweisendes Projekt unvollendet bleiben. Ebenso wie Wernher von Braun wurde auch Dr. Walter Dornberger nach dem Krieg von der *US Air Force* gesponsert, um seine Kriegsprojekte aufzuarbeiten.

Dr. Dornberger arbeitete nun zusammen mit Krafft von Ehricke, einem weiteren Peenemünder, an seinem alten Entwurf weiter und beschrieb einen bemannten zweistufigen Huckepack-Raketenflugkörper, der hypersonische Geschwindigkeitsbereiche und interkontinentale Reichweiten bis zu 20 000 Kilometer erzielen konnte. (125)

Das von Dr. Dornberger entwickelte Prinzip basierte auf zwei geflügelten, bemannten Stufen, die nach dem Huckepack-Prinzip parallel aufeinander angebracht werden sollten. Dieses Konzept sollte später auch das »Space Shuttle« beeinflussen.

Das Mutterschiff besaß fünf Triebwerke.

Zwei Versionen des auf dem Mutterschiff aufgesetzten »Weltraumschiffes« sollten entstehen, ein suborbitales Weltraumflugzeug mit drei Triebwerken und eine Orbitalversion, die über vier Triebwerke verfügte. Beim Start sollten die Triebwerke beider Stufen zünden.

Bei den ersten Versionen war vorgesehen, lagerbare Treibstoffe (Visol) zu verwenden. Bei späteren Ausführungen sollten Flüssigsauerstoff und Flüssigwasserstoff eingesetzt werden.

Als Nutzlast der militärischen Version waren zwischen 2000 und 4000 Kilogramm schwere A-Bomben geplant.

General Dr. Dornbergers und von Ehrickes Ferngleiterprojekt wurde später von der Firma *Bell*, Dr. Dornbergers neuem Arbeitgeber in den USA, zur weiteren Bearbeitung übernommen. Das Hauptproblem der frühen Entwürfe war die, ohne Ausnutzung des »Wellenreiterprinzips«, zu geringe Reichweite, nachdem Dr. Dornberger vergeblich versucht hatte, Prof. Sänger zur Mitarbeit (und Übersiedlung in die USA!) zu gewinnen. Zumindest wurde dies als Argument bei der Ablehnung der Pläne Dornbergers von der konservativen *US Air Force* angeführt. Man wollte lieber eine große Anzahl gewöhnlicher B-47- und B-52-Bomber anschaffen.

Dr. Dornberger gab aber nicht auf. Aus dem Huckepack-Prinzip wurde ein Zweistufensystem. So entstand das »Bomi«-Raketenbomberprojekt der *US Air Force*, aus dem 1957 zum Abschluss das »Dyna-Soar«-Projekt hervorging. Dieses hoffnungsvolle und chancenreiche Weltraumflugzeug wurde aus kurzsichtigen Motiven heraus von der amerikanischen Regie-

R&D PROJECT CARD
CONTINUATION SHEET   **SECRET**
SECURITY CLASSIFICATION

1. PROJECT TITLE	2. SECURITY OF PROJECT	3. PROJECT NUMBER
(Conf) Hypersonic Glide Rocket Weapon System	Secret	System 464L
(Uncl) Hypersonic Strategic Weapon System	4.	5. REPORT DATE
		23 August 57

Corporation in this country. It is not surprising then that Bell approached
the USAF in 1952 with an unsolicited proposal for a Manned, Hypersonic Boost-
Glide Bomber/Reconnaissance Weapon System. Rand conducted investigations of
this concept in 1948 and the NACA published work on the subject in 1954. Since
1954, the ARDC has sponsored a considerable amount of work in the boost-glide
field. The following table summarizes this effort.

Contractors	Program	Effort	Year	P-600 Funds	Contractor Funds
Bell	BOMI	Feasibility	Apr 54-Apr 55	$246,000	$200,000
Bell	BOMI	Design Study	Sep 55-Dec 55	174,000	400,000
Bell	Brass Bell	" "	May 56-Aug 57	1,736,000	
Bell	ROBO	Feasibility & Design	1956 - Jun 57	None	Total for ROBO volun-
Boeing	ROBO	" "	Jan 56-Jun 57	None	tary studies by all
Convair	ROBO	" "	Jun 56-Dec 56	245,000	contractors
			Jan 57-Present	None	$3,200,000
Douglas	ROBO	" "	Jun 56-Jan 57	374,000	
			Jan 57-Present	None	
Martin	ROBO	" "	Jan 57-Present	None	
North American	ROBO	" "	Jun 56-Dec 56	240,000	
			Jan 57-Present	None	
Republic	ROBO	" "	Jun 56-Jun 57	None	
Lockheed	ROBO	" "	Jul 57-Present	None	
			TOTALS:	$3,015,000	$3,800,000

    d. Future Plans

       Upon receipt of Headquarters USAF Development Directive together with
necessary funds and other essential resources, ARDC and AMC will select a con-
tractor for the exploratory research part and two or more contractors to

DD FORM 613   PREVIOUS EDITIONS OF THIS FORM ARE OBSOLETE   SECURITY CLASSIFICATION   C7-115361   PAGE 9 OF 10 PAGES

Dieses US-Air-Force-*Dokument von 1957 zeigt die beträchtlichen Mittel,
mit denen die Amerikaner das Dornberger-Projekt verwirklichen wollten.
(126)*

rung Anfang der 1960er-Jahre gestoppt, obwohl bereits die ersten Astro-
nauten ausgebildet wurden, um mit diesem sensationellen Vehikel um die
Erde zu fliegen.
Das von Dr. Dornberger vor 1945 entwickelte Konzept eines Huckepack-
Mutter-Tochter-Weltraumflugzeugs wurde in den letzten Jahrzehnten von

Amerikanern und Russen wiederholt als chancenreiche Idee geprüft, ohne jemals verwirklicht werden zu können. Wieder war Peenemünde der Welt um Jahrzehnte voraus.

Weltraumwaffe: Die Fallschirm-Atombombe des Dornberger-Ferngleiters (nach Zeichnung des Projekts aus dem Jahr 1954) sollte durch Bänder-Fallschirme stark abgebremst werden.

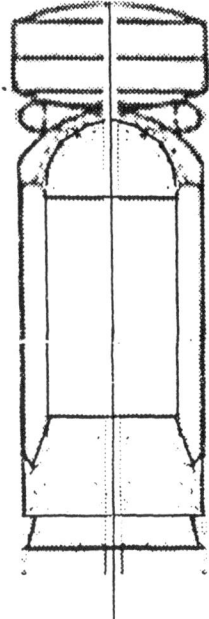

Convair *»Space Shuttlecraft«:*
Dieser Entwurf eines Weltraum-transporters wurde 1956 von dem ehemaligen Peenemünder Krafft von Ehricke veröffentlicht. Er war zu dieser Zeit für die Convair (Astronautics) Division *von* General Dynamics *tätig. Statt des US-Wappens auf den Tragflächen – wie auf dem* Revell-*Bausatz H-1828 ersichtlich – hätte dieser, leider nicht realisierte, Vorfahr des »Space Shuttle« historisch korrekt auch deutsche Balkenkreuze als Markierungen tragen können.*

D) Wie die Raumfähre entstand

Die langen Wurzeln des »Space Shuttle«

Die amerikanische Raumfähre »Space Shuttle« galt nach außen hin als die bemerkenswerteste Entwicklung in der bemannten Raumfahrt. Die tragische Katastrophe der Fähre »Columbia« im Februar 2003 beendete jedoch schlagartig die scheinbare Erfolgsgeschichte dieses Weltraumgefährts – und das, ohne dass ein Nachfolger in Sicht wäre.

Die NASA hatte sich im Mai 1971 für den Entwurf 040 der Firma *Rockwell* für ihr bemanntes Raumfahrtprogramm STS entschieden. Daraus ging dann das spätere »Space Shuttle« hervor.

Das Konzept des US-»Space Shuttle« entstand im Jahr 1969 auf den Zeichenbrettern der *Rockwell*-Ingenieure – jedoch nicht aus dem luftleeren Raum heraus. Genauso wie die »Cruise Missile« (V-1), die Interkontinentalrakete (A-9/10) und die »Saturn«-Raketen (A-11/12) basierte auch der »Space Shuttle« auf deutschen Kriegsentwicklungen.

Stöckels handgelenktes Raketenprojektil

Im Januar 1972 genehmigte US-Präsident Richard Nixon das STS (*Space Transportation System*), das später als »Space Shuttle« weltweit bekannt wurde. Kaum jemandem dürfte in diesem Zusammenhang allerdings bekannt sein, dass seine äußere Konfiguration bereits am Ende des Dritten Reichs entworfen wurde.

Es handelte sich dabei um das Projekt von Ingenieur Stöckel zur Schaffung eines manuell gesteuerten Raketenprojektils. Dieses kostengünstige Konzept enthielt ein kleines Tiefdeckerflugzeug, das nach dem Huckepack-Prinzip auf einer elf Meter langen Rakete angebracht war. Dieses Unterteil enthielt ein großes Flüssigkeitstriebwerk, Treibstoffreserven sowie die beträchtliche Nutzlast.

Der Pilot war in der oberen Komponente liegend untergebracht; sie sollte entweder von einem Staustrahltriebwerk oder von kleinen Düsentriebwerken angetrieben werden.

Im Flug sollte das manuell gesteuerte Raketenprojektil durch die Luftbremsen der Hauptrakete sowie mithilfe der Lenkflächen des oberen Teils gesteuert werden.

Die Waffe, deren Nutzlast weit größer gewesen wäre als bei der EMW A-4, sollte für Präzisionsangriffe bis zu einer Distanz von 300 Kilometern verwendet werden. Später wollte man diese Reichweite mithilfe von zusätzlichen Flügeln nach Art der A-4B vergrößern.

Beim Angriff sollte der Pilot mit der oberen Hälfte das Geschoss nach

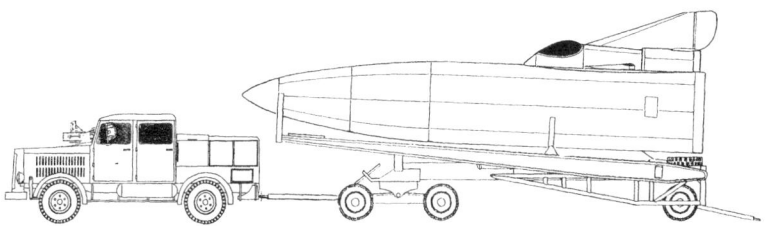

FAUN ZR (4 x 2) mit Infrarot-Nachtsichtgerät als Zugmaschine für Stöckels »Manuell gesteuertes Raketenprojektil« auf Meiller-Anhänger.

Mistelart ins Ziel lenken, in einer sicheren Distanz ausklinken und mit Hilfe des oberen Eigenantriebs zurückkehren.

Obwohl noch mehrere, sich hauptsächlich durch den Antrieb unterscheidende, Varianten des Stöckel-Konzepts entworfen wurden, gehört diese Anwendung des Huckepack-Systems zu den unbekannten Projekten des Dritten Reiches. Sie wäre wohl für immer in der Versenkung verschwunden, wenn nicht amerikanische Ingenieure Ende der 1960er-Jahre Rückgriff auf diese alte Akte, die in irgendeinem Panzerschrank lag, genommen hätten. Natürlich ist niemand bereit, dies heute zuzugeben.

Die Wiedererfindung des Hauptstromtriebwerks

Bei den Flügen des US-»Space Shuttle«-Transportsystems wurde in der Öffentlichkeit immer wieder der mit Wasserstoff-Sauerstoff betriebene Antrieb SSME bewundert. Dessen Hauptgeheimnis lag in seinem Hauptstrom-Arbeitsverfahren mit Hochdruckverbrennung.

Die Entwicklungsgeschichte des Hauptstromraketenantriebs geht in das Jahr 1942 zurück, als Dipl.-Ing. Karl Stöckel am Institut für Strömungsmaschinen bei der DVL in Berlin-Adlershof Überlegungen und eine Patentskizze zum Hauptstrom-Arbeitsverfahren für Flüssigkeits-Raketenantriebe vorlegte. (128)

Die in der Kriegszeit üblichen Brennkammerbauweisen für Flüssigkeitsraketen erlaubten es aus kühlungstechnischen Gründen nicht, den Verbrennungsdruck wesentlich über 15 bar anzuheben. Außerdem erlitten diese konventionell gebauten Flüssigkeits-Raketentriebwerke, die im sogenannten Nebenstromverfahren arbeiten, empfindliche Impulsverluste. Ziel Stöckels war es, diese Nachteile umgehen und gleichzeitig den Brennkammerdruck so weit erhöhen zu können, dass den flugzeugtechnischen Erfordernissen hinsichtlich kompakter Bauweise, geringer Masse und möglichst niedrigem Brennstoffverbrauch entsprochen werden konnte. Für seine Hauptstromarbeitsverfahren sah Stöckel zwei Stufen der Verbrennung voraus. Zunächst sollte eine Menge des Treibstoffs bei hohem Druck in einer Brennkammer vorverbrannt werden, um Turbinengas für den Antrieb der Treibstoffpumpen zu gewinnen. Im hinteren Teil der Kabine sollte dieses Gas unter Vermischung mit dem Hauptteil der Treibstoffmenge in der Hauptkammer vollkommen verbrannt werden. Darin lag ein wesentlicher Vorteil im Vergleich zum Nebenstromverfahren. Bei ihm musste das aus Temperaturgründen nur teilverbrannte Gas des Turbopumpenaggregats

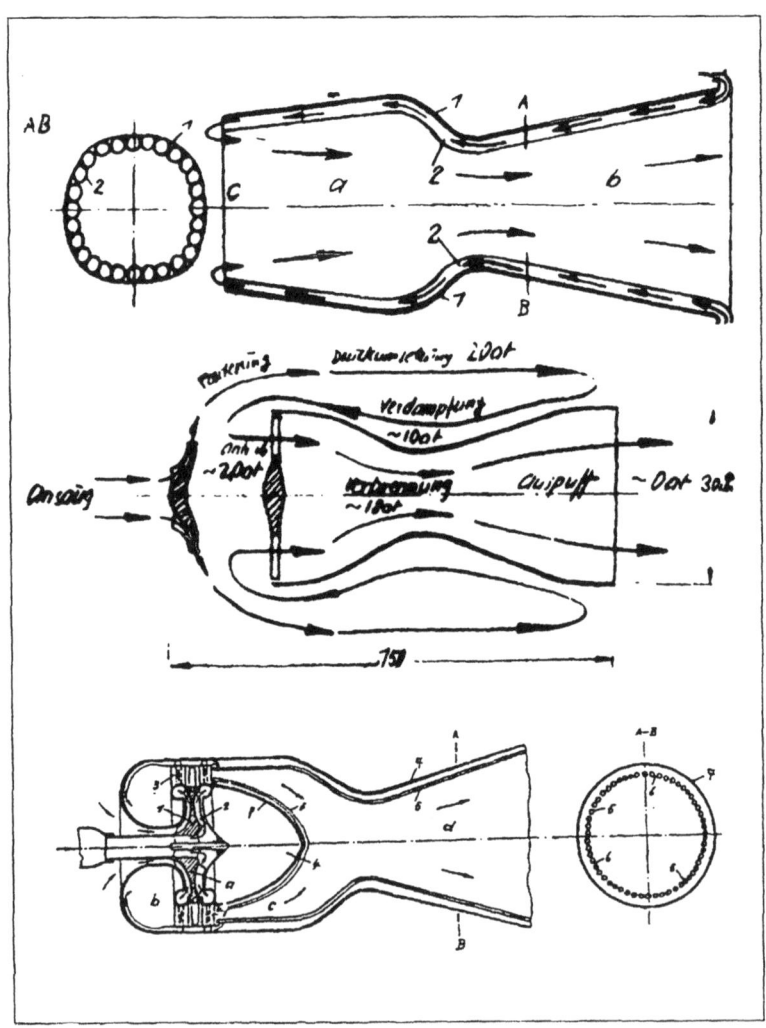

Patentskizze von Oberingenieur Karl Stöckel aus dem Jahr 1942 für ein Hauptstromtriebwerk für Flüssigraketentreibstoff (Archiv Daimler Benz)

außerhalb der eigentlichen Schubdüse mit zwangsläufig geringerem Wirkungsgrad verwendet werden. Gerade bei höheren Verbrennungsdrücken nahmen diese Verluste wegen des ansteigenden Leistungsbedarfs der Treibstoffpumpe immer stärker zu. Dies führte dazu, dass bei dem Nebenstromverfahren keine Leistungsgewinne mehr erzielbar waren.

Auch das Kühlproblem des Hochdrucktriebwerks hatte Stöckel gelöst, indem der kalte Sauerstoff den Kühlmantel der Hauptbrennkammer im Regenerativverfahren entgegen der Strömungsrichtung der Verbrennungsgase durchlaufen sollte.

Zur Sicherstellung einer ausreichenden Kühlwirkung durch die Brennkammerwandung sollte Kupfer anstelle von Stahl wegen seiner guten Wärmeleitfähigkeit verwendet werden. Die Mantelschalen der doppelwandigen Schubkammer wurden so entworfen, dass enge röhrenförmige oder rechteckig gefräste Kühlkanäle entstanden. Auf diese Weise konnte auch die notwendige Steifigkeit und Festigkeit der Hochdruck-Brennkammer erzielt werden.

So entstanden bereits 1942 alle Kennzeichen unserer modernen Brennkammerbauweisen für hochenergetische Raketentriebwerke. Wie weit man bis Kriegsende gelangte, ist bis heute nicht bekannt.

Nach dem Krieg wurde Stöckels Idee von ihm weiterentwickelt und 1956 patentiert. Die weitere Entwicklung erfolgte direkt über das Sauerstoff-Kerosin-Versuchstriebwerk P111 der Firma MBB in München/Ottobrunn bis hin zu dem von der Firma *Rocketdyne* für den Weltraumeinsatz nach deutschen Ideen produzierten Space Shuttle Main Engine (SSME).

Die zweite Basis des SSME war dann das Projekt HG-3 (»Hans G-3«) für einen starken, kompakten Wasserstoffantrieb. Sein »Vater« hieß Hans Georg Paul; er war einer großen unbekannten deutschen »Paperclip«-Raketentechniker im *Marshall Space Flight Center*.

Ziel verfehlt oder: Was man aus dem deutschen Konzept machte

Trotz jahrzehntelanger gegenteiliger NASA-Propaganda scheiterte der Versuch, aus dem Stöckel-Raketenprojektil in Verbindung mit dem aus der gleichen Zeit stammenden Hauptstromtriebwerk eine billige, zuverlässige Raumfähre zu schaffen.

Das »Shuttle« erwies sich stattdessen als teuer, kompliziert und unsicher. Umgerechnet starb bei jedem achten »Shuttle«-Flug ein Astronaut. Alle großen Hoffnungen hatten sich in Rauch und Feuer aufgelöst.

Diese nicht zu akzeptierende Bilanz ist aber keine Schuld der deutschen Weltkriegsingenieure, sondern geht auf die in den USA angewandte marode Technik moderner Erfinder zurück. Die nicht enden wollenden Probleme mit der Befestigung der Hitzeschutzkacheln und der Schaumstoffisolierung der Außentanks mögen als Sinnbild für dieses Versagen gelten. Die Hitzeschutzkeramik ist ebenfalls keine Erfindung der Amerikaner, denn die Drs. Eugen Ryschkewitsch, W. R. Bussem und B. C. Weber hatten während des Krieges als Experten bei der LFA (Luftfahrtforschungsanstalt) an Hochtemperaturkeramik und keramischen hitzeresistenten Überzügen gearbeitet. Nach dem Krieg wurden sie Teil des RAND-Teams in den USA. Die Firma RAND war eine Idee von Frank Colbohm, eines engen persönlichen Freundes von US-Luftwaffengeneral Arnold, und stellte eine wissenschaftliche Gedankenschmiede für Luftwaffen-Zukunftsprojekte dar. Die Forschungsthemen von RAND umfassten Gebiete wie Überschallflug, interkontinentale Lenkraketen, globalen thermonuklearen Krieg und die Verwendung des Weltraums als Schlachtfeld. Es ist also klar, dass die Hochtemperatur-Keramikforschung der drei deutschen Forscher auch mit Weltraumflügen zu tun hatte. (129A)

Spötter meinen, dass die USA nach der mangelhaften Umsetzung des »Space Shuttles« nun erneut dringend in dicken schwarzen Ordnern mit den Peenemünder Projekten blättern müssen.

Abteilung 6: Bemannte »Künstliche Monde« – die Vorläufer der Raumstation

Heute noch aktuell: die Berechnungen des SS-Sturmbannführers Engel

Die SS besaß während des Krieges eine Reihe von Forschungsinstituten für Raketenforschung. Das älteste befand sich in Grossendorf, wo unter der Leitung von Obersturmbannführer Rudolf Engel entscheidende Berechnungen durchgeführt wurden.

Ing. Rudolf Engel war in den letzten Jahren der Weimarer Republik einer der Hauptgegner von Dr. Dornberger und Wernher von Braun und hatte sich geweigert, nach der Machtergreifung Hitlers den Weg nach Kummersdorf zu gehen und sich dem Heereswaffenamt zu unterstellen, wie es Wernher von Braun tat. Als ihm daraufhin mit einem Verbot jeglicher privater Tätigkeit auf dem Raketensektor gedroht wurde, gelang es Ing. Engel mithilfe des SA-Führers Röhm, eine »Versuchsabteilung« aufzuziehen. Sie bestand aus Leuten des ehemaligen Raketenflugplatzes und seinen alten Mitarbeitern. Dann kam 1934 jedoch der Röhm-Putsch dazwischen, der Engel und seinen Mitarbeitern die Basis ihres Weiterarbeitens entzog.

Später trat Ing. Engel in die Dienste der SS und ging nach Kriegsende zusammen mit seinen Mitarbeitern Bödewadt und Hanisch nach Frankreich.

1947 und 1952 veröffentlichten die drei Experten in Frankreich und Deutschland dann umfangreiche Berechnungen über Aufstiegsbahnen, Umlaufbahnen, Logistik und Projekt- sowie Betriebskosten einer Raumstation. Im Gegensatz zu amerikanischen Berechnungen, die zur gleichen Zeit veröffentlicht wurden, gingen sie in ihren Arbeiten nicht von einer geostationären Umlaufbahn in etwa 36 Kilometern aus, sondern von einer Bahn in etwa 560 Kilometern Höhe. Dieser Wert war, wie das moderne Projekt »Skylab« zeigte, äußerst realistisch.

Ing. Engels Team wollte nicht ein eigenes Konzept für eine Raumstation vorstellen, sondern grundlegende, auf den technischen Realitäten der Weltkriegsforschung in Deutschland basierende Aussagen beisteuern. (130) Diese Forschungen stellen damit den Grundstein für Überlegungen dar, wie sie uns in den heutigen Raumstationen begegnen.

Hitlers »Kampfstern Galaktika«, das Projekt »Schrecklichkeit«

Der »Krieg der Sterne« wurde nicht von Ronald Reagan, der das SDI-Projekt propagierte, oder George W. Bush erfunden, sondern von Wernher von Braun.

Der Raketenforscher hatte bereits mit der A-4 die erste Großrakete der Welt entwickelt, mit der man den Rand der Atmosphäre erreichen konnte, und mit der A-9/10-Interkontinentalrakete war es ihm gelungen, bis in die niederen Bahnen des Orbits vorzustoßen.

Als wahren Zweck seiner Raumaktivitäten sah Wernher von Braun jedoch die Konstruktion von Weltraumstationen an. Dazu gehörten neben der berühmten Weltraumspiegelwaffe »Fliegende Artillerie Hitler« (131) auch Observationsstationen und eine radförmige Raumstation als Startrampe für erdumkreisende Geschosse mit Kernsprengköpfen. (132, 133)

Ein rotierendes Rad als Kernstück einer Raumstation war allerdings nicht von Brauns Erfindung, wie heute meist angenommen wird. In Wirklichkeit geht diese Erfindung von Raumstationen auf den Österreicher Hermann

Potocnik zurück, der am 22. Dezember 1892 in Pola (damals Österreich) geboren wurde. Schon 1929 legte Potocnik unter dem Pseudonym »Hermann Noordung« ein Buch vor, in dem er als Erster eine detaillierte Studie über den konstruktiven Aufbau einer Raumstation vorlegte. Potocnik ging dabei von dem in dieser Zeit verfügbaren Grundlagenwissen über die Raumfahrt aus und ließ bei der Beschreibung seiner aus drei Komponenten (Wohnrad, Energiestation und Observatorium) bestehenden »Raumwarte« das raketentechnische Transportproblem unberührt. Insbesondere sein »Wohnrad«, die in drei Objekten aufgelöste und durch Kabel verbundene Raumstation mit Parabolspiegel zur Ausnützung der Sonnenenergie, lässt interessante Vergleiche mit heutigen Entwicklungen und Plänen zu. (133A) Für das Problem des Transports hatte Wernher von Braun eine Lösung: Vorfabrizierte Sektionen der Raumstation sollten Stück für Stück mit mehrstufigen Raketengleitern des Typs EMW A-13 in den Weltraum transportiert und dort zusammengebaut werden. Die Nutzlast der A-13 sollte 30 Tonnen betragen.

Die geplante Orbitalflugbahn der deutschen Raumstation über dem Erdäquator sollte in einem Erdoberflächen-Abstand von 36 000 Kilometern verlaufen. (133B, 133C)

Wernher von Brauns Raumstation wurde in ausgeschmückter Form im Jahr 1953 im amerikanischen *Colliers Magazin* durch Illustrationen von Chesley Bonestell weltberühmt. In Wirklichkeit handelte es dabei jedoch nicht um eine friedliche Konstruktion, sondern vielmehr um eine »endgültige Waffe«. Die Weltraumstation sollte ursprünglich nicht als Startrampe für friedliche Expeditionen in Richtung Mond und Mars dienen, wie es im *Colliers Magazin* dargestellt wurde, sondern Träger und Startrampe für erdumkreisende Geschosse sein, gegen die Abwehrmaßnahmen nicht möglich waren.

Wernher von Braun sagte: »Feuern wir von der Station in rückwärtiger Richtung eine mit Kernsprengkopf und Tragflächen bestückte Rakete ab, so kann das Geschoss in die Erdatmosphäre eintauchen und eine hohe Zielgenauigkeit erreichen. Der Kernsprengkopf lässt sich exakt über dem Ziel zur Explosion bringen.«

Die Weltraumstation sollte gleichzeitig als Präventivschlagmittel gegen unbotmäßige Weltraumkonkurrenz dienen. Wernher von Braun erklärte: »Vermögen wir, unseren künstlichen Trabanten zu etablieren und seine Weltraum-Boden-Geschosse einsatzbereit zu machen, dann können wir jeden Versuch des Gegners, unsere Weltraumfestung herauszufordern, im Keim zunichte machen! Weit besser wäre es aber, wir könnten dem Gegner ein entschlossenes, machtgestütztes ›Nein!‹ entgegenhalten, wenn er sich erst anschickt, seine bemannten Raumfahrtzeuge zu entwickeln, und noch besser wäre es, wir könnten vereiteln, dass er die erforderlichen Teststrecken und Startplätze überhaupt aufbaut. Berücksichtigt man, dass die Station alle bewohnten Gebiete der Erde überfliegt, dann erkennt man, dass eine derartige Atomkriegstechnik den Erbauern des Satelliten die bedeutendsten taktischen und strategischen Vorteile bietet, die es in der Kriegsgeschichte je gegeben hat.«

Aus den Erinnerungen und Aufzeichnungen Julius Schaubs geht zudem hervor, dass Hitlers Dokumentenschatz auch viele Planungen solcher Art enthalten hatte. Darunter waren »Künstliche Monde«, von denen gewaltige Raketen gegen feindliche Länder hätten abgeschossen werden können. Hitler, so Schaub, habe viel davon gehalten. Er habe unter seinen Denkschriften eingehende Berechnungen gegeben, die bewiesen, dass Raketenlandungen auf solchen künstlichen Weltrauminseln ohne Bruch möglich seien. (134)

Dass es bei dem ehemaligen Kriegsprojekt »Schrecklichkeit« um nichts anderes als um die Weltherrschaft ging, wird klar, wenn man die Äußerungen von General John W. Medaris betrachtet, dem ehemaligen Chef der *Army Ballistic Missile Agency*. Medaris schrieb, dass es ihm und Wernher von Braun schon seit Jahren klar gewesen sei, dass der erste Staat, dem es gelingen würde, eine ständige bemannte Weltraumstation zu errichten,

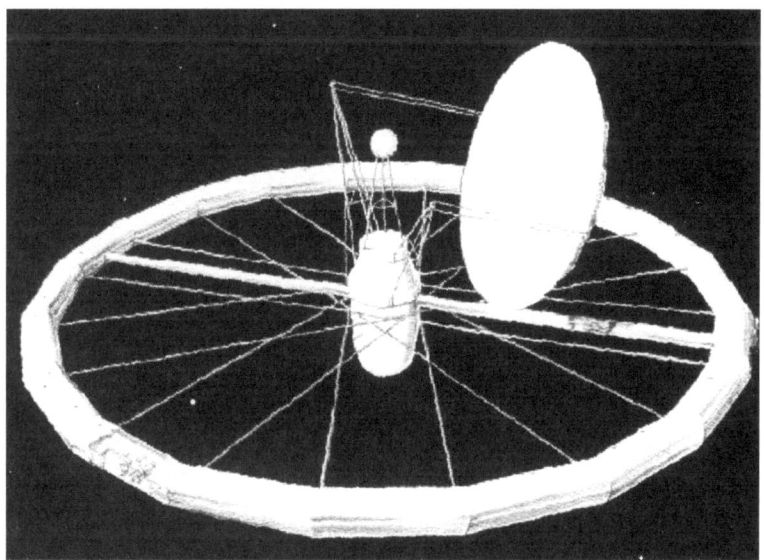

Wernher von Brauns Zeichnung seiner Raumstation im Auftrag der US Army *(1946)*

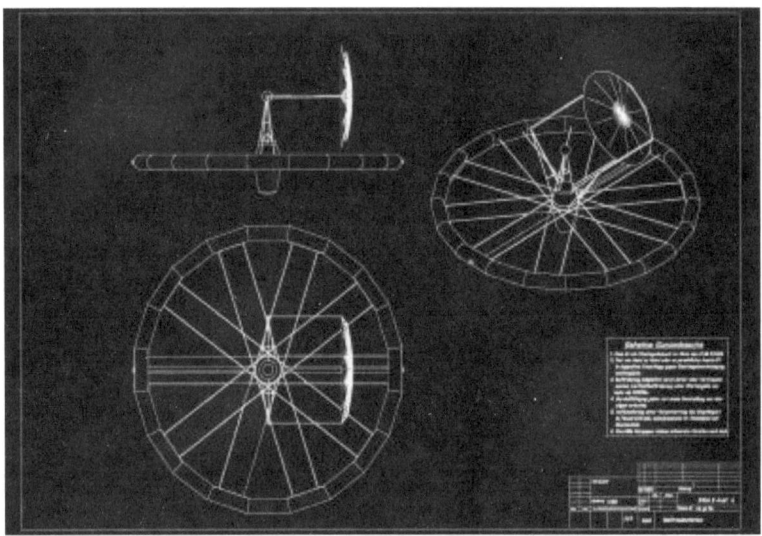

Originalplan der deutschen Raumstation aus der Kriegszeit

einen riesigen Schritt zur Beherrschung des ganzen Planeten gemacht hätte.

Das Konzept von Wernher von Brauns »Kampfstern Galaktika« hat bis heute nie etwas von seiner Faszination auf die Generäle der Großmächte verloren. Diese Idee aus dem Dritten Reich tauchte später bei den Siegern immer wieder auf. Als die *US Air Force* im Mai 1959 militärische Anwendungen des »Orion«-Projekts plante, entwarf man einen 1650 Tonnen schweren »Continent-Buster« (»Kontinent-Zerstörer«), der als Abschreckung mit multiplen Atomsprengköpfen über den Köpfen des Feindes im Orbit »hängen« sollte. Der Name dieses Waffensystems lautete »The Horrible Weapon«. Zu Deutsch: »Projekt Schrecklichkeit«! (135) Nicht einmal den Namen hatte man geändert!

Während Russland lange die finanziellen Mittel zur alleinigen Verwirklichung eines derartigen Projektes fehlten, erzählte der ehemalige Chef der amerikanischen NORAD, General Joseph W. Ashy, schon im Jahr 1996: »Wir werden im Weltraum kämpfen. Wir werden sowohl aus dem Weltraum herauskämpfen als auch in das Weltall hinein.« Dazu ergänzte die »Weltraumkommission« des Verteidigungsministers Donald Rumsfeld im Jahr 2001: »Es ist auch möglich, Macht im und aus dem Kosmos zu projizieren, um auf Vorkommnisse überall in der Welt zu reagieren.« Das Ganze war und ist nichts anderes als die Wiederaufnahme alter deutscher Kriegspläne!

Abteilung 7: Revolutionäre Antriebstechniken

Neben dem Raketen- und Staustrahlantrieb wurde in Deutschland während der Kriegszeit an weiteren neuartigen Antriebstechniken gearbeitet. Teilweise sind sie bis heute noch nicht eingeführt worden.

Wie die Hyperschalltriebwerke entstanden

Im Jahr 2005 erreichte das NASA-Versuchsflugzeug X-43A eine Geschwindigkeit von Mach 9,8. Damit brach es seinen Eigenrekord von Mach 6,83, den es erst im März des genannten Jahres aufgestellt hatte. Diese Hyperschallgeschwindigkeit erreichte die X-43A mit einem sogenannten »Scramjet-Antrieb«, bei dem es sich um eine Weiterentwicklung des Staustrahltriebwerks (Ramjet) handelt.

Die Erfindung der Ramjets fand nicht in Deutschland statt, sondern wird dem Franzosen Lorin im Jahr 1913 zugeschrieben. Die ersten realistischen Arbeiten an Staustrahltriebwerken wurden aber im Dritten Reich kurz vor und während des Zweiten Weltkriegs begonnen. Protagonisten der Idee waren H. Walter, Prof. Dr. Sänger, die Firma BMW, Dr. Pabst und Dr. Oswatitsch.

Das Problem beim Staustrahltriebwerk war lange Zeit, einen Lufteinlauf zu entwickeln, durch den der bei Überschallgeschwindigkeiten auftretende Effekt der Luftverzögerung beseitigt und die anschließende Verdichtung des Luftstroms erreicht werden konnten. Die Lösung dieses Problems wurde beim Kaiser-Wilhelm-Institut für Strömungsforschung (KWI) Göttingen gefunden, wo Dr. Klaus Oswatitsch und sein Assistent Harald Böhm unter Prof. Prandl eine geniale Erfindung machten. Sie entwickelten den multikonischen Überschalleinlaufdiffusor. Der neue Oswatitsch-Einlaufdiffusor war in der Lage, den Überschallluftstrom beim Einlauf abzubremsen und in Stufen zu komprimieren, indem man mehrere Schockwellen verwendete. So wurde die störungsfreie Arbeit des Systems bei höheren Geschwindigkeiten des Flugzeugs möglich. (136, 137)

Bis 1943 hatte Oswatitsch genügend Daten über seinen Einlaufdiffusor gesammelt, um die Resultate zu veröffentlichen. Noch bevor der Krieg endete, war es ihm möglich, bei Tests mit größeren Triebwerksmodellen bis zu Mach 4,4 in dem großen Windkanaltestgelände in Kochel zu erreichen. Zur Erleichterung seiner Entwicklung erhielt Oswatitsch vom Heereswaffenamt die Zusicherung, einen speziell für seine Staustrahltrieb-

Diese Seite und die beiden folgenden: Der CIOS-Bericht XXX-81 beweist, dass Dr. Oswatitsch bis Kriegsende schon Leistungsstudien für Flügel- raketen und Hyperschallflugzeuge mit Tausenden von Meilen Reichweite und Geschwindigkeiten bis zu 2000 Meilen je Stunde (über 3200 Kilometer pro Stunde) ausgearbeitet hatte.
In etwa 30 Kilometern Höhe operierend, entsprechen diese Systeme in etwa den »Traummaschinen« des 21. Jahrhunderts.

Survey of German Ramjet Developments, (cont'd).

largely reported in three (3) War Department publications (cf. Refs. 9, 10, 11 of Appendix I). Oswatitsch concentrated the majority of his effort on the two (2) problems of obtaining a supersonic diffusor with high pressure recovery and of developing an external shape for the complete missile and ramjet which would have relatively low drag. He found that the two (2) problems are closely related and are, in fact, somewhat contradictory in their requirements, so that his final proposed design represented a compromise in respect to both diffusor efficiency and external drag.

(b) The starting point of his diffusor development was the observation that at high Mach numbers a conventional contracting tube type of supersonic diffusor always involves a normal shock at or before the tube entrance if the contraction exceeds a (rather small) limiting amount. The entropy increase through such a normal shock at high Mach numbers is large, which means that the total pressure downstream of the shock is only a small fraction of the reservoir pressure which would adiabatically produce the free stream Mach number. This means that the pressure recovery from such a diffusor is relatively low, i.e., the diffusor efficiency is small. On the other hand, the loss in a normal shock at Mach numbers only a little greater than 1 is very small, and it is possible to reduce a high Mach number to a lower one with little loss by requiring the air to cross an oblique shock, or better still, a succession of oblique shocks.

(c) In view of the above considerations, Oswatitsch set out to develop a diffusor in which the air was slowed down to a Mach number close to 1 by means of a series of oblique shocks and only then passed through a normal shock and into a conventional subsonic diffusor leading to the combustion chamber of the ramjet.

(d) Many calculations were made and very comprehensive tests were carried out, mostly at a Mach number of 2.9. A large number of modifications was investigated before the final compromise design was arrived at. Both the theoretical and experimental work are very completely presented in the three (3) reference reports. A sketch of his final design is given below to give a conception of both his diffusor and the complete shell.

(e) The most important results obtained at M = 2.9 are as follows: Drag Coefficient based on Frontal area = 0.34

-13-

entwicklung geeigneten Windkanal zu bauen. Die Spezifikation dieses Tunnels schloss einen Arbeitsdurchmesser von 150 Millimetern und eine Geschwindigkeit von Mach 2,9 ein. Bereits im Sommer 1945 sollte ein Einsatz ohne Verbrennung und ab Herbst mit Verbrennung möglich werden. Bei Kriegsende war der Windkanaltunnel noch nicht ganz fertig.

Die Erfindung von Oswatitsch revolutionierte die Hochgeschwindigkeitstriebwerksforschung in der Nachkriegszeit. Sein Einlaufdiffusor wurde sowohl bei Staustrahl- als auch bei Düsenraketen und Düsenflugzeugen verwendet, sobald ihre Geschwindigkeit Mach 2 erreichte oder überschritt. Von speziellem Wert für Überschallflugzeuge war Oswatitschs Erfindung

Survey of German Ramjet Developments, (cont'd).

Air

Oblique
Shocks | Normal Shock | Subsonic Diffuser | Combustion Chamber | Laval Nozzle

$$\frac{\text{Pressure in combustion chamber}}{\text{Free air atmospheric pressure}} = \text{Compression Ratio} = 19$$

Compression Ratio for simple supersonic
diffusor with normal shock at entrance = 11

(f) The results are not much affected by small angles of attack
of up to 3 or 4 degrees, and moderate variations in free stream Mach
number, in the region of the design value, also cause no great change
in the flow conditions.' The drag is hardly at all larger than that of
a conventional shell, and the pressure recovery of the diffusor, as shown by the compression ratio reached, is remarkably good.

(g) Although no tests with combustion have been reported, Oswatit-
ach had worked on the combustion problem and feels that there is no essential difficulty if the fuel is vaporized and preheated (as in Pabst's
subsonic ramjet) before being fed to the combustion chamber.

(h) Oswatitsch had also been making performance studies on large,
winged supersonic missiles or aircraft with ramjet power. At M = 3, he
calculates overall thermodynamic efficiencies of between 40 and 50 percent with combustion chamber temperatures of 1700 degrees centigrade.
These extraordinarily high efficiencies, resulting from the high compression ratio, make him very confident that such aircraft can be con-
structed to fly several thousand miles at altitudes of 20 to 30 kilometers and speeds of 1,500 to 2,000 miles per hour.

- 14 -

deshalb, weil der Zentraleinlauf längs des Einlasses bewegt werden konnte, sodass man die Schockwellen justieren konnte, um den verschiedenen
Geschwindigkeiten und Höhen zu entsprechen. Von Englands (Bristol)
»Bloodhound«-Rakete über die US-Flugkörper »Bomarc«, »Hound Dog«
und die »Talos«-Rakete bis hin zu Militärflugzeugen wie der Mig-21, der
Mirage-3, dem »Starfighter« oder dem Mach-3-Flugzeug Lockheed SR-71
verwendeten alle die Idee von Oswatitsch aus dem Jahr 1941.
Sein lebenswichtiges Prinzip der Einlassdruckveränderung mittels Schockwellen bestimmt noch heute die Entwicklung von Hochgeschwindigkeits-
flugzeugen.

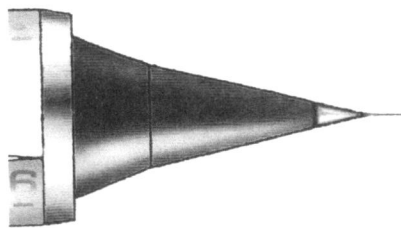

Oswatitschs Einlaufdiffusor am Beispiel des Mach-4-Trommsdorf-D-6000-Interkontinentalflugkörpers. Im Jahr 1944 genauso modern wie 2008 ...

Prof. Dr. Sänger ging noch weiter. Er stellte bereits während der Kriegszeit fest, dass sich über Mach 5 erhebliche thermodynamische und festigkeitsmäßige Probleme ergeben, die zum Übergang auf eine Überschalldurchströmung des Staustrahltriebwerks zwingen. Bisher war es im Staustrahltriebwerk unmöglich, die Luft im Einlaufkanal auf Unterschallgeschwindigkeit zu verzögern, da das Triebwerk der dabei entstehenden Druck- und Temperaturerhöhung nicht gewachsen war. Bei Mach 7 beispielsweise würde der Druck in der Brennkammer 20 Kilogramm pro Quadratzentimeter übersteigen. Deshalb musste in der Brennkammer eine Überschallströmung in Kauf genommen werden. Es ist nicht bekannt, ob schon während der Kriegszeit nachgewiesen war, dass ein Brennstoff-Luft-Gemisch bei Überschallgeschwindigkeit verbrennen würde. Bis 1964 war diese Frage angeblich offen, danach war nachgewiesen, dass dies möglich ist. Hier setzte Prof. Sänger an, als er eingehende Studien und Patente über die Kombination von Strahlentriebwerken/Staustrahltriebwerken und Vollstaustrahl-/Raketentriebwerken ausarbeitete.

Eine besondere Forschungsrichtung dient heute der Scramjet-Triebwerkkombination aus Düsentriebwerk mit Staustrahl- und Raketenteil, sozusagen eine dreistufige Lösung zur Reise in das Weltall. Die Umschaltung auf die jeweilige Triebwerksstufe oder Triebwerkseinheit muss hier durch ein aufwendiges Klappensystem geschehen, mit dem die einströmende Luft umgelenkt wird. Das Hauptproblem besteht darin, dass sich Treibstoff und Luft schnellstens und genügend vermischen müssen, wenn die Luft mit hohen Geschwindigkeiten durch die Brennkammer gejagt wird.

Ein wichtiger Unterschied zwischen Ramjet und Scramjet besteht darin, dass die Verdichtung beim Ramjet mit einem geraden Verdichtungsstoß im Einlaufteil beendet ist, wobei die Luftgeschwindigkeit von Über- auf Unterschall verringert wird, während beim Scramjet die Eintritts-Machzahl in die Brennkammer etwa ein Drittel der Flug-Machzahl betragen soll. Wie weit hier die Forschungen im Dritten Reich noch kamen, ist nicht bekannt. Jedes Flugzeug baut im Überschallbereich vor dem Rumpf und den Kanten der Tragflächen eine Druckschwelle auf, die als Schockwelle bezeichnet

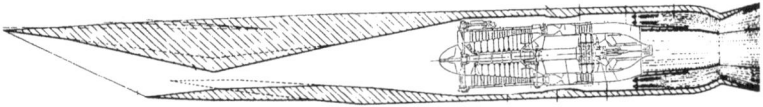

BMW-Entwurf für Sänger-»Scramjet«-Kombinationstriebwerk aus BMW-109-018-Strahltriebwerk und umschließendem Staustrahlrohr (Rekonstruktion).

wird. Das heißt, das angehende Überschallflugzeug wird so schnell, dass die Luft nicht mehr rechtzeitig ausweichen kann. Dadurch entsteht ein Widerstand, der mit steigender Geschwindigkeit immer stärker wird. Je stumpfer (ab Flügelvorderkante) der Flügel des Flugzeugs, desto kräftiger wird die Schockwelle und damit der Widerstand. Deshalb haben Überschallflugzeuge ganz scharfe Kanten. Die Schockwellen liegen sehr nah an den Kanten, und dort wird die Luft extrem heiß.
Eine weitere Ausnutzung der Regeln des Fluges mit Hyperschallgeschwindigkeiten war deshalb das Wellenreiterprinzip. Hier sollte das Flugzeug auf seiner eigenen Schockwelle »surfen«. Das Idealziel war, eine Triebwerksintegrierung (Staustrahl) in die aerodynamischen Eigenschaften der Flugkörper zu erreichen.
Offensichtlich haben die Amerikaner dieses Prinzip bei ihrer X-43A zur Erreichung überragender Machzahlen angewendet. Aber auch dies ist keine neue Idee, denn wenn man Prof. Sängers Entwurf einer Staustrahlversion seines Antipodenbombers näher betrachtet, ist auch hier bereits in den 1940er-Jahren die Idee entstanden, über eine entsprechende Triebwerksindikation die aerodynamischen Voraussetzungen zum Reiten auf der Schockwelle zu schaffen. Wie weit diese Idee bis Kriegsende in die Praxis umgesetzt werden konnte, ist unbekannt. Als Prof. Oberth derartige Vorschläge für »Staurohrflugzeuge« 1945 in einem »Dustbin«-Bericht aufführte, erschien dies den »Interrogators« der Alliierten so hirnverbrannt, dass sie seine sofortige Entlassung nach Hause befürworteten. (137A)
Heute ist schon gewiss, dass reine Staustrahltriebwerke in dünneren Luftschichten bis 70 Kilometern Höhe mehr als Mach 7 erreichen können, wobei sich der Treibstoff (Flüssigwasserstoff) außerdem zu Kühlzwecken im Triebwerks- und Zellenbereich nach den Ideen Prof. Sängers verwenden ließe.
Die X-43A der NASA war mit ihren Mach 9,8 zwar nur ein Versuchsüberschallflugzeug. Auf dem Papier gab es in den 1960/70er-Jahren sowohl in den USA als auch in Frankreich, England, Deutschland und Russland mehrere Vorschläge staustrahlgetriebener Hyperschallflugzeuge militäri-

scher und ziviler Art, teilweise sogar mit Nuklearantrieb. Bis jetzt blieben sie alle in der Schublade.

Nach Überwindung der finanziellen Probleme, die die Forschung an derartigen Raumtransportern behindern, wird irgendwann klar sein, dass das von deutschen Forschern während des Zweiten Weltkriegs realisierte Staustrahltriebwerk in seiner Ausführung mit Überschallverbrennung die letzte große Lücke im Geschwindigkeitsspektrum der Luftfahrt überwinden wird und auch einen praktikablen Übergang zur Weltraumfahrt darstellt.

Knallgasantrieb

Als Antrieb von Hyperschallflugzeugen wäre auch Knallgas in Frage gekommen, bei dem durch die Reaktion von dem Brennstoff Wasserstoff und dem Oxydator Sauerstoff Wasser und Energie entstehen. Nachkriegsstudien haben erwiesen, dass eine wichtige Voraussetzung für die Erreichung von Geschwindigkeiten um Mach 6 die Verwendung von hochenergetischen Kraftstoffen wie z. B. Flüssigwasserstoff war, wenn man entsprechende Reichweiten erzielen wollte.

Ein CIOS/BIOS-Bericht vom 20. April 1946 zeigt, dass auf deutscher Seite bei Kriegsende bereits an einem Knallgasantrieb für Raketen mit großem Erfolg gearbeitet worden sein muss.

Der österreichische Wissenschaftler Dipl.-Ing. Kurt Speil beschrieb darin seinen alliierten Vernehmern, dass die Deutschen hierbei schon recht weit gekommen waren.

Speils Methode, um »Knallgas« zu verwenden, habe bei den Deutschen in recht hohem Ansehen gestanden. Die ganzen Forschungsarbeiten an einem Modell, das diesen Treibstoff verwendete, seien in den Laboratorien der Technischen Hochschule Wien bereits komplett abgeschlossen gewesen.

Einsatzfähige Exemplare seines Triebwerks hätten bereits existiert, aber er behauptete seinen Vernehmern gegenüber, nicht zu wissen, wo sich diese befanden. Das ganze Projekt sei bei Kriegsende praktisch produktionsreif gewesen.

Ingenieur Speil gab an, dass Flugzeuggeschwindigkeiten im Überschallbereich mit diesen Triebwerken erwartet würden, und dass sein Spezialtreibstoff in »raketenartigen« (Rocket-Like)-Flugzeugen verwendet werden sollte. (138)

Das BIOS-Dokument beweist, dass die Deutschen sich mit der Realisierung von Wasserstoffantriebssystemen beschäftigt haben und möglicherweise bereits vor der Serienfertigung standen. Als Verwendungszweck

CONFIDENTIAL

MINISTRY OF SUPPLY

Interrogation Report No. 270
Ref. No. AIU/PIR/72
10 Oct 46

BRITISH INTELLIGENCE OBJECTIVES SUB-COMMITTEE

DIPL. ING. KURT SPEIL

Target No. C4/319

Main Interest: Rocket Fuels (Gr 2)

1. PERSONAL HISTORY:

(a) Citizenship: Austrian

(b) Address: (Permanent) Ramsan 1, Bad Ischl, Austria.
            (Present) Camp Marcus W. Orr, Salzburg, Austria.

(c) Date and place of birth: 30 October 1920, Vienna, Austria.

(d) Description: 5 ft. 9 inches tall, thin, blond, glasses, married.

(e) Education: He obtained two degrees: (1) Ing. in electricity from the
Hoehere Staats und Versuchslehranstalt, Vienna in 1939; (2) Dipl. Ing. in
chemistry from the University of Goettingen, Germany in 1943.

(f) Political Affiliations: Obertruppfuehrer (Sgt) with the Navy SA since
1939.

(g) Military Service: Obergefreiter (private first class) in the infantry
from October 1940 to May 1943. (During his military service, subject
received two furloughs to complete his studies. His actual service totalled
only 10 months. The remainder was spent in school.)

2. OCCUPATIONS: Source served as Research Engineer with Telefunken, Berlin
from June to September 1939 and primarily concerned himself with construction and
production problems pertaining to FUGE 16. Upon his release from the army
(Medical Discharge in May 1943), Speil established a laboratory of his own in
Vienna and at about the same time he went to work for the construction office of
Siemens & Schuckert, Vienna, where he was employed as a high frequency engineer.

3. GENERAL INFORMATION: For a time Speil was employed in fulfilling
German Navy requests in investigating the explosive effects of torpedoes. Then
when the Luftwaffe became interested in his A/C engine that operated with a
hydrogen-oxygen explosive gas he left Siemens & Schuckert to concentrate on this
development. He claims that the method in which he hoped to utilize "Knallgas"
was highly regarded by the Germans and that he has as yet not given any details
of the matter to any Allied agencies. He describes the fuel (Knallgas) as a
mixture of hydrogen and oxygen which is to be used in "rocket-like" aircraft.
All research work on a model utilizing this fuel had been completed in the
laboratories of the Technische Hochschule, Vienna. He claims that operational
models also existed but pleads ignorance as to their present whereabouts. The
entire project he describes as having been practically ready for production at
the end of the war. He claims that aircraft powered with the special engines
using this fuel were expected to attain flying speeds in the neighbourhood of
1,200 kph.

4. INTERROGATION PLAN: Speil will be interrogated on both the details
of his fuel and on the type of engine in which it is to be used. Any headquarters desiring further information are requested to forward a brief, outlining
information desired to Chief, Intelligence Section, Air Division, USFA.

20 Apr 46   LUDWIG F SCHMIDT
                                 Captain, Air Corps,
                                 Chief Interrogator,
                                 Air Division, H.Q. U.S. Forces in Austria.
                                 Air Interrogation Unit

CONFIDENTIAL   (I.R. No. 270

BIOS-Bericht über Ing. Kurt Speil

dieser Triebwerke wurden im CIOS-Bericht »raketenähnliche« Flugzeuge angegeben, worunter sich die Alliierten damals noch nicht viel vorstellen konnten. Mit unserem heutigen Wissen ist jedoch klar, dass es sich dabei um Hyperschallflugzeuge gehandelt haben muss, die als Mischung zwischen Rakete und Flugzeug im erdnahen Raum operieren sollten.

Ein »Idealantrieb« für Raumflugzeuge

Warum kann man nicht einfach mit einem Flugzeug von der Erde aus ins All fliegen und immer weiter auf rund 250 Kilometer Höhe steigen, um dann wie ein Satellit um den Globus zu kreisen?

Das technische Dilemma besteht darin, dass sich Flugzeuge und Raumflugzeuge in völlig verschiedenen Welten bewegen müssen. Ein Flugzeug braucht die Atmosphäre, deshalb fliegen die heutigen Düsenjets auch meist nur in zehn bis zwölf Kilometern Höhe, Kampfflugzeuge erreichen rund 20 Kilometer. Mit zunehmender Höhe wird die Luft immer dünner, die Flügel erzeugen nicht mehr den nötigen Auftrieb, und die Triebwerke leiden unter Atemnot.

Wollte man mit einem Flugzeug ins All, müsste es sich deshalb während des Fluges in eine Rakete verwandeln. In der Atmosphäre mit Düsenmotoren fliegend, die die Umgebungsluft nutzen, müssen im Weltraum Raketen für den nötigen Schub sorgen.

Ideal wären dafür Hybridtriebwerke geeignet, die sowohl Düsen- als auch Raketenmotoren sind. Sie gelten aber selbst heute noch als technisch extrem aufwendig.

Tatsächlich wurden derartige Triebwerke bereits im Dritten Reich entwickelt. Das in diesem Buch noch weiter hinten erwähnte Institut Z. H. F. der Luftwaffe in Ulm/Dornstadt arbeitete dazu an einer Kombination eines Staustrahltriebwerkes mit einer Rakete und einem konventionellen Düsentriebwerk, wobei die Turbine hinter der Verbrennungskammer des Staustrahltriebwerks angebracht werden sollte.

Das Ulmer Hybridtriebwerk sollte als Treibstoff eine milchweiße Flüssigkeit verwenden, die einen sauren Geruch hatte und schnell verdampfte. Das Verdampfen sei nach Aussagen eines Kriegsgefangenen von einer schnellen Temperaturabkühlung begleitet gewesen. Worum es sich bei dem mysteriösen Treibstoff gehandelt hat, blieb bis heute genauso unbekannt wie die Leistungsangaben dieses Zukunftstriebwerks. (139, 140)

Die Hybridtriebwerktechnologie hat sich bis heute nur schwer durchsetzen können.

Bleibt festzuhalten, dass bereits am Ende des Krieges eine Entwicklung existierte, die es Flugzeugen ermöglicht hätte, von der Erde aus ins All zu fliegen.

Raumschiff mit Atomantrieb

Heute übliche »chemische« Antriebe beschleunigen Raketen und Raumsonden auf »nur« 29 000 Kilometer pro Stunde, und die beim Abschuss 3000 Tonnen wiegende »Saturn 5«-Rakete Wernher von Brauns war gerade einmal in der Lage, drei Mensch zum Mond zu bringen – und wieder zurück.

Es gab also nur zwei Wege, um in puncto Leistungs- bzw. Geschwindigkeitssteigerung weiterzukommen: eine weitere, viel größere »chemische Antriebsstufe« am Raketenende hinzuzufügen oder etwas völlig anderes an die Spitze zu montieren. Eine solche Möglichkeit war der Einbau eines Atomreaktors in die oberen Stufen. Dieser könnte bis kurz vor der Landung weiterbeschleunigen, sodass z. B. ein Flug zum Mars nur ein Drittel der Zeit benötigen würde. Auch würde sich die Nutzlast vervielfachen.

Die amerikanische Luftwaffe rechnete in den 1960er-Jahren aus, dass eine 4000 Tonnen schwere »Orion«-Rakete mithilfe eines 3765 Tonnen Schub erzeugenden chemischen Antriebs der ersten Stufe und eines danach einsetzenden Atomreaktorantriebs eine Nutzlast von 1480 Tonnen zum Mars bringen könne; eine rein chemische »Nova II« mit 8000 Tonnen Startgewicht würde dagegen nur 240 Tonnen mit wesentlich längerer Reisezeit auf den Weg bringen.

Das neue Prinzip war also, das angehende Raumfahrzeug mit einer konventionellen chemischen Stufe über die Atmosphäre hinauszuschießen, woraufhin dann extraatmosphärisch der Nuklearantrieb mit seinem großen, lang andauernden Schub in Aktion treten sollte.

All diese nuklear angetriebenen Raketen hatten genau wie die parallel geplanten nuklear angetriebenen Flugzeuge den Nachteil, dass sie im Falle, dass etwas schief gegangen wäre, im besten Fall für die Umwelt »schmutzige« und im schlimmsten Fall desaströse Folgen gehabt hätten. Innerhalb von 30 Sekunden nach Ausbleiben der Kühlung würde die entstehende Hitze den Reaktor schmelzen oder verdampfen lassen; es erschien deshalb erstrebenswert, das Ganze erst im Weltraum in Betrieb zu nehmen.

Als Beginn der Forschung nach nuklearen Antrieben für Weltraumfahrzeuge gilt das Jahr 1946, als der Amerikaner Stanislaw Ulam seine Gedanken über Nuklearexplosion und Raketenantrieb zu Papier brachte.

In den 1960er-Jahren entwickelte die NASA bereits Prototypen von Atomtriebwerken für Raketen, bei denen Wasserstoffgas auf mehrere tausend Grad erhitzt wurde, um mit einer rasanten Austrittsgeschwindigkeit von etwa 90 Kilometern pro Sekunde einen enormen Schub zu liefern.

Andere Ansätze berücksichtigen eine Stromgewinnung aus der Kernspaltung an Bord oder einen Antrieb mittels der Explosion von kleinen Atombomben. Auch Wernher von Braun schaltete sich in das Atomantriebsprogramm für Raumfahrzeuge ein und sein »Paperclip«-Kollege Hans Amtmann erzählte voller Euphorie »The moon wasn't big enough« (»Der Mond war nicht groß genug«). Die NASA und die amerikanische Luftwaffe steckten dann auch bereits in den 1950er- und 1960er-Jahren viele Milliarden Dollar in die Entwicklung eines Nuklearantriebs. Nach vielen Jahren Arbeit erschienen die Herausforderungen des technischen Projekts überwindbar, doch politische Hindernisse brachten das ganze Programm 1973 zu einem »offiziellen« Halt.

Alles was mit nuklearem Antrieb von Raumfahrzeugen verbunden ist, unterliegt bis heute noch einer extremen Geheimhaltung, obwohl seither Jahrzehnte vergangen sind. Sogar Wernher von Brauns Arbeiten über Nuklearantriebe gingen »verloren« und werden bis heute in Huntsville von der NASA gesucht. Liegt das daran, dass es nicht nur um technische Details des Nuklearantriebs bei Raumschiffen geht, sondern dass die Ursprünge des Programms ebenso peinlich offenzulegen wären?

In diesem Zusammenhang wurde bekannt, dass der »Direktor of nuclear systems« der NASA, Harold Finger, seine Vorstellung zum nuklearen Antrieb im Weltraum entwickelte, als er im NACA-Luftfahrtantriebsforschungslabor im Cleveland (Ohio) erbeutete deutsche und japanische (!) Turbolader testete, die ihm Ideen zu neuartigen Konzepten für Düsentriebwerke und fortgeschrittene Antriebsarten wie Nuklearantrieb im Weltraum geliefert hätten. Ein Schelm, der Böses dabei denkt!

Weiterhin ist auffällig, dass man, als das Atomantriebsprogramm ernst wurde, einen von Wernher von Brauns ehemaligen Peenemünder Kollegen, Krafft von Ehricke, aus dem »Atlas-Centaur«-Programm von *Convair Astronautics* abzog und dem Atomprojekt zuteilte. (141, 142)

Wir wissen, dass von Ehricke aktiv mit dem deutschen Atomantriebsprogramm der Kriegszeit zu tun hatte.

Die Frage nach dem Ursprung des nuklearen Antriebs im Weltraum dürfte sich damit nicht länger stellen. Am 3. Juni 1944 befasste sich auch Prof. Sänger mit dem Projekt einer Atomrakete. (143)

Von den Amerikanern erbeutete technische Unterlagen aus dem früheren Reichsprotektorat Böhmen/Mähren (Kammler-Gruppe) führten über die MX-1593-Rakete zur »Atlas«-Atomrakete der USA.

Dies alles wird von Daten in den Schatten gestellt, die der bekannte Enthüllungsautor Thomas Mehner und einer seiner Mitrechercheure von einem einst beteiligten SS-Offizier erhielten. (144) Diese Person verfügte über Unterlagen eines Projektes, das Pläne einer ca. 93 Meter langen, dreistufigen Rakete enthielt.

Die erste Stufe der Rakete mit 37 Metern Länge und zwölf Metern Durchmesser verfügte über einen chemischen Antrieb und sollte über vier Steuerdüsen gelenkt werden, die in vier ausladenden Flügeln eingebaut waren. Auf diese Startstufe war eine etwa 25 Meter lange und neun Meter breite zweite Stufe aufgesetzt, die über einen Atomantrieb verfügte.

Die Großrakete wies als Abschluss eine dritte Stufe mit 31 Metern Länge auf, die ebenfalls über einen nuklearen Antrieb verfügen sollte. Hier befanden sich an der Spitze die Steuerkanzel für den oder die Astronauten mit einer rundlichen Verglasung sowie eine Ladeluke für die Nutzlast.

Es ist klar, dass dieses Projekt, an dem bei Kriegsende gearbeitet wurde, ungeahnte Nutzungsmöglichkeiten gehabt hätte. Neben Reisen zum Mond (oder Mars?) hätte die sicherlich beträchtliche Nutzlast den Transport aller möglichen Angriffswaffen, aber auch das Aussetzen von Satelliten und Sonden, ermöglichen können.

Die genaue Bezeichnung der Rakete ist bis jetzt unbekannt. Möglicherweise hat der Entwurf etwas mit der A-14 zu tun oder es handelt sich um eine Skoda-Entwicklung der Kammler-Gruppe in Prag. Es ist aber klar, dass hier etwas aufgedeckt wurde, das bis heute noch nicht realisiert worden ist. Neuerdings will die US-Raumfahrtbehörde NASA der Entwicklung eines nuklearen Raketenmotors eine Top-Priorität geben und mit einem Milliardenaufwand fördern. Der Name des neuen Projekts soll »Prometheus« heißen. Man darf gespannt sein, ob die von »Prometheus« getriebene Raumrakete ein ähnliches Aussehen haben wird wie das Projekt aus den Akten des SS-Offiziers (145, 146), das auch eine Zeichnung der Großrakete beinhaltet, die aus nachvollziehbaren Gründen aber bis auf Weiteres nicht im Original publiziert werden wird.

Der Paulinium-Antrieb:
Wo ist er geblieben?

Immer wieder gab es in der Vergangenheit Hinweise auf neuartige Technologien, die am Ende des Krieges entwickelt worden sind, aber seither in der Öffentlichkeit nicht mehr auftauchten.

1950 wurde in Berkeley in den USA nach üblicher Lesart »erstmals« das chemische Element Californium mit einem Atomgewicht von 251 mit der Kernladungszahl 98 entdeckt. Heute wird es in einem Reaktor aus Kadmium erzeugt, in sehr geringen Mengen kann es natürlich auch im Zyklotron gewonnen werden. Seine kritische Masse ohne Abschirmung beträgt bei CF-251 1,94 Kilogramm und kann durch einen Beryllium-Reflektor auf etwa 40 Prozent sowie durch ein Implosionssystem weiter bis hinunter in den 200-Gramm-Bereich reduziert werden. Es ist somit geeignet, »echte Minis« zu bauen.

Angeblich wird es wegen des außerordentlich hohen Aufwandes bei der Produktion heute nicht benutzt.

In Wirklichkeit wurde im berühmten Rechenschaftsbericht der deutschen Atomforscher 1944 auf Seite 93 das Element Paulinium erwähnt, das eine Kernladungszahl von 98 hat. Bereits 1941 wurde es von Gustav Hertz vorhergesagt.

Paulinium wurde als künstliches Element im Winter 1944/45 in der Nähe von Lonenghof im ausgelagerten Bereich des Instituts für Radiumforschung der Wiener Akademie der Wissenschaften hergestellt. Dies geschah unter Leitung von Technikern der Firmen Siemens-Halske, Allgemeine-Radium- und Auer-Gesellschaft und der Sektion »R« der Luftfahrtforschungsanstalt von Volkenrode.

Es wurde in Lonenghof von seinem Entdecker, einem gewissen Prof. Lehmann, in Zusammenarbeit mit dem Schweizer Forscher Dällenbach entdeckt und zu Ehren des Schweizer Physikers Wolfgang Pauli Paulinium genannt. Pauli erhielt den Nobelpreis 1945.

Die Deutschen stellten Paulinium mit einem Atomgewicht zwischen 250 und 260 Kerneinheiten durch Manipulieren an verschiedenen radioaktiven Substanzen aus der Gruppe der »Seltenen Erden« her, unter denen das Element 90 (Thorium) unverdächtig war, Kettenreaktionen explosiver Art wie Uran-235 und Plutonium auszulösen. Die Deutschen stellten fest, dass hier die kontinuierliche Verstärkung der strahlenden Intensität in einem elektromagnetischen Feld möglich war. Es scheint so, dass der Herstellungsprozess von Paulinium in einer Atmosphäre von Helium in einem eiförmigen oder elliptischen Behälter (»Spiegelei«) erfolgte.

Im Jahr 1951 bestätigte Prof. Hermann Oberth auf dem Zweiten Internationalen Astronautischen Kongress in Zürich gegenüber einem italienischen Experten des A.I.R., dass Paulinium in Deutschland während des Winters 1944/45 hergestellt wurde und dass die Deutschen in der letzten Kriegsperiode noch versucht hatten, Paulinium einzusetzen. Man wollte so einen »radioergolischen« Pauliniumantrieb schaffen, der für atmosphärische und außeratmosphärische Fahrzeuge verwendet werden könnte. Prof. Lehmann, der nach dem Krieg anscheinend in russische Hände fiel und dort verschwand, schlug weiter vor, hochstratosphärische Flugzeuge zu schaffen, die eine abgeplattete und tonnenähnliche Form aufwiesen und mit ihrem Pauliniumantrieb unzählige Male um die Erde kreisen konnten, ohne landen zu müssen

Die Äußerungen Prof. Oberths auf dem zweiten Kongress wurden von Journalisten in sensationeller Form aufgearbeitet und bildeten bald den Gegenstand erbitterter Diskussionen, woraufhin Prof. H. Oberth im weiteren Verlauf seine vorgetragenen Äußerungen zurücknahm und von dieser Angelegenheit nichts mehr gewusst haben wollte. Auf einmal war alles nur noch die reine Fantasie eines Reporters.

Wenn Letzteres tatsächlich so ist, wie wir heute glauben sollen, was hatte dann das Paulinium im Rechenschaftsbericht der deutschen Atomwissenschaftler vom Herbst 1944 zu suchen? Die Lösung kann nur sein, dass diese Technik seit Kriegsende verschollen ist oder dass sie heutzutage im ultrageheimen »Schwarze Welt«-Militärgeheimkomplex Verwendung findet.

Elektrotechnischen Experten des F.D.R.P.-Instituts in Aach war es in Zusammenarbeit mit Spezialisten eines Forschungszentrums in Lindau (Bodensee) gelungen, künstlich Strahlung zu erzeugen, die der kosmischen Primärstrahlung entsprach.

Prof. Lehmann schlug vor, seinen »indirekten Atomantrieb« noch zu verbessern, indem man statt Wechselstrom die kostenlose Energie der kosmischen Primärstrahlung verwendete, um so ein extraatmosphärisches Weltraumflugzeug zu schaffen.

Helium – der Antrieb, der aus der Kälte kam

Am 24. Oktober 1941 eroberten Truppen der deutschen 6. Armee das russische Industriezentrum Charkow, kurz bevor »General Schlamm« den weiteren Vormarsch zum Stehen brachte.

Bei der Besetzung der Stadt entdeckten deutsche Auswertetrupps in einem der Universität Charkow angeschlossenen flugtechnischen Institut völlig neuartige Raketentriebwerke und Teile von Raketenfahrzeugen, die auf den ersten Blick bereits deutlich von allen damals bekannten militärischen Waffenentwicklungen abwichen.

Der berühmte deutsche Raketenforscher Ing. Rolf Engel berichtete dies im Jahr 1955 einem bekannten Mitglied der italienischen Gesellschaft für Raketenforschung. Er fuhr fort, dass aufgrund dieser aufsehenerregenden Entdeckung die deutschen Wissenschaftler Prof. Schumann und Dr. Diebner umgehend nach Charkow gereist seien. Dabei hätten sie festgestellt, dass es sich um das physikalische Institut der führenden sowjetischen Physiker Lew Landau und Pjotr Kapiza handelte, in dem mit kryogenierten Treibstoffen neuartige Versuche unternommen wurden. Ziel der sowjetischen Forscher von Charkow seien Raketentriebwerke für den Flug in der hohen Stratosphäre gewesen, die mit gasförmigem oder flüssigem Treibstoff auf Heliumbasis funktionieren sollten.

Die wenigen zu diesem Sachverhalt erhalten gebliebenen, halbverbrannten Unterlagen stammten nach Ing. Engels Angaben aus dem Archiv eines gewissen »Dr. Butcher« (R. Böttcher?), der zu den hochstehenden Wissenschaftlern der SS zählte. Leider konnte der italienische Wissenschaftler den Namen nur »phonetisch« wiedergeben.

Den Unterlagen zufolge begab sich »Dr. Butscher« im Winter 1942/43 zusammen mit einer Gruppe von auf das Kälteforschungsgebiet spezialisierten deutschen Wissenschaftlern nach Holland und errichtete bei Doetichem sein Forschungslabor unter Zuhilfenahme von Personal und Ausrüstung des weltberühmten Kälteforschungslabors der Universität Leiden. Einsprüche der Holländer wurden unter Verweis auf kriegswichtige Arbeiten zurückgewiesen. Dazu gehörte auch die Beschlagnahmung und Montage des Neutronengenerators der Universität Amsterdam im großen Experimentierzentrum von Doetichem im Auftrag der SS.

Vor allem ging es »Butcher« und seinem Team um die Forschung nach metastabilen Kombinationen aus Helium und Quecksilber, aber auch um die Erforschung der Energiegewinnung aus Helium unter Ausnutzung der rätselhaften enigmatischen Anomalien des Heliumatoms bei extrem tiefen Temperaturen.

Man hoffte – im Gegensatz zum Prozess der Kernspaltung des teuren Uran-235 und zur Wasserstofffusion, die beide bei extrem hohen Temperaturen abliefen – einen dritten sensationellen Weg zu finden, um Kernenergie durch die Einwirkung von extrem niedrigen Temperaturen auf Atome zu gewinnen. In dem Maße, in dem ein Atom immer kälter und in der Konsequenz weniger aktiv wurde, würden sich die Elektronen immer schneller um den Atomkern bewegen, bis es zu einer plötzlichen und vollständigen Energiefreisetzung käme. Man hoffte, dass diese Kernspaltung langsam und kontrollierbar verlaufen würde. Doch das ist noch nicht alles, denn in der Nachkriegszeit erwarteten Physiker wie Dr. Carroll vom Atomphysiklabor der *US Navy*, mit der Ausnutzung dieses Kälteprozesses Geschwindigkeiten um oder über die Lichtgeschwindigkeit erzielen zu können.

Das Heranrücken der Front zwang »Dr. Butcher« im Jahr 1944, mit seinem Team nach Deutschland zurückzukehren, ohne dass er seine kryonuklearen Forschungen abschließen konnte.

Ein Teil seiner wissenschaftlichen Instrumente wurde ins Institut Z. H. F. in Ulm-Dornstadt geschickt, das im Auftrag der Luftwaffe nach neuartigen Antriebsformen forschte. Was genau in Ulm ablief, blieb bis heute unbekannt. Die Amerikaner konnten sich lediglich auf die Aussage des Kriegsgefangenen Hans J. Käppeler berufen, der im Camp Perry in Fort Clinton, Ohio, freigiebig sein Wissen offenlegte. Käppeler berichtete über neuartige Luftfahrtprojekte, Hybridantriebe aus Raketen, Düsen und Staustrahltriebwerken, und er beschrieb einen ungewöhnlichen Treibstoff, bei dem es sich um eine milchig-weiße Flüssigkeit mit einem starken Säuregeruch gehandelt hätte, die schnell verdampft sei. Der Verdampfungsprozess der Flüssigkeit von unbekannter Zusammensetzung sei mit einem plötzlichen Temperaturrückgang verbunden gewesen.

Käppeler berichtete, dass die Ergebnisse des Forschungsinstitutes als extrem wichtig angesehen und bei Kriegsende nach Japan evakuiert wurden. Die meisten der deutschen Originalunterlagen seien zerstört worden, um sie nicht in die Hände der Alliierten fallen zu lassen.

Ingenieur Engel, der während des Krieges im Rang eines SS-Obersturmbannführers das Forschungsinstitut der SS in Grossendorf für Raketen leitete, teilte seinem italienischen Gesprächspartner leider nicht mit, was aus »Dr. Butcher« (Böttcher?) geworden ist. Es muss davon ausgegangen werden, dass er, wie viele andere im Dienst der SS stehende Wissenschaftler, bei Kriegsende verschollen ist. (147, 148, 149, 150)

Bis heute hängt ein Mantel des Schweigens über dem »Treibstoff, der aus der Kälte kommt«. Mehrere Arbeiten aus Russland zeigen jedoch, dass sich Wissenschaftler immer noch mit dem Heliumantrieb als revolutionärer Antriebsmöglichkeit beschäftigen. (151)

Prof. Sängers Lichtraketen

Der DFS-Testpilot Erich Glöckner erinnerte sich, dass Prof. Sänger ihm während des Krieges von Raketen mit »Ionentriebwerken« erzählt hatte. Mit diesem Triebwerk würde die Menschheit in die Lage versetzt werden, eines Tages mit Lichtgeschwindigkeit zu fliegen. (152)

Prof. Sänger hatte die Idee dazu bereits 1929 konzipiert und dachte dabei an ein mit Lichtquanten als Ausstoßmasse arbeitendes Raketentriebwerk, das man sich wie eine Art Scheinwerfer vorstellen muss, bei dem der Impuls eines gebündelten Photonenstrahls zur Schuberzeugung benutzt werden sollte. Der Rückstoß dieser kleinsten Teilchen des Lichts, der sogenannten Lichtquanten oder Photonen, sollte den eines chemischen Treibstoffs bei einem normalen Antrieb ersetzen. (153)

Die Photonen verlassen das Triebwerk mit Lichtgeschwindigkeit, die bekanntlich rund 300 000 Kilometer pro Sekunde beträgt, und können der Rakete damit aufgrund des Rückstoßeffektes eine Geschwindigkeit verleihen, die der Lichtgeschwindigkeit selbst sehr nahe kommt.

Ein hinreichend großer Schubeffekt würde sich allerdings nur bei einer sehr intensiven Photonenstrahlung ergeben, und dies war mit den damals zur Verfügung stehenden Mitteln und Energiequellen nicht möglich. Selbst bis heute gelang es trotz großer Anstrengungen lediglich, kleine Ionentriebwerke herzustellen, die versuchsweise für innersolare Satelliten und Sonden verwendet werden.

Der nukleare Stromgenerator

Der italienische Autor Renato Vesco erfuhr aus englischen NATO-Quellen aufsehenerregende Tatsachen über die geheime Forschung des Dritten Reiches. Diesen Informationen zufolge befasste sich z. B. Wernher Heisenberg mit einem radioaktiv betriebenen Stromerzeuger. Dieses bis heute nicht verwirklichte Konzept hatte Gemeinsamkeiten mit Elektronenröhren und entwickelte trotz seiner geringen Größe eine große Energieausbeute. Nach Vesco erzielte man dabei mit einem gamma-beta-radioaktiven Phosphor (Halbwertzeit 14 Tage) innerhalb von fünf Quadratzentimetern eine durchschnittliche Energieausstrahlung von einer Million Elektronenvolt mit einer Ausstrahlungsintensität von zwei Miliampere oder einer theoretischen Leistung von zwei Kilovolt. Mit Polonium oder Actinium konnte angeblich seine Elektroausstrahlung sogar auf sechs Millionen Elektrovolt gesteigert werden.

Vesco veröffentlichte dazu in seinem Buch eine auf deutschen Kriegsangaben beruhende Darstellung des nuklear betriebenen elektrischen Generators. Er sollte als Energielieferant für ein Flugzeug- oder Raketentriebwerk dienen. (154)

Inwieweit dieser Antrieb noch im Dritten Reich arbeitstechnisch umgesetzt wurde, ist nicht bekannt. Ein F. I. A. T.-Bericht aus dem Jahr 1947 zeigt jedenfalls auf, dass in den berühmten Karl-Bosch-Laboratorien Instrumente unter Verwendung einer neuen Methode hergestellt wurden, die

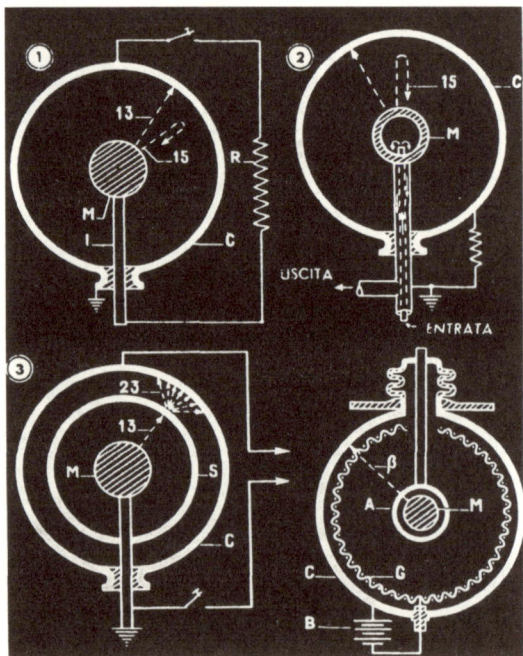

mechanische Energie in elektrische Hochspannung und umgekehrt mit hohem Wirkungsgrad verwandeln sollte. Ziel war es, wirksame elektrostatische Motoren mit einer Spannung von 200 000 bis 600 000 Volt herzustellen.

Auch in den 1950er-Jahren war der elektrostatische Reaktorantrieb noch Gegenstand wissenschaftlicher Erörterungen, bis es plötzlich still um die ganze Sache wurde.

Konstruktions- und Funktionsschema eines deutschen radioaktiven Elektrogenerators zur Ausnutzung der Kernspaltung (nach Vesco)

Moderne, aktuellere Forschungsarbeiten wie die von Scott

Backhaus und der Firma *Northrop Grumman* berichten jedoch von einer neuen Generation thermoelektrischer Generatoren auf Nuklearbasis, die Energie aus dem Zerfall radioaktiver Brennstoffe verwenden sollen, um Elektrizität zu gewinnen. Es scheint, dass auch auf dem Sektor der Hochtechnologie manches »wieder erfunden« wird.

Elektrokinetischer Raketenantrieb

Wurden in Deutschland während des Zweiten Weltkrieges Vorarbeiten an elektrokinetischen Antrieben geleistet oder noch in die Tat umgesetzt?
Wir verdanken dem hervorragenden US-Autor Henry Stevens die Aufdeckung der Tatsache, dass die deutschen Wissenschaftler Prof. Knoh und Prof. Mueller vor Malaga im Jahr 1947 eine elektromagnetische Rakete unter der Bezeichnung KM-2 im Beisein von General Franco testeten, die auf Vorarbeiten im Dritten Reich zurückging. Die daraus zu entwickelnde Rakete sollte eine Reichweite von 16 000 Kilometern haben und mindestens während der ersten 5000 Kilometern Flugstrecke per Funk kontrollierbar sein. (154A)
Henry Stevens konnte ermitteln, dass der über die KM-2 berichtende Artikel in der *Denver Post* vom 9. November 1947 von dem gut informierten Lionel Shapiro stammte. Dieser hatte schon 1946 die amerikanische Geheimexpedition in die Tschechoslowakei zur Bergung der von den Deutschen bei Stechowitz vergrabenen 32 Kisten mit Geheimdokumenten aufgedeckt.
Shapiros Sensationsbericht von 1947, der seither niemals fortgesetzt, dementiert oder erklärt wurde, ist nicht der einzige Hinweis auf deutsche Aktivitäten an elektrokinetischen Antrieben.
Schon am 16. Oktober 1944 hatte der amerikanische Marineattaché in Stockholm einen weit über 100 Seiten umfassenden Geheimbericht an seine Zentrale geschickt. Dieser war so aufregend, dass er noch Jahrzehnte nach Kriegsende als geheim eingestuft wurde.
Captain W. L. Heiberg berichtete über den Österreicher Franz Peter, der im August 1944 nach Schweden fliehen konnte und dort in ein Internierungslager kam. (155) Der 22-jährige Mann behauptete, von Dezember 1943 bis Mai 1944 in der Rheinmetall-Borsig-Fabrik in Sömmerda (nordöstlich von Erfurt) tätig gewesen zu sein. Peter habe in der Sektion WKbt in Sömmerda gearbeitet, die mit der Herstellung von Deutschlands Raketenwaffen in Verbindung stand. Nun wollte er in die USA oder nach Großbritannien auswandern, um »für die Vereinten Nationen an Raketen zu arbeiten«. Er

legte ein 114-seitiges Manuskript (bei dem die Seite 43 fehlte) vor, um seinen Anspruch zu belegen, eine intime Kenntnis der deutschen V-Waffen zu haben. Heiberg ließ das Manuskript fotokopieren und legte Peters Bericht als Anlage A mit bei. Anlage B enthielt die vom Büro des Marineattachés zusammengestellte Inhaltsangabe von Peters Arbeit. Leider ist Anlage A heute »verschwunden«. Anlage B ist zum Glück vorhanden und zeigt, über welches Wissen Peter verfügt haben muss.

Das im Jahr 2005 in einem US-Archiv von dem spanischen Forscher Antonio Chover entdeckte Schreiben von Heiberg und seines Assistenten A. L. Raice enthält zum Glück eine Zusammenfassung des Kapitel 14. Es geht darin um einen revolutionären elektrischen Antrieb, den Peter als seine eigene Erfindung reklamierte. Er gab an, dass er sie im Kaiser-Wilhelm-Institut in Potsdam im Spätfrühling oder Frühsommer 1944 mit guten Ergebnissen vorgeführt habe.

Diese Antriebsmethode benötigte keine großen Treibstofftanks mehr, wodurch sich der Nutzlastraum der Raketen entsprechend vergrößerte. Zehn Millionen Volt Elektroenergie würden laut Peter innerhalb der Rakete durch die Ionisierung einer Salzlösung nach dem »Kesselring«-Prozess erzeugt, der in leider heute nicht mehr erhaltenen Diagrammen dargestellt wurde. Der Prozess sei von einem deutschen Wissenschaftler im Jahr 1937 entdeckt worden. Diese hohe Voltladung würde in der Ausstoßöffnung der Rakete entladen, wodurch Dampf oder ein unidentifiziertes Gas aufs Heftigste zur Explosion gebracht werden sollten. Daraus resultiere ein Antriebsausstoßimpuls von 1000 Kilogramm pro Sekunde/cm² oder 78 590 Kilogramm (rund 78 Tonnen) pro Sekunde bei einer Zehn-Zentimeter-Ausstoßöffnung. Mündlich habe Peter hinzugefügt, dass diese Entladungen 20 Mal pro Sekunde stattfinden würden.

Dieser Prozess könnte auch in allen anderen Arten von Transportmitteln angewendet werden.

Was ist von Franz Peters Bericht zu halten? Und was wurde aus dem Forscher? Die Fragen sind berechtigt, weil es bisher nicht gelang, einen Raketenwissenschaftler gleichen Namens in der Zeit nach dem Krieg festzustellen.

Die Amerikaner wussten anscheinend zuerst nicht, wie hoch der Wahrheitsgehalt der Angaben des österreichischen Raketenwissenschaftlers war. Dies zeigt sich daran, dass die Klassifikation des Marineattaché-Berichts zuerst von »Top Secret« auf »Secret« zurückgenommen wurde, jedoch am 14. Juli 1951 wieder auf »Top Secret« heraufgestuft wurde. Es handelte sich bei der mit »F-O« klassifizierten Arbeit (d. h. nicht überprüfbar) um eine wertvolle Beschreibung. Das Dossier sei, so heißt es weiter, nach

Aberdeen abtransportiert worden. Von dort ist es, bis auf die wenigen Dokumente in der NARA (*National Archive and Record Administration*), nie wieder zurückgekommen.

Es entsteht der Eindruck, dass die Amerikaner Franz Peter trotz seines offensichtlichen Angebots zur Zusammenarbeit nicht in ihre Hände bekamen.

Peters Angaben erinnern verblüffend an die Arbeiten von T. Townsend Brown, der seit den 1920er-Jahren an elektrokinetischen Raketenantrieben arbeitete. Browns elektrokinetischer Generator sollte ebenso wie der deutsche »Kesselring«-Generator Wasserdampf oder Luft verwenden und 15 Millionen Volt in kompaktem Leichtgewichtsbau erzeugen. Heute ist bekannt, dass T. Townsend Brown sein Antriebssystem dem amerikanischen Militär in den 1950er-Jahren vorführte. Er fand heraus, dass ein untertassenförmiger Körper sich am besten für seinen Antrieb eignen würde. Ein geheimer Vorschlag von ihm unter dem Codenamen »Winterhaven« sollte ein Mach 3 schneller Abfangjäger von untertassenförmigem Aussehen werden. Dieses Projekt wurde bis in die 1960er-Jahre entwickelt, aber danach verlieren sich alle weiteren Spuren.

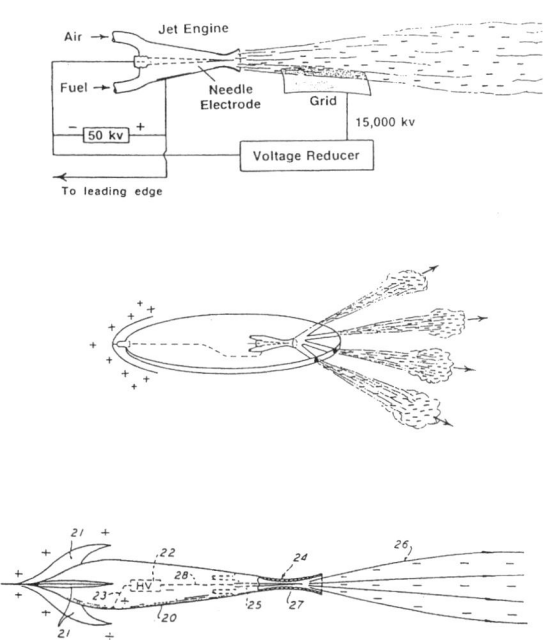

T. T. Browns Flame-Jet-Generator, ähnlich der KM-2 Rakete
(Abbildung mit freundlicher Genehmigung von Henry J. Stevens)

OPNAV-N. I. 96 — 1943 (Rev.)

ISSUED BY THE INTELLIGENCE DIVISION
OFFICE OF CHIEF OF NAVAL OPERATIONS
NAVY DEPARTMENT

CLASSIFICATION — CLASSIFICATION CHANGED

S E C R E T SECRET **INTELLIGENCE REPORT**

TOP SECRET TOP SECRET (Reference to this report must contain ONI No. Place and Date.)

Serial___8-S-44___ at ___Stockholm, Sweden___ Date ___16 October___, 19_44_
(Start new series each year, i. e. 1-43, 2-43.)

From___U.S. Naval Attache___ Monograph Index Guide No. ___1004-7400___
(Ship, fleet, unit, district, office, station, or person) Make separate report for each main title. See O. N. I. Index Guide.

Reference_____
(Directive, correspondence, previous related report, etc., if applicable)

Source___Franz Peter (Austrian)___ Evaluation ___F-O___
(As official, personal observation, publication, press, conversation with — A-I to F-O scale.
Identify when practicable, etc.) Ref.: A8/EN 3-10; SER. 4312416—11-18-42

Subject___GERMANY___ ___Inventions___ ___Rockets___
(Nation reported on) (Main title as per index guide) (Subtitles) (Make separate report for each title)

BRIEF. (Here enter careful summary of report, containing substance succinctly stated; include important facts, names, places, dates, etc.)

Source's 114-page treatise on rockets, forwarding
photographic (negative) copy of, together with a
table of contents.

Enclosures: (A) Negative of photographic copy of treatise on rockets.
(Page 43 missing.)
(B) Summary table of contents of enclosure (A).

1.   Source states he is an Austrian refugee, 22 years of age, and
that he arrived in Sweden in August, 1944, where he has been in an internment
camp. He claims to have been a rocket specialist for the past eight(!) years,
and to have worked at the Rheinmetall-Borsig plant in Sömmerda (NNE of Erfurt,
Germany) from December, 1943, to May, 1944, after which he fled to Sweden.
He worked in section WKbt of the Sömmerda plant, which, he states, is concerned
with the manufacture of Germany's rocket weapons.

2.   Source expresses a desire to go to Great Britain or U.S.A. to
work on rockets for the United Nations, and has shown a 114-page (page 43 missing) manuscript in substantiation of his claim to intimate knowledge of
Germany's "V" weapons. The manuscript has been photographed, and the negative
is forwarded as enclosure (A). Enclosure (B) is a table of contents compiled
in this office after summary study.

3.   The rocket principle is approached methodically from the theoretical point of view, and there are no specific dimensioned descriptions of
any of the V weapons; but the principles and methods which Source claims the
Germans are utilizing are described in some detail. Chapter ten discusses the
use of powdered fuel for rocket propulsion and chapter eleven the use of liquid
fuels, such as liquefied air, acetylene, oxygen, and hydrogen. In fluid-driven
rockets of this type, the liquid fuel serves also as an explosive charge upon
impact with the target.

4.   Chapter twelve gives a full description of the operation and control of a remote-controlled rocket, in which there is a radio receiver operating

-1-

Distribution By Originator_____

Routing space below for use in O. N. I.

COMINCH
OP-03
OP-20-S

DECLASSIFIED
Authority NND765054
By ___ NARA, Date ___

CLASSIFICATION
CONFIDENTIAL
Downgraded at
IAW OD MEMO OF 3 MAY 1972
JUL 14 1975
LCDR W. Jo McKINNEY, USN.

CLASSIFICATION CHANGED
FROM___SECRET___
TO___TOP SECRET___

TOP SECRE

*Zwei Dokumente des amerikanischen Marineattachés vom 16. Oktober
1944 aus Stockholm über den österreichischen Raketenwissenschaftler
Franz Peter*

TOP SECRET

N.A. Stockholm Report 8-S-44, dated 16 October 1944.   (Cont'd.)
- -

TOP SECRET TOP SECRET

a steering apparatus, guiding the rocket on a course determined by two directional radio beams automatically overcoming the effects of cross-winds. The range is predetermined and controlled by an electric clock mechanism which is described in detail. A speedometer, operated by air pressure, is coupled into the fuel feed mechanism, which regulates the air speed of the rocket. Chapter twelve also describes briefly the aerodynamic form of wings and fins for use with speeds exceeding that of sound.

5.   Chapter thirteen discusses the principle of the multiple or tandem rocket. The rear or "booster" rocket (Schubrakete) has ten times the mass of the forward or "main" rocket (Hauptrakete). The booster carries the rocket part-way to the target, until the fuel is exhausted; then after launching the main rocket, it falls away. Source claims altitudes of 360 kilometers (223.7 miles) had been reached by such rockets before he fled from Germany in the summer of 1944, and that at this altitude the main rocket could be expected to have a range of 500 to 700 kilometers (310 to 434 miles). (Source did not divulge how altitude was determined.) Such rockets are not launched by catapult, but from a launching track and under their own power. The booster uses gasoline and liquid oxygen as fuel, while the main rocket uses liquid hydrogen and liquid oxygen. (Rockets of this type with a series of boosters were mentioned by Source in course of conversation. He claims an Atlantic rocket, to bomb New York, was calculated to require fifty-six minutes in flight.)

6.   Chapter fourteen describes a revolutionary method of electric propulsion which Source claims as his own invention. He stated it was demonstrated at the Kaiser Wilhelm Institute at Potsdam in late spring or early summer, 1944, with good results. This method does away with large fuel tanks, affording more space for useful load, and is much more powerful than present fuels. Electric energy at ten million volts is generated within the rocket by the ionization of a salt solution according to what Source calls the "Kesselring" process, which is described with accompanying diagrams. (Source states this process was discovered by a German scientist in 1937.) This high voltage is discharged in the rocket's exhaust tube, causing a vapor or gas (unidentified) to explode violently, giving a propulsive exhaust impulse of 1,000 kilograms per second per square centimeter, or 78,590 kilograms (ca. 78 tons) per second, with a ten centimeter (2½") exhaust tube. (Source stated orally that discharges occurred twenty times per second.) Source claims this process could also be used in propelling units for all types of transportation.

Prepared by:

A. L. Rice,
Lieut. Comdr., USNR,
Assistant Naval Attache.

                                    Forwarded by:

                                    W. L. Heiberg,
                                    Captain, USN, (Ret.),
                                    Naval Attache.

-2-

TOP SECRET

TOP SECRET

Inwieweit Peters »Kesselring«-Generator und T. Townsend Browns »Fla-me-Jet-Generator« übereinstimmen oder einander ähneln, wird wohl für immer ein Geheimnis bleiben. Genauso wie das, was nach dem August 1944 mit dem »Kesselring«-Generator in Deutschland passierte.

Der X-Faktor

Nachkriegsberichte der Alliierten sprechen davon, dass es zwei deutsche Weltraumprogramme gab. Es ist klar, dass mit dem ersten Programm die Aktivitäten der Wernher-von-Braun-Gruppe zur Eroberung des Weltalls und zur Erringung der Weltherrschaft mithilfe von ballistischen oder halb-ballistischen Rückstoßraketen gemeint waren.

Es ist aber bis heute nicht klar, was letzten Endes unter dem »Zweiten Programm« zu verstehen war. Eine Möglichkeit ist, dass die Aktivitäten von Prof. Sänger, der Luftwaffe und der SS zur Schaffung eines »Antipo-den-Gleiters« dieses zweite Programm darstellten. Dies ist zwar eine reale Möglichkeit, überzeugt aber nicht ganz, da es viele Übergangsstufen und Berührungspunkte zwischen Wernher von Brauns Rückstoßraketen und Prof. Sängers Raketengleitern gab. So stützte sich auch Wernher von Brauns Gruppe zur Reichweitensteigerung ihrer Raketenprojekte auf Prof. Sängers »Wellenflugprinzip« und sah auch – wie der Professor – Flügelraketen mit Fahrwerk und Rückkehrmöglichkeit vor. Prof. Sänger benötigte zum Start seiner Gleiter genauso Rückstoß-Raketenantriebs-aggregate. Auch wissen wir von General Dr. Dornberger, dass es in den letzten Kriegsjahren in Peenemünde enge Kontakte zwischen Wernher von Brauns Gruppe und dem Team um Dr. Sänger gab.

Es ist also durchaus denkbar, dass es sich bei dem »Zweiten Programm« um etwas ganz anderes gehandelt hat. Spuren hierzu gibt es mehr als genug. Nur führen uns diese in den Bereich von wissenschaftlichen Er-kenntnissen, die auch im 21. Jahrhundert noch nicht der Öffentlichkeit bekannt geworden sind. Wir wollen deshalb diesen Bereich mit »Faktor X« bezeichnen. Bei dem, was über diese deutschen Aktivitäten im Zweiten Weltkrieg bekannt geworden ist, geht es um die Bereiche Quantentheorie, Schwerkraft, Magnetismus, Quecksilber und Plasmaantrieb. Eine Zeugen-aussage weist sogar bis in den Bereich einer »Zeitmaschine«.

So konnte der polnische Historiker Herbert Lipinski Zugang zu den Origi-nalunterlagen der Farm-Hall-Materialien bekommen (die Briten hatten einige deutsche Atomwissenschaftler nach dem Krieg in Farm Hall inter-niert und hörten sie ab). Dabei stellte er fest, dass sie von der später deklassifizierten offiziellen Version beträchtlich abwichen. So stellte Lipinski in Bezug auf die Person Prof. Gerlach fest, dass die wirklichen Gespräche dieses Nuklearphysikers sich oft um Themen wie Atomkerne, extraterrestrischer Weltraum, Magnetfelder und Erdschwerkraft drehten. Was hatte der bekannte deutsche Atomphysiker, der auch in den 1930er-Jahren schon über Magnetismus und den Einfluss von Magnetfeldern auf die Drehpolarisation von Ionen untersucht hatte, mit Weltraumfahrt zu tun? (156)

Tatsächlich gelang es dem polnischen Journalisten Igor Witkowski nachzuweisen, dass die Deutschen daran arbeiteten, Magnetismus mit Atomphysik zu verbinden, um die Erdanziehungskraft zu überwinden und den Weltraum zu erreichen. Es ist klar, dass in den offiziell deklassifizierten Versionen der Farm-Hall-Gesprächsprotokolle zwischen den deutschen Atomwissenschaftlern kein einziger Hinweis auf dieses Programm enthalten blieb.

Glücklicherweise gibt es unabhängig vom Hinweis Prof. Gerlachs auch direkte Anhaltspunkte, die die Beteiligung von Raketenwissenschaftlern an diesen exotischen Programmen nahelegen.

Es beginnt mit den Aktivitäten von Prof. Hermann Oberth. Bis heute ist immer noch nicht genau bekannt, was Prof. Oberth während des Krieges tat. Es dürfte jedoch sicher sein, dass er am Peenemünder Projekt der Von-Braun-Gruppe nicht beteiligt war. Gleichfalls ist es unvorstellbar, dass die Deutschen sich die Dienste von Prof. Oberth nicht nutzbar gemacht hätten. Immerhin war er damals einer der erfahrensten Raketenwissenschaftler überhaupt. Tatsächlich wurde in Polen kurz nach Kriegsende ein Dokument gefunden, das auf die Existenz einer Wissenschaftlergruppe um Prof. Hermann Oberth hinwies. Dieses Team, dass damals eine Reise von Prag (Kammler!) nach Breslau über Torgau (Atomforschung) unternahm, setzte sich außer Prof. Oberth aus folgenden Personen zusammen: Herbert Jensen, Dr. Edward Tholen und Dr. Elisabeth Adler sowie zwei weiteren Personen, deren Namen nicht bekannt sind. Wir wissen, dass Prof. Oberth der damals bekannteste Spezialist der Weltraumflugtheorie war. Dr. Edward Tholen arbeitete in einem AEG-Forschungsinstitut sowie in Peenemünde und beschäftigte sich vor allem mit Energiequellen, Hochvoltmessinstrumenten, der Entwicklung von Überschallwindtunneln und der Anwendung von Titanmetall. Titan war wegen seiner mechanischen und Hitzebeständigkeit das für extreme Belastungen, wie in der Weltraumfahrt, geeignete Material. Frau Dr. Elisabeth Adler war eine Mathematikerin der Universität von Königsberg. Sie befasste sich mit der Trennung von Magnetfeldern oder der Simulierung von Vibrationsdämpfungen in der Mitte von sphärischen

Gegenständen. Glaubt man polnischen Quellen, war Frau Dr. Adler auch am Projekt »Glocke« (Zeitmaschine?) beteiligt, das 1944/45 in Niederschlesien im Bereich der geheimnisvollen Anlage »Riese« durchgeführt wurde. Der Physiker Herbert P. Jensen war laut einem Bericht der JiOA vom 2. April 1951 als Nuklearphysiker am »Projekt 63« beteiligt und wurde von den Amerikanern mit großer Dringlichkeit gesucht. Tatsächlich scheint es den amerikanischen Geheimdiensten gelungen zu sein, Herrn Jensen im Rahmen des Projekts »Paperclip« zu finden und in die USA mitzunehmen, da er auf der »Objective List« vom 2. Januar 1947 steht. Über seine eventuellen Aktivitäten dort konnte nichts in Erfahrung gebracht werden.

Ein anderer dazu passender Bericht erreichte uns von dem amerikanischen Forscher Henry Stevens (157). Danach erzählte Greg Rowe, dessen Vater bei der NASA in Huntsville als Ingenieur arbeitete, dass er eines Tages mit seiner Familie im Haus von Otto Cerney eingeladen gewesen sei. Der ehemalige Peenemünder Cerney war der Boss seines Vaters. Beim Essen erzählte Cerney, dass er im Osten tätig war, bevor er nach Peenemünde kam. Dort habe er an »Zeitexperimenten« gearbeitet, bei denen man eine nach einem runden griechischen Tempel aussehende Struktur verwendet habe, die an ihrer Oberseite eine Art konkaven Spiegel aufwies. Cerney berichtete weiter, dass Bilder der Vergangenheit in seiner Wiederspiegelung gesehen werden konnten. Rowes Vater, so Stevens weiter, habe diese Erzählung schwer akzeptieren können, und die beiden Männer hätten danach über die zugrunde liegende Theorie gesprochen. Grey Rowe konnte sich auch keinen Reim auf den Zusammenhang mit der Raumfahrt machen.

Auffälligerweise weist Otto Cerneys »Paperclip«-Akte keinerlei Hinweis auf »Zeitexperimente« auf. Hätte man das erwarten können?

Tatsächlich ist dies alles noch kein Beweis dafür, dass die Deutschen versuchten, über Plasmastrudel, Interaktionen mit Magnetfeldern und andere neuartige Techniken Anti-Schwerkraftantriebe für Raumfahrzeuge herzustellen. Die Diskussion dieses Themas würde ein eigenes Buch erfordern, jedoch sollen auch Russen und Amerikaner in der Nachkriegszeit versucht haben, Raumfahrzeuge zu bauen, die mit gelartigen, metallischen (Quecksilber-) Substanzen als Treibstoff angetrieben wurden.

Fazit zu den revolutionären Antriebstechniken

In den 1990er-Jahren wurde bekannt, dass das amerikanische SDI-Programm auch die Forschung nach sogenannten TAVs beinhaltete, also bemannten transatmosphärischen Vehikeln, die den Orbit erreichen, um die Erde kreisen und danach wieder auf konventionellen Landebahnen, nach Art von Prof. Sängers Raumgleiter, landen sollten.

1998 flog der X-40A-Technologie-Demonstrator, der als Vorgänger einer neuen Generation von kleinen, hoch manövrierbaren Weltraumfahrzeugen der *US Air Force* dienen sollte.

Auch die Sowjets wollten schon in den 1960er-Jahren mit der Mig »Spirel« ein von den Ideen General Dr. Dornbergers abgekupfertes Raumgleiterprojekt verwirklichen. Dazu gesellte sich in der Mitte der 1980er-Jahre die Mig-301, die von zwei supersonischen Ramjet/Scramjet-Triebwerken auf Mach 4 beschleunigt werden sollte. Die *Tupolev*-Werke entwarfen sogar den 100 Meter langen Tu-2000-Bomber mit einer Nutzlast von 150 Tonnen, der durch sechs wasserstoffbetriebene Skramjets Mach 6 in 31 000 Metern erreichen sollte. Der Zusammenbruch der alten Sowjetunion verhinderte ihre Verwirklichung.

Die neuesten amerikanischen Projekte sprechen zu Beginn des 21. Jahrhundert von revolutionären Antrieben für TAVs wie Vakuum-Rückstoßmotoren, kryogenen Raketenantrieben, magnetoelektrischen Systemen und Scramjets. Kommt dem Leser dieses Buches nicht manche dieser sensationellen »neuen Errungenschaften« bereits bekannt vor?

4. KAPITEL:

Weltumgreifende deutsche
Raketenpläne

Schon in meinem Buch *Hitlers Siegeswaffen,* Band 2, hatte ich über Peenemünder Pläne berichtet, in Nordafrika einen Raketentestplatz zu errichten (158). Im Juli 1942 brach eine deutsche Expedition mit General Dr. Dornberger und Oberst Thom in die Lybische Wüste auf, und kurz darauf hatte man mit dem Bau der Teststation begonnen. Neben der V-2 sollten dort auch atomare Antriebe erprobt werden (159). Alle Arbeiten mussten aber Ende 1942 wegen der Verschlechterung der Kriegslage abgebrochen werden.

An anderer Stelle konnte man bis Kriegsende allerdings ungestört weiterarbeiten.

Die vermutete Raketentestanlage auf Fuerteventura: Klein-Peenemünde im Atlantik?

Über die deutschen Raketentestgelände-Pläne in Afrika wurde bereits berichtet. Es wird beschrieben, dass Hitlers Raketen auch auf Inseln weit draußen im Atlantik aufgebaut und erprobt werden sollten. War auf der Kanareninsel Fuerteventura eine solche Raketenbasis geplant? Auf dem heute noch geheimnisvollen ehemaligen Stützpunkt auf der Halbinsel Jandia sollte neben unterirdischen U-Bootbunkern und ein bis zwei Flugfeldern auch ein Raketentestgelände errichtet werden.

Es muss in diesem Fall triftige Gründe gegeben haben, eine solche Raketenbasis auf einer weit entfernten Insel auf neutralem Boden weitab von den heimischen Produktionsstätten aufzubauen.

Vergleicht man den vermuteten deutschen Stützpunkt auf Jandia mit Peenemünde, erkennt man überraschende Parallelen: Hier wie dort ist eine – zumindest theoretische – freie »Weitschussmöglichkeit« auf das Meer hinaus gegeben. In Peenemünde allerdings nur rund 500 Kilometer; in Fuerteventura – Halbinsel Jandia – hingegen 5000 Kilometer! Außerdem war man entfernungsmäßig 2000 Kilometer näher an New York gelegen als von Deutschland aus. Genau an diesem Punkt wurde von dem Deutschen Gustav Winter neben einem U-Boot-Bunker auch ein Startplatz für Flugzeuge (und Raketen?) gebaut. (160)

Wollte man dort ungestört testen oder waren letzten Endes Abschüsse gegen die USA ins Auge gefasst?

Da die Kanarischen Inseln Teil des neutralen, aber deutschfreundlichen Spaniens waren, hatten die Alliierten auch nach Kriegsende keinen Zugriff darauf. Die deutschen Aktivitäten auf Jandia konnten somit in aller Ruhe »heruntergefahren« und verräterische Spuren beseitigt werden.

Ob während der Kriegszeit wirklich dort deutsche Raketen aufgebaut und getestet wurden, ist unbekannt. Die Hauptaktivitäten dürften eher in der geheimen Versorgung von U-Booten und in Transporten von Menschen und Material von und nach Südamerika gelegen haben. Es gibt zahlreiche Forscher, die der Meinung sind, dass der deutsche Stützpunkt auf Jandia in der unmittelbaren Nachkriegszeit eine Zeit lang als Zwischenstation bei der Evakuierung »wichtiger Personen« nach Südamerika diente.

Die volle Wahrheit über die in den 1950er-Jahren durch tagelange Sprengungen zerstörten Anlagen auf Fuerteventura dürfte in unter Verschluss liegenden spanischen Archiven verborgen sein!

Sicher ist, dass der deutsche Ingenieur Gustav Winter Ende der 1930er-Jahre große Teile der Halbinsel Jandia auf Fuerteventura für 25 Jahre gepachtet hatte. Unter der Schirmherrschaft Hermann Görings (!) sollte dort eine »Fisch- und Zementfabrik« gebaut werden. Ab 1939 wurden dann die Bewohner umliegender Landstriche zwangsweise aus der Gegend umgesiedelt und das gesamte Gelände mit Stacheldrahtzäunen weiträumig abgeriegelt. Aus der damaligen Zeit existieren heute dort noch ein geheimnisvolles Flugfeld, das nach Meinung einiger Forscher im Krieg ein Stützpunkt der Deutschen Luftwaffe war, und die legendenumwobene Villa Winter, die gewisse Ähnlichkeiten mit dem Oberberghof Adolf Hitlers in Berchtesgaden aufweisen soll.

Sie war damals das größte Gebäude auf der Insel überhaupt.

Von ihrem Besitzer Gustav Winter wurde sie nie selbst benutzt. (161)

Das Raketentestgelände sollte vermutlich in dem völlig unbebauten, etwa 27 Kilometer langen Küstenstreifen zwischen Punta de Jandia und Punta

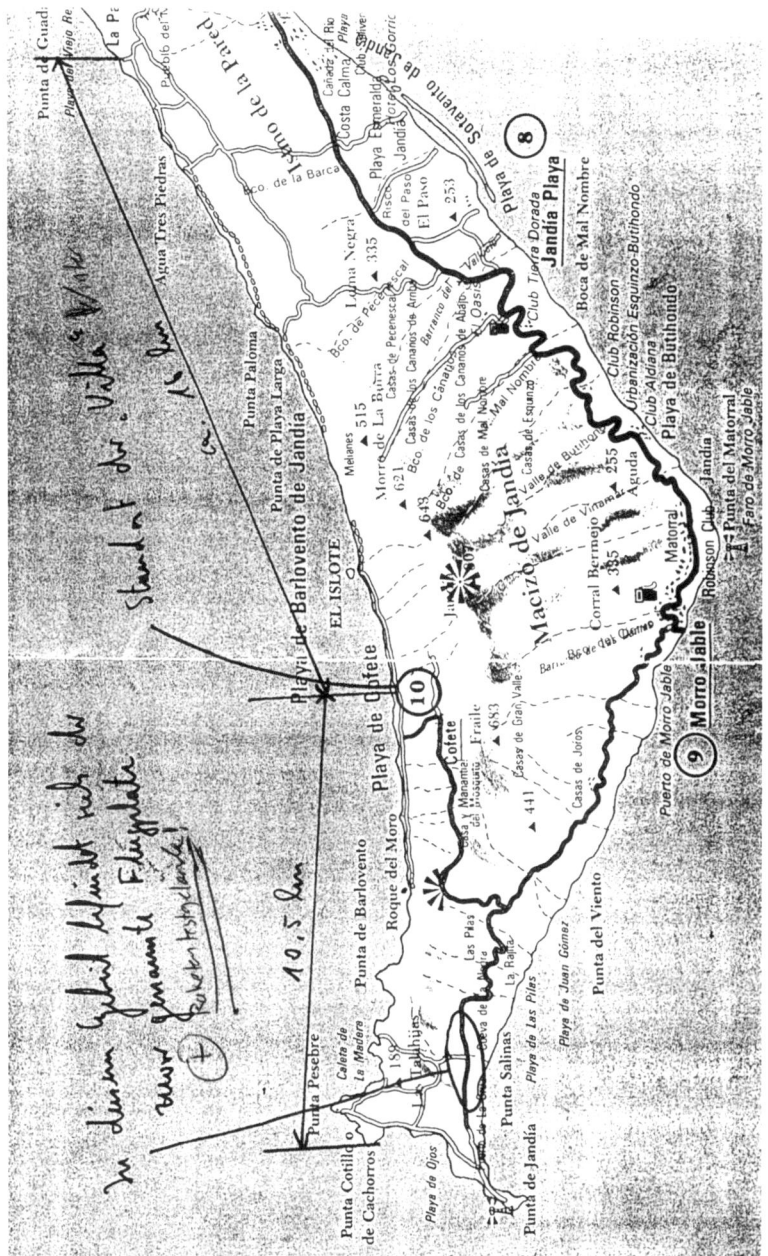

del Viento entstehen, wo auch die Flugplätze damals lagen. Eine hohe
Bergkette schirmte die Gegend fast komplett gegenüber der Ostküste ab
(siehe Karte auf der Vorseite). Zeitzeugen bestätigen, dass auf Fuerteventura
gelegentlich viermotorige Focke-Wulf FW-200 landeten und dass zwei
Langstreckenjäger des Typs BF-110 fest stationiert waren.
Was im Zusammenhang mit dem vermuteten deutschen Geheimstützpunkt
auf Fuerteventura misstrauisch macht, ist, dass in sämtlichen deutschen
Archiven – vom Bundesarchiv in Berlin bis hin zum Militärarchiv in
Freiburg – jegliche Hinweise auf deutsche Aktivitäten auf Fuerteventura
und auf die Person Gustav Winter fehlen! Es scheint fast so, als hätte es
Gustav Winter nie gegeben. Er starb übrigens 1971 im Alter von 75 Jahren.
Die touristische Erschließung der Halbinsel Jandia hatte ihn zum reichen
Mann gemacht.

V-Waffen im Pazifik: das verhinderte Duell?

Sollten auch auf dem pazifischen Kriegsschauplatz V-Waffen zum Einsatz
kommen?
Es gilt als gesichert, dass es schon relativ früh bei Raketen und Flugkör-
pern einen Technologietransfer von Deutschland nach Japan gab.
Als das U-Boot U-180 am 9. Februar 1943 von Kiel in Richtung Indischer
Ozean abfuhr, befanden sich an Bord die indische Politiker Subhas Chandra
Bose und sein Adjutant Dr. Habib Hassan. Das Ziel der Mission war ein
Punkt südöstlich von Madagaskar. Dort hatte U-180 ein Rendezvous mit
dem japanischen U-Boot I-29, bei dem die zwei indischen Passagiere auf
das japanische Boot umstiegen, während im Gegenzug zwei japanische
Spezialisten auf U-180 kamen, um mit nach Deutschland zu fahren. Dane-
ben wechselten wichtige Geheimdokumente von Boot zu Boot. Pikanter-
weise schloss dies auf deutscher Seite auch Blaupausen mit den genauen
Details und Plänen der Peenemünder A-4-Rakete ein. (162) Damit bestätigt sich auch hier, dass die spätere V-2 Anfang bereits 1943 fertig entwickelt gewesen sein muss.
Leider wissen wir nicht, was die Japaner mit den an sie übergebenen A-4-
Unterlagen angefangen haben.
Nachweisbar scheint aber der Einfluss der deutschen Fi-103 alias V-1 auf
spätere japanische Entwürfe von Selbstmordflugzeugen, wie z. B. der
Kawanishi »Baika«.

Die von den Amerikanern nach der deutschen Kapitulation vernommenen Besatzungsmitglieder des U-Bootes U-234, das ursprünglich nach Japan fahren sollte, teilten ihnen übereinstimmend mit, dass die Japaner die Blaupausen und andere Dokumente zum Bau der V-1 schon lange vorher durch andere U-Boote geliefert bekommen hätten. (163)

U-234 soll nach US-Angaben viele weitere Unterlagen zur Herstellung der V-1 und V-2 an Bord gehabt haben. (164)

Nachgewiesen ist, dass die USA eigene V-1-Nachbauten unter dem Namen Ford »JB-2« in großen Mengen gegen die Japaner einsetzen wollten, falls der Pazifik-Krieg länger gedauert hätte. Als Startverfahren waren B-29-Trägerflugzeuge vorgesehen. Aber auch die Japaner wollten »ihre« Lizenz-V-1 und -V-2 gegen die Amerikaner verschießen, um Letztere von den Philippinen zu vertreiben.

Hätte dies bedeutet, dass es um ein Haar zu einem Duell von amerikanischen V-1-Kopien gegen japanische V-Waffen-Nachbauten gekommen wäre?

Auch japanisches Spezialpersonal wurde in Deutschland während des Krieges als Raketentechniker ausgebildet. (165) So wird in einem von den Alliierten entzifferten Geheimtelegramm der japanischen Marine- und Heeresattachés in Berlin vom 13. Juli 1944 die schnellstmögliche Rückkehr von drei Raketentechnikern nach Japan gefordert, da die Deutschen damals keine eigenen Raketenspezialisten senden wollten. Es handelte sich um Major Shigeshisa Suematsu (Heer), Leutnant Yoshikichi Tarutani (Marine) und den Heeresingenieur Jiró Kawakita. Seit wann die drei Männer in Deutschland arbeiteten, ist unbekannt. In keinem Alliiertendokument wird erwähnt, dass nach der deutschen Kapitulation japanische Raketentechniker in Gefangenschaft gerieten. Ihr Schicksal ist somit ebenso ungeklärt wie das der japanischen Atomtechniker in Deutschland.

Ob auch die Pläne für die A-9/A-10 an die Japaner übermittelt werden konnten, ist unbekannt. Dass dieser Transfer in den letzten Monaten des Dritten Reiches mindestens einmal versucht wurde, berichtet das ehemalige Besatzungsmitglied des U-Bootes U-234 Wolfgang Hirschfeld. Nach seinen Worten warf der Wissenschaftler Schlicke, der als Passagier nach Japan mitfuhr, kurz bevor das Prisenkommando der *USS Sutton* am 12. Mai 1945 auf U-234 kletterte, mehrere Rollen Mikrofilme über Bord ins Meer. Bei einem der Mikrofilme habe Schlicke ausgerufen: »Und hier verschwindet die Rakete, die über den Atlantik fliegen konnte!« (166)

An Bord von U-234 befand sich neben den Mikrofilmen der »Amerika-Rakete« auch ein speziell ausgerüstetes Höhencockpit. In Ermangelung offizieller unzensierter Dokumente kann nicht entschieden werden, ob es für das ebenfalls mitgelieferte Henschel-Stratosphärenflugzeug oder die bemannte Form der »Amerika-Rakete« verwendet werden sollte. (167) Entgegen all dem, was heute gerne behauptet wird, war U-234 nicht »das letzte Japan-U-Boot«, sodass es weitere Möglichkeiten zum Transfer wichtiger Raketenprojektunterlagen nach Nippon gegeben hätte.

Die amerikanische *Air Technical Intelligence* erfuhr zu ihrem Entsetzen einen Tag vor Kriegsende am 7. Mai 1945, dass kurz vorher im April noch zehn U-Boote der Kriegsmarine mit Geheimmaterial und Spezialisten nach Japan ausgelaufen waren! Der betreffende deutsche Verräter wird in der amerikanischen Quelle als ein »Dr. Stinmann der Saudal-Flugzeug-Werke in Kahla« angegeben. In Wirklichkeit lautete der richtige Name wohl Dr. Steinmann, und es ging um das Objekt »Lachs« (= Salm) in Kahla, wo auch die Herstellung des Amerika-Bombers Ho-XVIIIB seit April 1945 begonnen wurde. »Stinmann« und »Saudal« sind typische Übersetzungsfehler, wie sie in dieser Zeit öfter vorkamen. Ob »Dr. Stinmann« wusste, was er mit seiner Gesprächigkeit auslöste? Die Alliierten reagierten sofort!

In einer der größten U-Boot-Suchaktionen überhaupt gelang es daraufhin – also nach dem offiziellen Kriegsende in Europa –, sechs der Boote zu erbeuten oder zu versenken. Einige von ihnen befanden sich nur wenig entfernt von ihren Auslaufhäfen, andere waren aber schon kurz vor ihrem Ziel, als sie von den Alliierten geortet wurden. (168, 169)

Eines dieser Boote dürfte das zwischenzeitlich durch Bücher und Filme berühmt gewordene U-234 gewesen sein, das sich nach der deutschen Kapitulation unter bis heute unklaren Umständen den Amerikanern ergab. Bis heute sind die übrigen vier U-Boote, die Japan noch nach dem 8. Mai 1945 mit ihrer Geheimfracht erreichten, eines der großen Rätsel der Geschichte geblieben. Was (und wen?) hatten sie an Bord, und was wurde nach den Einsätzen aus den Booten und Besatzungen? Das bis heute anhaltende komplette Schweigen lässt Schlimmstes befürchten!

Auch die sechsmotorige Junkers Ju-390 V-2, die Ende März 1945 angeblich mit Ziel Japan abgeflogen war und seither spurlos »verschwunden« ist, soll extrem wichtige Mikrofilme an Bord gehabt haben. (170, 171) Nach neueren Forschungen (172, 173) muss die Möglichkeit in Betracht gezogen werden, dass das Interkontinentalflugzeug letzten Endes nach Argentinien umgeleitet wurde und dort bei Bariloche landete. Eine dritte spekulative Möglichkeit ist die, dass auch das V-3-Muster der Ju-390 fertiggestellt wurde und so eine Ju-390 nach Japan und eine weitere nach Argentinien flog.

Tatsächlich ist ein Fall (U-2513) bekannt geworden, dass am Ende des

225

Prof. Dr. Sängers U. M. 3538 weist ausführliche Berechnungen für einen geplanten Einsatz des DFS/Siebel-Antipodenbombers von einer Sekundärbasis auf, die auf den im japanischen Herrschaftsbereich liegenden Marianen-Inseln errichtet werden sollten.

Nach seinem Atombombenangriff auf New York oder eine andere Ostküstenstadt sollte der Weltraumgleiter dort landen, aufgetankt werden und sich mit einer neuen Bombe auf den Rückflug nach Deutschland begeben. Ziel des »Shuttle«-Bombenflugs wäre nun eine Metropole an der US-Westküste gewesen. Die Bombe hätte man mit dem U-Boot aus Deutschland oder Japan auf die Marianen bringen müssen. Wir wissen, dass die Marianen-Insel Tinian später zur Basis für US-Atombomber mit interkontinentaler Reichweite ausgebaut wurde! Ein Zufall!?

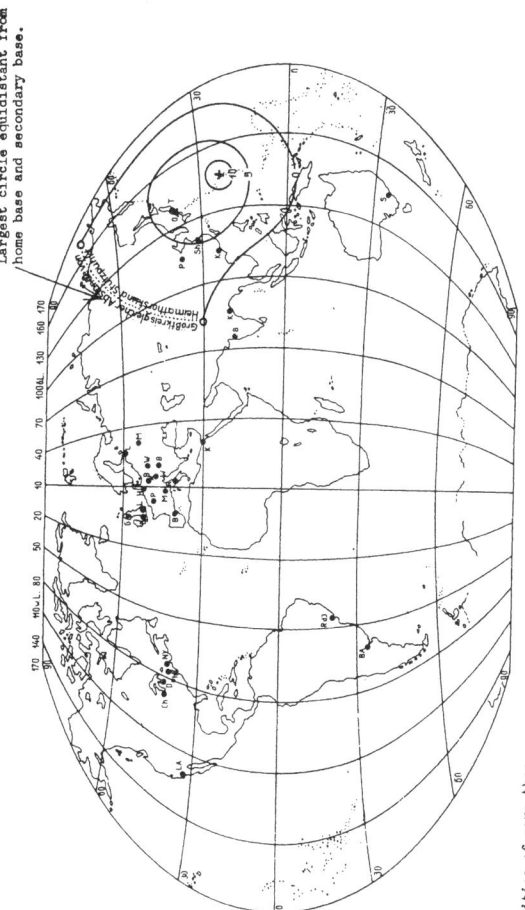

Largest circle equidistant from home base and secondary base.

Cities of more than one million
× Home base
• Secondary base in the Marianas Islands.

Fig. 95: Bomb load of a Rocket Bomber in tons (percent of the take-off weight) in the case of a point attack, dog leg path, second propulsion at the knee, and a secondary base in the Marianas Islands. Exhaust velocity c = 4000 m/sec.

Krieges auf Befehl von Großadmiral Dönitz der U-Boot-Kommandant bis zuletzt die Entscheidung abwarten musste, ob seine Geheimfracht nach Japan oder Argentinien gebracht werden sollte. (174)

5. KAPITEL:

Der Kampf um das Wissen von übermorgen oder: die Jagd nach Hitlers Raketenerbe

*»… Der Plan besteht darin, sämtliche deutschen wissenschaftlichen
Informationen mit allen alliierten Nationen zu teilen …«
(US-Colonel Keck; Paris, am 28. Juni 1945)*

Abteilung 1: Der große Handel

1945/46 gelang es den USA mit großzügigen Angeboten und Druck, sich
die besten Peenemünder Raketenwissenschaftler zu sichern und innerhalb
des Unternehmens »Paperclip« nach Fort Bliss zu bringen. Zusammen mit
100 aus der ehemaligen deutschen Geheimwaffenfabrik Nordhausen ab-
transportierten A-4-Raketen muss dies als der Beginn der amerikanischen
Raumfahrt angesehen werden. Wernher von Braun und sein Team hatten
auf diesen Moment zielbewusst hingearbeitet, um ihre Vision einer zivilen
Raumfahrt endlich in der »Freien Welt« zu verwirklichen, wenn man den
Darstellungen der offiziösen Geschichtsschreibung folgt. Wie schön das
klingt! – Betrachten wir deshalb, was wirklich vorging.

Doppeltes Spiel: Gab es geheime Kontakte zwischen Peenemünde und den Alliierten während der Kriegszeit?

Einige Zeit nach der ersten bemannten Mondlandung soll General
Dr. Dornberger im Jahr 1970 eine geradezu ungeheuerliche Tatsache bestätigt haben, die sich am Ende des Krieges ereignet hatte. Danach kam es

Ende 1944 über neutrale Vermittler in der Schweiz zu direkten Kontakten zwischen dem amerikanischen Geheimdienst OSS und Führungskräften aus Peenemünde. (175)

Auch SS-Obergruppenführer Dr. Kammler erzählte seiner Frau bei einem seiner letzten Besuche im Frühjahr 1945, dass er von amerikanischer Seite auf indirektem Wege ein Angebot erhalten habe. Man wollte ihn als Experten für den Aufbau einer Raketenindustrie in den Vereinigten Staaten anwerben. (176) Albert Speer bestätigte, dass Dr. Kammler, wenn man den Gerüchten glaube, schon im November 1944 Kontakte zu den Alliierten aufgenommen hatte. (177)

Unklar ist immer noch, von wem und mit welchen Ergebnissen diese geheimen Verhandlungen geführt wurden.

Im Wesentlichen gibt es vier denkbare Möglichkeiten:

Die erste würde eine eigenständige Peenemünder Verhandlung mit den Alliierten beinhalten. Dies dürfte aber in der damaligen Zeit ohne irgendeine Rückendeckung von offizieller NS- oder SS-Seite wohl kaum möglich gewesen sein. In diesem Zusammenhang sei nur auf die laufende Gestapo-Überwachung der Gruppe Wernher von Brauns verwiesen.

Die zweite Option: Wollte Reichsführer-SS Heinrich Himmler die Peenemünder Waffentechniker vielleicht als Faustpfand verwenden, um mit den Amerikanern ins Geschäft zu kommen und einen halbwegs erträglichen Waffenstillstand auszuhandeln?

Haben die Kammler-Gruppe (Möglichkeit drei) oder ihr nahestehende Kräfte (Möglichkeit vier) vielleicht separate Verhandlungen mit den Amerikanern ohne Wissen von Himmlers »offizieller SS« geführt?

Es ist durchaus möglich, dass diese Kontakte über die »Von-Braun-Connection« im Vatikan eingefädelt wurden. Auf ähnliche Weise wurden 1944 auch die Verhandlungen zwischen SS-General Wolff und den Alliierten in der Schweiz begonnen, die dann im April 1945 zur überraschenden Sonderkapitulation der »Heeresgruppe Italien« führten.

So wurde auf einem US-Schiffstransport von deutschen Gefangenen nach Amerika berichtet, dass Sigismund von Braun, der für den Vatikan als Botschafter in Rom tätig war, über seine vatikanischen Beziehungen erste mündliche Absprachen zwischen den Amerikanern und Wernher von Braun hergestellt hatte, um ein direktes Zusammentreffen abzusichern. (178)

Welche Rolle spielte dabei das Kloster Ettal bei Oberammergau, zu dem auch Dr. Kammler auf merkwürdige Art in Verbindung zu stehen schien?

War die Führung des Dritten Reiches über diese Verhandlungen informiert? Immerhin waren die »Siegeswaffen« ein wertvolles Verhandlungspfand, wollte man die totale bedingungslose Kapitulationsforderung der

Alliierten in ein halbwegs akzeptables Waffenstillstandsabkommen um-
wandeln. Der Versuch schien verlockend!

Auch hier gibt es einen Augenzeugenbericht, der darauf hindeutet, dass
Hitler von diesem sich anbahnenden »Handel« wusste. (179) Der Stuka-
Oberst und Eichenlaubträger Hans-Ulrich Rudel wurde am 19. April 1945
durch einen Funkspruch in die Reichskanzlei nach Berlin befohlen. Damals war den Russen ihr Durchbruch durch die Oder-Front bereits ge-
glückt. Rudel berichtete: »Gegen 23:00 Uhr stehe ich dem Obersten Be-
fehlshaber (Adolf Hitler – Anmerkung Autor) gegenüber. (…) Er sagt mir,
dass die ganze Welt die deutsche Technik und Wissenschaft fürchtet, und
zeigt mir einige Informationen, die andeuten, wie die Alliierten schon jetzt
alles vorbereiten, um sich diese Technik und unsere Wissenschaftler ge-
genseitig zu erschwindeln (…)«

Leider schreibt Rudel nicht, inwieweit die Informationen Hitlers aktives
»Mitspielen« der Deutschen beinhalteten. Dies wäre zum Erscheinungs-
zeitraum seines Buches *Trotzdem* wohl auch nicht möglich gewesen, weil
die Welt damals mitten im »Kalten Krieg« stand.

Betrachten wir deshalb zuerst den wahrscheinlichen Ablauf des »Handels«
gegenüber der amerikanischen Seite, soweit dies heute möglich ist:

Ist es denkbar, dass es zu irgendeiner Art von Abmachung bei diesen
Verhandlungen gekommen sein könnte? Nun, es gibt genügend Merkwürdigkeiten, die so nahtlos zusammenpassen, dass man sich weigert, gleich
an so viele verschiedene Zufälle zu glauben! Fassen wir einige davon
zusammen:

Warum unternahm General Patton seinen schnellen Vorstoß gerade nach
Nordhausen und Ohrdruf?

Warum ließ Dr. Kammler die Nordhausener Raketen-Untergrundfabrik
»Dora I« am 2. April 1945 vor der Einnahme durch die *US Army* nicht
zerstören? Dabei ist sicher, dass Dr. Kammler schon am 15. März 1945
präzise Befehle seines Reichsführers Heinrich Himmler erhalten hatte,
»alle geheimen Dokumente über Fernlenkwaffen, die aus Peenemünde
verlagert wurden, zu vernichten, um ihre Erbeutung durch den Feind zu
verhindern«. Sollte Himmler gerade »Dora« in Nordhausen, das eigentliche Hauptwerk, dabei ausgespart haben?

Warum stellte Dr. Kammler eine Liste von 500 führenden Raketenspezialisten zusammen und ließ sie noch am gleichen Tag von Nordhausen
mit dem »Vergeltungsexpress« nach Bayern abfahren?

Dieser Zug besaß neben der Lokomotive zwölf Schlafwagen, Personenwa-
gen sowie einen Speisewagen und war mit einer exquisiten Mischung von
edlen Nahrungsmitteln und feinen Spirituosen ausgerüstet, um die »wert-

vollen« Raketenleute bei bester Stimmung zu halten. Ein großer Teil des Begleitkommandos bestand aus SS-Soldaten des aufgelösten »Vergeltungskorps«, die bis Ende März noch in Holland stationiert waren. Diese Männer waren Dr. Kammler treu ergeben. Hätten sie im Ernstfall Himmler oder ihrem alten Chef Dr. Kammler gehorcht?

Auch ein früherer Vorgang passt in das Bild dieser Merkwürdigkeiten: Wernher von Braun, der nach einem Verkehrsunfall seit dem 16. März im Bleicheroder Krankenhaus lag, wurde nachts gegen 2 Uhr am 19. März 1945 von einem Fieseler-Fi-156-»Storch«-Kurierflugzeug ausgeflogen, das wagemutig auf einem kleinen Platz hinter dem Krankenhaus gelandet war. Zwei Tage danach war er jedoch zu seiner Geburtstagsfeier wieder zurück in Bleicherode. Was waren Zweck und Ziel der geheimen nächtlichen Flugzeugmission, bei der er in Begleitung von zwei deutschen Offizieren gewesen sein soll?

Von Braun musste auf ausdrücklichen Befehl Dr. Kammlers später nicht wie die anderen mit dem »Vergeltungsexpress« fahren, sondern durfte sich mit dem Pkw nach Oberammergau begeben.

Nach ihrer Überführung in ein relativ komfortables Oberammergauer Quartier wurden die Peenemünder Raketenspezialisten kurz danach relativ schnell von amerikanischen Truppen en bloc »aufgefunden«. Es war fast, wie wenn sie auf dem Silbertablett den Amerikanern als Geschenk überreicht worden wären. Bevor Dr. Kammler kurz vor dem Eintreffen der Amerikaner plötzlich »verschwand«, überzeugte er sich noch, dass die von ihm in Oberammergau versammelte Peenemünder Crew so weit komplett war, dass ihr jederzeit eine Wiederaufnahme der unterbrochenen Arbeit möglich war. Außerdem ließ er seine 500 Experten bis zum Eintreffen der *US Army* engmaschig von der SS bewachen, sodass keiner vorzeitig entkommen konnte.

Warum tat dies der drittmächtigste Mann des Dritten Reiches?

Albert Speer schrieb in einem erst 1982 veröffentlichten Buch, dass Dr. Kammler ihm am 3. April 1945 gesagt habe, dass Bestrebungen im Gange seien, den Führer zu beseitigen. Hätten sie Erfolg, habe er vorgesorgt. In diesem Fall wolle er Kontakt mit den Alliierten aufnehmen und ihnen die Turbinen, Raketen und andere High-Tech-Forschungsergebnisse gegen seine persönliche Freiheit anbieten. Dazu habe er bereits alle wichtigen Wissenschaftler zur Vorbereitung des Tauschhandels in Oberbayern zusammengezogen. Dr. Kammler habe Speer weiter aufgefordert, Berlin zu verlassen und sich ihm in München anzuschließen. Der Krieg sei verloren, seine Aussichten würden besser, wenn er sich jetzt noch rechtzeitig absetze.

Wie wir wissen, müssen Speers Nachkriegsaussagen mit einer gehörigen Portion Misstrauen und Vorsicht betrachtet werden! Da Speer und Dr. Kammler, trotz aller Konkurrenz um den Einfluss auf die deutsche Rüstung, bis Kriegsende miteinander auskamen, ist aber nicht auszuschließen, dass Dr. Kammler Speer zumindest in Bezug auf Teilaspekte seines beabsichtigten »Tauschhandels« ins Vertrauen zog.

Es ist durchaus denkbar, dass in Wirklichkeit das Ganze mit Wissen Hitlers eingefädelt werden sollte, wenn man an die Äußerungen des Führers gegenüber Rudel denkt.

Die Frage bleibt, was die Amerikaner als Gegenleistung anboten und ob die »Vertragsparteien« sich an ihre Abmachungen bis zum Schluss gehalten haben. Hier scheint etwas passiert zu sein.

Auf jeden Fall wird immer wahrscheinlicher, dass die merkwürdigen Vorgänge, die in Nordhausen, Oberbayern und – aller Wahrscheinlichkeit nach – noch an weiteren Orten im April und Mai 1945 abgelaufen sind, keine bloße »Aneinanderreihung von Zufällen« waren.

So kam es, dass am 11. April 1945 die Amerikaner die unversehrten Nordhausener Untergrund-Raketenfabriken erbeuten konnten, obwohl diese in der für die Russen vorgesehenen Zone lagen.

Am 1. Mai 1945 fiel ihnen »programmgemäß« dann auch die beinahe komplette Peenemünder Führungsmannschaft in die Hände.

Stalin soll getobt haben, als er davon Wind bekam. Zu dem NKWD-Raketen-Generaloberst I. A. Serow äußerte er 1945: »Das ist absolut unerträglich. Wir besiegten die Armeen der Nazis, wir eroberten Berlin und Peenemünde – aber die Amerikaner bekamen die Raketeningenieure. Was könnte empörender und unentschuldbarer sein? Wie konnte das geschehen?« Er spürte, dass er hereingelegt worden war. Wenigstens auf einem Gebiet hatten die Russen Erfolg erzielt, als sie sich in der »Operation Borodino« die deutschen Atomforschungseinrichtungen nebst Uran sichern konnten.

Auf einem anderen Blatt steht, dass es den Amerikanern hinterher nicht gelang, alle der sich in ihrem »Besitz« befindlichen Peenemünder zusammenzuhalten. Einige wichtige Fachleute, besonders aus der mittleren Führungsebene, kehrten umgehend wieder zu ihren, sich noch im Raum Bad Sachsa und Bleicherode befindenden, Familien zurück. Diese Rückkehrer bildeten später den Grundstock der sowjetischen Nachkriegsraketenpläne.

Auch gelang es den Sowjets, nicht nur 40 vollbeladene Eisenbahnwaggons aus den Kavernen von »Dora« mit von den USA übersehenem Hochtechnologiematerial abzutransportieren, sondern man fand auch die Facharbeiter, Meister und Ingenieure, die bei der V-Waffenproduktion in Nordhausen tätig waren, und engagierte sie für die Sowjetunion. Die Amerikaner hatten keine Zeit gehabt, sich um diese Leute zu kümmern, weil sie zur Konkurrenzbeseitigung für die US-Industrie die Jagdwaffenfabriken in Suhl zerstören mussten.

Es gibt Hinweise, dass auch die 15 Tonnen wiegenden, entscheidenden Peenemünder Schlüsseldokumente, die in einer unterirdischen Mine in der britischen Zone versteckt waren, nur durch die Hilfe eines Stellvertreters von Dr. Kammler gerade noch rechtzeitig in den Besitz der Amerikaner gelangten, bevor die Briten zugreifen konnten. Der entscheidende Hinweisgeber war Obergruppenführer Dr. Kammlers Nachrichtenoffizier von Ploetz. Schon wieder ein Zufall?

Nach der erfolgreichen Bergung der Dokumente bemerkte dann ein US-Offizier: »Einer der wichtigsten wissenschaftlichen und technischen Schätze in der Geschichte befindet sich jetzt sicher in amerikanischen Händen.« (180)

Die trotz aller Hindernisse gleich am Ende des Krieges ablaufende, rasche und fast nahtlose Überführung des deutschen Raketenprogramms in amerikanische Hände lässt jedenfalls noch zu Kriegszeiten unternommene längerfristige Vorbereitungen vermuten, die auf beiden Seiten der Front stattgefunden haben müssen.

Es ist seit alters her in einem Krieg nichts Besonderes, dass mit der Gegenseite über delikate Dinge verhandelt wird und ihr teilweise große Zugeständnisse angeboten werden, bevor – nach dem oftmaligen Scheitern der Verhandlungen – der erbitterte Kampf bis zur Vernichtung wieder aufgenommen wird.

Zweifelhaft ist, ob der mutmaßliche »Deal« von beiden Seiten ganz durchgezogen wurde oder zwischenzeitlich »abriss«. Hinweise sprechen dafür, dass ab dem 22. April 1945 alles anders wurde und die Amerikaner sich nicht mehr an ihren Teil der Abmachungen halten wollten. Daraufhin brachten die Deutschen einen Teil ihrer »Verhandlungsgegenstände« wieder in Sicherheit.

Somit ist unklar, wie viel die Amerikaner vom A-9/10-Projekt wirklich bekamen. Offensichtlich erhielten die USA nur die Technologie ausgeliefert, die ihnen wie im Fall der V-1, V-2 und der Düsenjäger vom Kampfeinsatz her bereits gründlich bekannt war.

Die Gründe für diesen unvollständigen Vollzug des »Deals« sind genauso unbekannt wie die von den Amerikanern den deutschen Verhandlungspartnern versprochenen und wohl nicht eingelösten Gegenleistungen.

Noch 1947: Jagd auf die Raketen-»Werwölfe« – deutsche Fernwaffenpläne für ein Viertes Reich

Lange nach der deutschen Kapitulation wurden in Oberjoch, Bad Sachsa und Wesermünde bisher vor den ehemaligen Alliierten geheim gehaltene Verstecke von wichtigen Akten und Instrumenten der Peenemünder gefunden. Die Alliierten begannen sich deshalb die Frage nach der vollen Loyalität ihrer deutschen Beutewissenschaftler zu stellen. (181, 182, 183) Offensichtlich war es Wernher von Brauns Gruppe im Mai 1945 zuerst gelungen, die Amerikaner von der Lauterkeit ihrer Absichten zu überzeugen. Bis hinauf zu Präsident Truman herrschte die Überzeugung vor, dass man die deutschen Raketenwissenschaftler in die Dienste der Vereinigten Staaten stellen müsse.

Es sollte sich dann aber 1947 herausstellen, dass Wernher von Braun und Dr. Dornberger bei Kriegsende den Alliierten gegenüber nicht die volle Wahrheit gesagt hatten, sodass diese Schlimmstes befürchten mussten!

Am 7. Juli 1947 erschien ein Geheimbericht der Engländer über die »Operation Abstract«. Diese Schilderung könnte direkt einem Agentenroman entsprungen sein.

»Operation Abstract« befasste sich mit der »Bergung von Dokumenten und Instrumenten, die vermutlich auf Anweisung von General Dr. Dornberger und Wernher von Braun mit der Absicht versteckt wurden, in Deutschland nach der Lockerung der alliierten Überwachung eine Lenkwaffenorganisation wiederaufzubauen«. Waren die Alliierten »Werwolf«-Aktivitäten der ehemaligen Peenemünder auf die Spur gekommen? Während die britischen Geheimdienstler diese Informationen als extrem wichtig ansahen, gab sich die amerikanische Seite merkwürdigerweise in Bezug auf die Ergebnisse weniger überrascht.

Bei der Bergung des Geheimdepots in Oberjoch war die örtliche Kooperation von drei Zeugen nötig, die 1945 bei der Vergrabung anwesend waren. Die Karten, die die Lage des Depots zeigten, waren in zwei oder drei Teile geteilt, von denen jede für sich allein genommen nutzlos war. Dazu kamen noch Codewörter, farbige Nummern und Buchstaben, hohle Briefkästen in Bäumen, vergrabene Kupferzylinder mit Dokumenten usw. usf.

Am Ende kamen so die neuesten Forschungsberichte aus Peenemünde und Bad Sachsa ans Licht. Sie waren sorgfältig in verzinkten Schachteln verschweißt und wären so noch viele Jahre unversehrt geblieben. Die gefundenen Dokumente reichten vom 13. März 1944 bis zum 16. März 1945 und enthielten nach Ansicht der Alliierten so viel an neuesten theoretischen und praktischen Erkenntnissen über die deutschen Arbeiten an

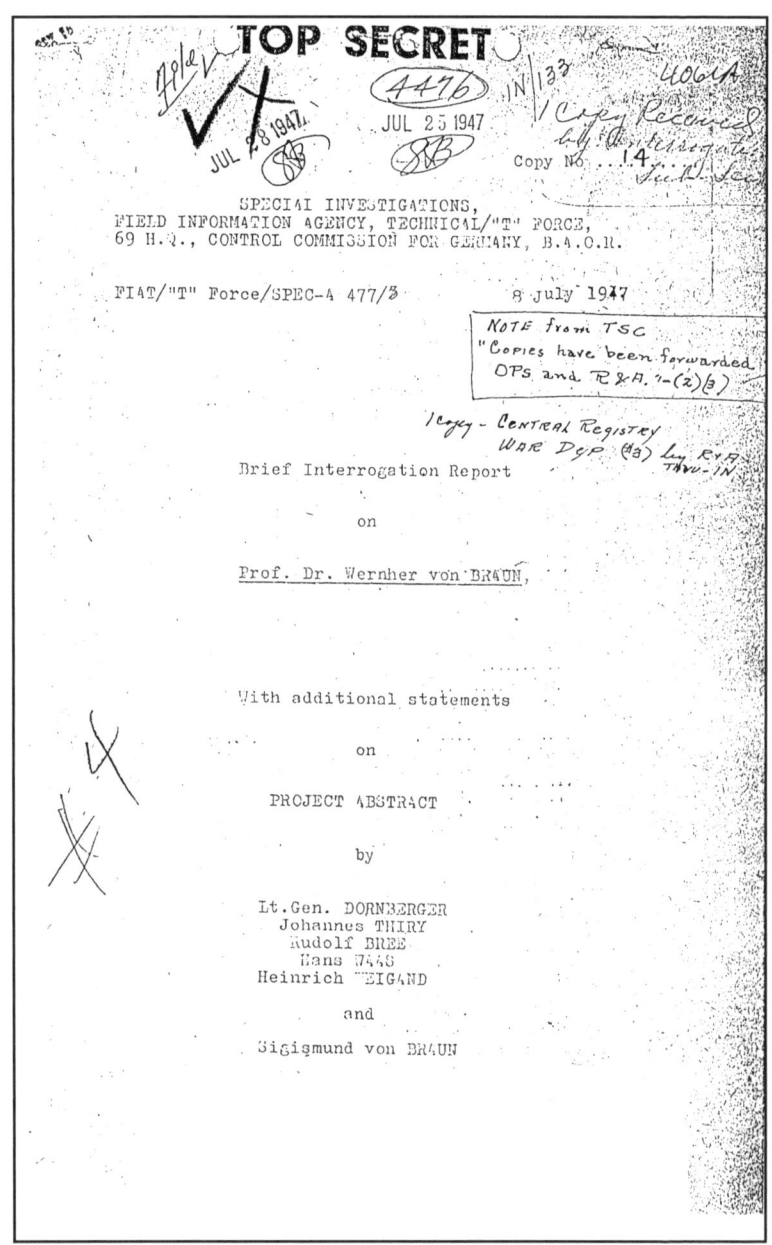

FIAT-Bericht vom 8. Juli 1947 über die »Operation Abstract«. Plante von Braun eine erneute deutsche Raketenrüstung nach dem Ende der Besetzung Deutschlands durch die Aliierten?

Fernlenkwaffen, dass sie als technischer Hintergrund für das Wiedererstehen einer späteren deutschen Raketenrüstung bereits als ausreichend angesehen wurden!

Auch die hartnäckigen englischen Fragen an Wernher von Braun nach ABC-Sprengköpfen für die deutschen Raketen und Flugkörper und nuklearen Raketenmotoren dürften auf das dort vorher aus der Erde geholte Material zurückgegangen sein.

Die Existenz dieser Depots in Oberammergau und Bad Sachsa wurde den Siegermächten durch General Dr. Dornberger und Oberstabsingenieur Dr. Thiry im März 1947 preisgegeben.

Vielleicht konnte Dr. Dornberger sich durch die »Opferung« dieses Depots einen Kriegsverbrecherprozess ersparen? Wir werden die näheren Umstände wohl nie mehr erfahren.

Die Art und Weise, wie das Depot in Oberjoch angelegt wurde, zeigt, dass es sich um eine gründlich vorbereitete Vergrabungsaktion gehandelt haben muss, die über eine rein private Initiative einzelner Peenemünder Forscher weit hinausging. Sie dürfte nur unter Mithilfe von ausgebildetem Spezialpersonal durchgeführt worden sein und erinnert an andere Auslagerungen der »Werwolf«-Bewegung am Ende des Krieges.

Auch die Russen scheinen gleichzeitig mit den ehemaligen Westalliierten 1947 zu neuen Erkenntnissen über das deutsche Siegeswaffenprogramm gekommen zu sein. Ist es ein Zufall, dass auch im sowjetischen Bereich eine zweite Expedition von Fachleuten ins besetzte Deutschland startete, um bis dahin »übersehene« Erkenntnisse über den Sänger-Bomber zu bergen?

Die Bemühungen der Alliierten im Jahr 1947 erbrachten echte neue Erkenntnisse über das ehemalige deutsche Kriegsprogramm! Englische, amerikanische und deutsche (!!) Experten stellten dann 1947 fest, dass es sich bei den Funden in Oberjoch und Bad Sachsa um wichtiges Zukunftsmaterial handelte (»much was intended for the future«) und dass ihnen im Falle der Nichtauffindung viele Details des letzten Stands der deutschen Raketenrüstung im Jahr 1945 unbekannt geblieben wären!

Die Siegermächte in Ost und West standen nun vor dem Dilemma, dass sie trotz aller berechtigten oder unberechtigten Loyalitätszweifel nicht auf die Dienste ihrer deutschen »Beutewissenschaftler« verzichten konnten!

Spurlos gingen diese Nachkriegsereignisse um die versteckten Neuentwicklungen aber an Wernher von Brauns Gruppe nicht vorbei. Man warf den Deutschen von amerikanischer Seite zusätzlich vor, dass sie unerlaubterweise über die Grenze nach Mexiko gingen und sich mit merkwürdigen Deutschstämmigen träfen.

Ein amerikanischer Befrager der deutschen Raketenwissenschaftler berichtete später, dass es eine Verschwörung zwischen von Braun, Dornberger und anderen führenden Raketenwissenschaftlern gegeben hätte, um bestimmte Informationen vor den Amerikanern geheim zu halten. Betrachtet man die Tatsache, dass alle wichtigen militärischen und »zivilen« US-Raketen der späteren Zeit auf die Peenemünder zurückgingen, stellt sich die Frage, welches Wissen General Dr. Dornberger und von Braun vor den Amerikanern zurückhalten konnten. Natürlich mag es um technische Schlüsselinformationen gegangen sein, aber vielleicht steckte auch noch mehr dahinter, denn drei andere deutsche Raketenwissenschaftler unterhielten »illegale« Postfächer in Es Paso, durch die sie Geld und kodierte Botschaften aus unbekannten ausländischen Quellen erhielten. Auch andere Fälle, in denen die deutschen Wissenschaftler Geld aus unbekannten Quellen enthielten, seien nie vom amerikanischen Militär untersucht worden. Tatsächlich waren sich die US-Geheimdienste schon bald darüber im Klaren, dass es unter den »US-›Paperclip‹-Peenemündern« eine Art eigene Kommandostruktur gab, die die Kapitulation der Wehrmacht überdauerte. Sie wurde von Dr. Dornberger, seinem Stabschef Axster und von Braun hierarchisch geführt. Ungehorsame Wissenschaftler, die gegen Dr. Dornbergers Edikte verstießen, seien regelrecht bestraft worden.

Später führten die Peenemünder in der NASA ein erfolgreiches Eigenleben weiter, das die amerikanischen Kontrolleure zuerst zur Verzweiflung und später im Jahr 1973 zur Zerschlagung der Gruppe trieb.

James Webb, zweiter NASA-Administrator, beschwerte sich z. B., dass sich »die Deutschen« einen Teufel um das offizielle (und für die Aerospace-Industrie so lukrative!) US-Vertrags- und Ausscheidungsverfahren kümmerten und stattdessen lieber alles selbst »im Haus« bauen wollten. (184)

Am 13. September 1947 befahl deshalb J. Edgar Hoover, der Chef der US-Bundespolizei FBI, dass den deutschen Raketenwissenschaftlern keine als geheim eingestuften Informationen mehr zugänglich gemacht werden durften. Damit hatten die deutschen Wissenschaftler in den USA eine Zeit lang beinahe den gleichen Status wie ihre deutschen Kollegen in der Sowjetunion.

Dieser Zustand wurde, mit zunehmenden Abstrichen bis zum 15. April 1955, aufrechterhalten. Erst danach konnten Wernher von Braun und seine Leute nach dem Erhalt der amerikanischen Staatsbürgerschaft uneingeschränkt an US-Geheimprojekten arbeiten. (185)

Die »Operation Abstract« und die Angst vor einem versteckten deutschen Raketen-»Werwolf«-Programm scheint trotzdem noch einige Zeit nachgewirkt zu haben. Erst nach dem Schock des russischen »Sputnik«-Satelliten bekam das ehemalige Peenemünder Raketenteam aus Washington in vollem Umfang freie Hand.

Während die Sowjets ihre deutschen Beutewissenschaftler nur wie Zitronen nach Wissen ausquetschten und sie dann wieder nach Hause schickten, gelang es den Amerikanern, Hitlers Raketenprogramm und seine Wissenschaftler in ihr eigenes komplett zu integrieren. Man betrachte dazu nur die Ähnlichkeiten zwischen den deutschen A-9/10- und A-11-Raketen und dem amerikanischen »Saturn«-Mondraketenprogramm!

Abteilung 2: Tops und Flops nach Kriegsende oder: Was den »Beutegreifern« am wichtigsten war

Vertane Weltherrschaft? Englands Chancen auf das Erbe von Deutschlands Raketen- und Flugkörperprogramm

Obwohl die Engländer den direktesten Kontakt mit Hitlers V-Waffen hatten, war das Empire die Siegermacht, die am wenigsten Nutzen daraus ziehen konnte.

Es gibt von deutscher Seite keine Aussagen, die über die von den Engländern ursprünglich zugedachten Beuteanteile Auskunft geben könnten. Anhaltspunkte sprechen aber dafür, dass Dr. Kammler die Engländer ebenfalls nicht leer ausgehen lassen wollte. So befanden sich bei Kriegsende auch im Bereich der britischen Zone genug Material und Personal des A-4- und Fi-103-Programms. Der »bewegliche Schießzug« der Heeresversuchsanstalt Peenemünde war nicht ohne Absicht nach Cuxhaven verlegt und auch die Peenemünder Hauptakten waren kaum »zufällig« im Bereich der britischen Zone versteckt worden. Den Deutschen war seit der Ardennen-Offensive bekannt, wie die Alliierten das besetzte Deutsche Reich aufteilen wollten, und sie konnten bei Bedarf ihre Dispositionen für das Kriegsende danach ausrichten.

Die Briten hatten in der ersten Nachkriegszeit zuerst größtes Interesse an Deutschlands Raketen- und Flugkörperentwicklungen.

Innerhalb von fünf Monaten gelang es ihnen, mittels der »Operation Backfire« viele Monate vor den Amerikanern und Russen deutsche A-4-Beuteraketen zu starten und trotz eines kleinen Budgets detaillierte Berichte über den Zusammenbau, das Startverfahren und den Flug der deutschen Rakete anzufertigen. (186)

Die Briten sollten jedoch diesen Vorteil gegenüber Amerikanern und Russen binnen kürzester Zeit wieder verlieren, wobei die USA mit recht unsanften Mitteln nachhalfen.

Diese Entwicklung begann bereits am 27. Mai 1945, als amerikanische Lastwagen den 15 Tonnen umfassenden Peenemünder Aktenschatz aus der britischen Zone gerade in dem Moment »wegorganisierten«, als die Engländer begannen, Straßensperren aufzubauen. Möglicherweise wurde dabei nur knapp ein Waffeneinsatz zwischen den Verbündeten vermieden. (187)

In der Tat bestand eine Vereinbarung zwischen England und den USA, nach der die Hälfte aller amerikanischer Kriegsbeute in Europa der Forschung des Vereinigten Königreiches zur Verfügung gestellt werden sollte, wobei die Engländer bei der Prüfung von Materialproben sogar Vorrang hatten und das Material nur dann nach Amerika schicken sollten, wenn es für sie uninteressant war. Wenn es um wirklich Wichtiges ging, war die Vereinbarung nicht das Papier wert, auf das sie geschrieben worden war.

Das zweite Mal wurden die Engländer um ihren »Anteil« an der ihnen zustehenden deutschen Raketenbeute gebracht, als die Amerikaner über 100 A-4 Raketen sowie ihre Transport- und Zubehöranlagen in endlosen Zügen aus Nordhausen nach Antwerpen brachten. Das Beutegut war so umfangreich, dass schließlich 16 Frachtschiffe in einem Konvoi den belgischen Hafen verließen. Nun versagte aber die amerikanische Geheimhaltung des »Raketenklaus«. Zwischenzeitlich hatten die Engländer über ihre eigenen Quellen in Antwerpen von dieser Aktion Wind bekommen und umzingelten eines Morgens mitten auf der Nordsee die amerikanischen V-2-Transportschiffe mit einem Rudel englischer Kriegsschiffe. Die *Royal Navy* stellte die amerikanischen Kapitäne kurzerhand zur Rede und forderte von ihnen sofort die Übergabe von 50 Raketen. Zur gleichen Zeit brachten diplomatische Noten vonseiten der britischen Regierung die hohen Beamten des *State Department* in Washington in Bedrängnis. Die bedrohliche Situation, die zu einem Schusswechsel zwischen den verbündeten Marinen in der Nachkriegszeit zu führen drohte, wurde schließlich von den Engländern ohne Zugeständnisse vonseiten der Amerikaner abgebrochen, und die ganze Last der Transportschiffe konnte im Hafen von New Orleans ausgeladen werden. (188)

Es stellt sich die Frage, ob den Engländern durch diese Aktionen so nicht eine künftige führende weltpolitische Rolle genommen wurde.

Die Briten versuchten nun anscheinend, wenigstens Dr. Dornberger für ihre Zwecke auszunutzen. Die Idee versprach auf den ersten Blick Erfolg. Als Chef des Peenemünder Raketenprogramms und Stellvertreter von

Dr. Kammler wusste er über alles Bescheid! Der englische Major Redpath holte deshalb Mitte August 1945 Dr. Dornberger als Kriegsgefangenen in das Sonderlager für VIPs bei London. Allerdings begingen die Briten nun eine Ungeschicklichkeit. So wurde Dr. Dornberger nicht von Spezialisten interviewt und um eine Zusammenarbeit gebeten, wie es die Amerikaner in ähnlichen Fällen taten, sondern er wurde stattdessen von der britischen Untersuchungskommission für Kriegsverbrechen befragt. Ihm wurde angedroht, dass er als Ersatz für SS-Obergruppenführer Dr. Kammler vor das Nürnberger Tribunal gestellt werden sollte. Man bot ihm aber an, entlastende »Memoiren« zu schreiben, worauf Dr. Dornberger allerdings nicht einging.

Die Engländer beurteilten den ehemaligen Raketengeneral so, dass er extreme Ansichten über eine deutsche Weltherrschaft habe und auf einen Dritten Weltkrieg hoffe. (189) Von Zusammenarbeit bei der Errichtung eines möglichen englischen Raketen- und Flugkörperprogrammes war nirgendwo die Rede.

Man sah sich am Ende gezwungen, Dr. Dornberger 1947 wieder freizulassen, woraufhin dieser umgehend in die USA ging. Die Umstände der Freilassung sind unbekannt.

Zu dieser Zeit war das englische Interesse am ehemaligen deutschen Raketen- und Flugkörperprogramm bereits weitgehend erloschen. Geldmangel sowie fehlende Weitsicht bestimmter Fachleute und Politiker dürften hierbei die Ursache gewesen sein.

In den späten 1950er-Jahren entschlossen sich die Engländer doch noch, mit der »Blue Streak« eine eigene ballistische Rakete zu entwickeln. Sie verwendeten dazu Antriebstechnologie in Lizenz von *Rocketdyne* (USA), die in Konsultation mit Wernher von Brauns »Paperclip«-Team entwickelt wurde. Nach der Aufgabe des »Blue Streak«-Projekts diente das »German influenced engine« als erste Stufe des »Europa 1«-Satellitenträgers.

Wie sähe unsere Welt heute aus, wenn sich die Engländer in den entscheidenden Monaten und Jahren nach 1945 anders verhalten hätten?

»Wir haben die besseren Krauts«

Trotz der kriegsentscheidenden angloamerikanischen Fähigkeit, den deutschen Funkverkehr des für sicher geglaubten »Enigma«-Verschlüsselungsgeräts zu dekodieren, stocherten die westlichen Geheimdienste bis Kriegsende im Nebel, wenn es darum ging, wie weit die deutschen Erfindungen tatsächlich gediehen waren.

Umso mehr war man überrascht, als man nach der Eroberung Deutschlands erfuhr, was die Deutschen auf wissenschaftlichem Gebiet alles zu bieten hatten. Dabei ging es nicht nur um die bekannten V-1, V-2 oder Düsenjäger.

Um den teilweise jahrzehntelangen wissenschaftlichen Rückstand zu überwinden und sich das Wissen und Know-how der deutschen Erfinder zu sichern, schufen die Amerikaner das Geheimprojekt »Operation Overcast« (übersetzt: bewölkt, wolkenverhangen), das ab Kriegsende die Rekrutierung deutscher Wissenschaftler durch den amerikanischen Geheimdienst enthielt. Ab 1946 wurde dann der Begriff »Paperclip« (»Büroklammer«) für die Einbürgerung der Wissenschaftler in die USA und die Fortsetzung der »Operation Overcast« verwendet. Dennoch wird heute immer noch der Begriff »Operation Paperclip« für die Jagd auf die deutschen Spitzenwissenschaftler verwendet, obwohl dies eigentlich sachlich falsch ist.

»Paperclip« und »Overcast« gehörten zu den größten Unternehmen nach dem Ende des Zweiten Weltkriegs und waren mit Schwerpunkt darauf ausgerichtet, die Raketentechnik und Raketenwissenschaftler für die amerikanische Seite zu sichern, wobei man manchmal recht ungeschickt vorging. Das Problem war, dass sich die zuletzt benutzten Forschungseinrichtungen größtenteils auf dem Gebiet der künftigen sowjetischen Besatzungszone befanden und somit Gefahr liefen, dem russischen Machtkonkurrenten um die Weltherrschaft in die Hände zu fallen.

Angeführt von Wernher von Braun trafen die ersten deutschen »Overcast«-Wissenschaftler am 17. November 1945 in den USA ein und wurden im Januar 1946 nach Fort Bliss im US-Bundesstaat Texas in der Gegend von El Paso verbracht. Nicht weit davon befand sich in New Mexico das Testgelände »White Sands«. Dort waren bereits im August 1945 über 300 Eisenbahnwaggons mit in Europa erbeuteten und vor Engländern und Russen in Sicherheit gebrachten Komponenten der V-2-Raketen eingetroffen. Aber das war noch nicht alles: Jeder Eisenbahnabschnitt zwischen Beleine und El Paso war über eine Distanz von 210 Meilen voll von Bahnwagen, die für das US-Raketenprojekt bestimmt waren. Die Armee hatte darüber hinaus alle Tieflader-Lkw in Dona Anna County angemietet, um das Material weiterzubewegen. Die Herkulesaufgabe war innerhalb von 20 Tagen erledigt. Neben den 100 V-2 Raketen wurden 215 Verbrennungskammern, 180 Sets von Treibstofftanks, 90 Raketenendabschnitte, 100 Sets von Grafitrudern und 200 Turbopumpen antransportiert. Ohne die dazugehörigen Wissenschaftler konnte man mit dem aus der russischen Besatzungszone ungefragt entfernten Raketenmaterial nichts anfassen.

Der weit verbreitete Eindruck, dass die deutschen Raketen intakt in die

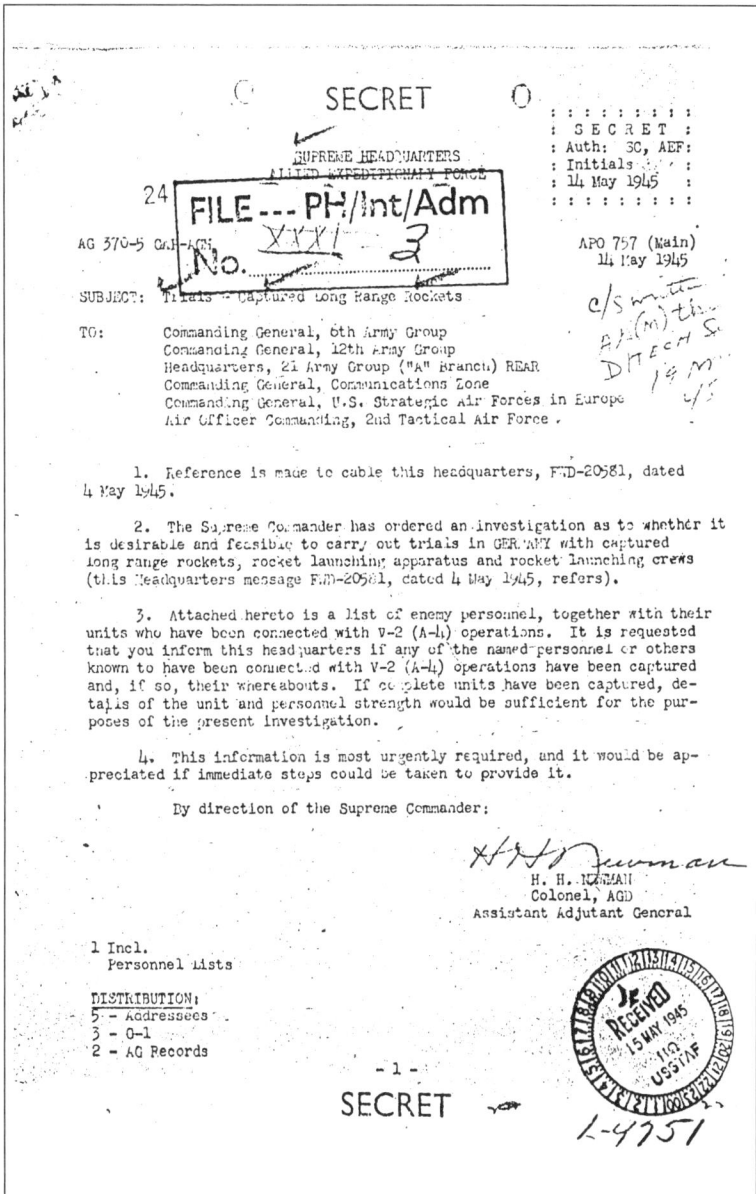

SECRET

SUPREME HEADQUARTERS
ALLIED EXPEDITIONARY FORCE

FILE --- PH/Int/Adm
No.

AG 370-5 GAP-AGM

SUBJECT: Trials - Captured Long Range Rockets

```
: : : : : : : :
: S E C R E T :
: Auth: SC, AEF:
: Initials       :
: 14 May 1945    :
: : : : : : : :
```

APO 757 (Main)
14 May 1945

TO: Commanding General, 6th Army Group
       Commanding General, 12th Army Group
       Headquarters, 21 Army Group ("A" Branch) REAR
       Commanding General, Communications Zone
       Commanding General, U.S. Strategic Air Forces in Europe
       Air Officer Commanding, 2nd Tactical Air Force.

1. Reference is made to cable this headquarters, FWD-20581, dated 4 May 1945.

2. The Supreme Commander has ordered an investigation as to whether it is desirable and feasible to carry out trials in GERMANY with captured long range rockets, rocket launching apparatus and rocket launching crews (this Headquarters message F.W-20581, dated 4 May 1945, refers).

3. Attached hereto is a list of enemy personnel, together with their units who have been connected with V-2 (A-4) operations. It is requested that you inform this headquarters if any of the named personnel or others known to have been connected with V-2 (A-4) operations have been captured and, if so, their whereabouts. If complete units have been captured, details of the unit and personnel strength would be sufficient for the purposes of the present investigation.

4. This information is most urgently required, and it would be appreciated if immediate steps could be taken to provide it.

By direction of the Supreme Commander:

H. H. NEWMAN
Colonel, AGD
Assistant Adjutant General

1 Incl.
   Personnel Lists

DISTRIBUTION:
5 - Addressees
3 - G-1
2 - AG Records

- 1 -
SECRET

L-4751

Dieses Dokument des Hauptquartiers der Alliierten, SHAEF, beweist, dass General Eisenhower gleich nach Kriegsende in Deutschland Tests mit erbeuteten Langstreckenraketen durchführen lassen wollte. Es sollte nicht dazu kommen, weil jede Siegermacht ihre eigenen Raketenpläne hatte.

USA verbracht wurden und bereits flugfähig waren, ist völlig irreführend. Keine der V-2 hatte die Reise über den Ozean in flugfähigem Zustand angetreten. Die Deutschen in den USA waren deshalb zuerst mit der Zusammensetzung der alten Raketenteile beschäftigt, die unternehmerische Leitung lag in Händen der *General Electric Company*.

Dann war es so weit: Von einer deutschen Steuereinheit gestartet, stieg am 16. April 1946 die erste V-2 Rakete mit der vom europäischen Kriegsschauplatz her bekannten weißen Rauchfahne »gefrorener Blitz« erfolgreich in den Himmel empor. Zwischen 1946 und 1952 wurden von den USA insgesamt 67 V-2-Raketen zusammengebaut und im Flug getestet.

Betrachtet man die Liste der Raketenstarts, entsteht unweigerlich der Eindruck, dass Wernher von Braun genau da weitermachte, wo er in Peenemünde 1945 mit der »Regener Tonne« kriegsbedingt aufhören musste. Die Nachkriegsexperimente enthielten eine Vergrößerung der Nutzlast, Fotoflüge aus der hohen Atmosphäre von der gekrümmten Erdoberfläche, zweistufige Versionen, Tierkapseln (mit Schimpansen) und den Abschuss der V-2 von Schiffen (»Operation Sandy«).

Das Titelbild des Faller-*Bausatzes zeigt den Test der in die USA verbrachten Beute-V2 in New Mexico.*

Nicht jede V-2-Erprobung funktionierte reibungslos ...

Daneben war für die USA wichtig, die Raketentechnologie der V-2 zu bewältigen. Dies war aber nicht so einfach, sodass erst in den späteren Stadien des Raketentestprogramms *General Electric* in der Lage war, Gyroskope, Computer, Servomotoren und Treibstoffleitungen von ausreichender Qualität herzustellen.

Bis zur Realisierung des Endstandes der deutschen Forschung bei Kriegsende im Jahr 1945 war es für die USA ein weiter Weg. Man war noch viele Jahre davon entfernt, Interkontinentalraketen wie die A-9/10 oder den Sänger-Raumgleiter mit Aussicht auf Erfolg realisieren zu können. Dies zeigten dann auch die blamablen Fehlschläge amerikanischer Technologie bei dem Versuch, eigenständig ohne Wernher von Braun einen Satelliten in die Erdumlaufbahn zu schießen. So geriet Amerikas erster bekannter Versuch, einen Erdsatelliten am 6. Dezember 1957 in den Weltraum zu befördern, zu einem Mediendesaster. Die »Vanguard«-Rakete, die den Satelliten in den Orbit transportieren sollte, stieg nur wenige Fuß hoch, fiel zurück und explodierte auf dem Startplatz. Das Unternehmen ging so in die Geschichte als »Kaputtnik« ein und führte dazu, dass man notgedrungen auf den bewährten Wernher von Braun und seine Mannschaft zurückgreifen musste. Binnen kürzester Zeit gelang es den »Krauts«, am 31. Januar 1958 »Explorer 1« als ersten US-Erdsatelliten in den Weltraum zu schießen. (190, 191, 192)

Dies war aber noch nicht alles. Schon 1959, während die Sowjets bereits insgeheim mit menschlichen Kosmonauten experimentierten, arbeiteten die verantwortlichen Stellen in den USA an dem alles entscheidenden Gegenschlag, und volle zwei Jahre, bevor Kennedy die Mondlandung zum nationalen US-Ziel ausrief, legten sich die NASA-Planer auf eine Landung auf dem Mond fest. Dies ist erstaunlich angesichts des Umstandes, dass erst am 20. April 1961 Präsident Kennedy bei seinem Vizepräsidenten Johnson anfragte, wo und wie die Sowjets in der Raumfahrt zu besiegen seien. Die Antwort auf diese Frage lautete, dass man eine exzellente Chance habe, die Sowjetunion mit einer bemannten Mondlandung zu schlagen.

Im Jahre 1960 wurde Wernher von Braun Direktor des *Marshall Space Flight Center* in Huntsville (früher *Army Ballistic Missile Agency*).

Er zeichnete so für die Startraketen aller bemannten Programme verantwortlich, während die Verantwortung für die bemannten Vehikel wie die »Mercury«, »Gemini« oder »Apollo«-Kapseln und die Landefähre der Amerikaner Bob Gilruth trug. Interessant ist das, weil Bob Gilruth ein Experte für ferngelenkte, unbemannte Flugobjekte war. Es würde hier zu weit führen, die These zu untersuchen, ob die USA dann wirklich am

20. Juli 1969 mit der von Wernher von Braun konstruierten »Saturn-V« das »Apollo 11«-Raumschiff auf dem Mond landen ließen oder ob das Ganze genauso wie die späteren Mondlandungen genial konstruierte Hollywood-tricks waren. Tatsächlich hatte Walt Disney schon früh in Wernher von Brauns USA-Karriere eine entscheidende Rolle bei der Durchsetzung seiner Weltraumideen gespielt. Die zahlreichen Merkwürdigkeiten des amerikanischen Mondprogramms sind bis heute nie zweifelsfrei ausge-räumt worden, und dass besonders Bildmaterial nachträglich hinzugefügt wurde, dürfte nachgewiesen sein. Das ist aber nicht die Schuld der »Krauts«.

Letztendlich wird die Klärung dieser Frage im Jahr 2008 (hoffentlich?) möglich werden, denn dann werden wir dank hoch auflösender Teleskope endlich wissen, ob die Amerikaner 1969 (oder später) wirklich auf dem Mond waren. Aufnahmen von den damals angeblich auf der Mondoberflä-che zurückgelassenen, drei bis vier Meter großen Resten der »Apollo«-Missionen zu machen wird dann leicht möglich sein, sofern nicht »etwas« dies verhindert.

Tatsache ist, dass ohne die deutschen Wissenschaftler das amerikanische Raumfahrtprogramm nicht möglich gewesen wäre und ohne Zweifel war Wernher von Braun sein eigentlicher Vater.

Auffällig ist allerdings, wie schnell Wernher von Braun und die Reste seines Teams nach dem Ende des angeblich so erfolgreichen »Apollo«-Programms von den USA abserviert wurden.

Nachdem ich in meinem Buch *Atomziel New York* nachgewiesen hatte, dass von Braun noch unter Hitler schon 1945 mit den EMW-A-10-Inter-kontinentalraketen experimentierte, die New York ab August 1945 in einen Haufen Asche verwandeln sollten, muss vermutet werden, dass diese – nach außen hin sechs Jahrzehnte lang verleugnete – Tatsache für die Nixon-Administration Grund genug war, den Mohren, den man nun nach dem Ende des »Apollo«-Programms nicht mehr brauchte, loszuwerden. Schweigen mussten Wernher von Braun und seine Crew über beides: Über das, was sie im Krieg wirklich getan hatten, und über das, was sie später nach 1945 für ihre neuen Arbeitgeber über dem Atlantik in den Weltraum schossen (oder gerade nicht schossen?). Am 16. Juli 1977 starb Wernher von Braun als enttäuschter Mann im Alter von 65 Jahren an Krebs.

Die Lücke, die er im US-Raumfahrtprogramm hinterließ, ist seither nicht mehr ausgefüllt worden, was immer dies bedeuten mag.

Zwei Wochen bevor Wernher von Braun 1972 plötzlich von allen NASA-Funktionen zurücktrat und einen Posten bei *Fairchild Industries* annahm, gab er dem *Time*-Magazin ein Interview. (193) Darin bezifferte er die Erde-

Mond-Entfernung mit »etwa 200 000 Meilen« und gab den Erde-Mond-Schwerkraft-Neutralpunkt mit 43 495 Meilen (vom Erdtrabanten entfernt) an.

Modernere Werke, wie das 1981 erschienene *Baker's Space Technology*, geben aber die Erde-Mond-Distanz mit 253 473 Meilen an. Und das 1989 publizierte Buch *Apollo 11 Moon Landy* beziffert die Distanz auf »etwas unter 250 400 Meilen«. 1996 nannte *Baker's Spaceflight and Rocketry* einen Wert von 253 475 Meilen für die Erde-Mond-Entfernung und gab für die Entfernung des Neutralpunktes 38 925 Meilen an.

Vor dem *Time*-Artikel von 1972 galt »offiziell« die alte Newton-Formel von einer Erde-Mond-Entfernung von 238 900 Meilen und einer Neutralpunktdistanz von 23 900 Meilen. Darauf beruhten die Berechnungen *aller* US-amerikanischen und russischen Mondsonden und Raketen. Wenn von Brauns Zahlen stimmten, wären alle früheren Mondmissionen entweder auf den Mond abgestürzt oder in den Weltraum abgeprallt. Telemetriedaten hätten den Wissenschaftlern in Ost und West aber bald die richtigen Zahlen geliefert, wie sie von Braun dann in *Time* veröffentlichte. Wenn seine Zahlen stimmen, können die »Apollo-Mondlandungen der Amerikaner aber niemals mit der offiziellen LEM-Mondfähre stattgefunden haben. Die Energie des LEM-Antriebs, der so schwach war, dass er nicht einmal Spuren auf der Mondoberfläche hinterließ, hätte niemals für einen Rückstart vom Mond ausgereicht, da nach dem *Time*-Artikel die Mondschwerkraft 60 Prozent der Anziehungskraft der Erde betragen würde.

Es scheint, dass von Braun anlässlich seines bevorstehenden NASA-Rücktritts der Welt mitteilen wollte, dass die »offizielle« NASA-Mondlandungsgeschichte nicht stimmt.

Als von Braun 1974 an Krebs litt, erzählte er Carol Rosin, seinerzeit Corporate Manager bei *Fairchild*, dass er ihr in den Jahren, die ihm noch blieben, das Spiel aufdecken wolle, das hier gespielt würde. Dieses Spiel gehe nur darum, den Weltraum zu bewaffnen, die Erde vom Weltraum aus zu kontrollieren und später den Weltraum selbst. Um diese Militarisierung des Weltraums durchzusetzen, würde »man« zuerst die Russen als Feinde herausstellen. Danach würden Terroristen als Gegner herhalten müssen und »Raue Dritt-Welt-Staaten«. Dies sagte von Braun 1974, und es fällt nicht schwer, hier eine Verbindung zu der modernen »Achse des Bösen« zu ziehen. Wie durch von Braun vorhergesagt, dienen nun »Teufelsländer« wie der Iran als Rechtfertigung für die Vorbereitung zum »Sternenkrieg«. Als nächste »Feinde« würden dann Asteroiden zur Stationierung von Weltraumwaffen führen, und als letzte Karte wurde der »extraterrestische Feind« in Reserve gehalten.

Von Braun habe Carol Rosin zu erkennen gegeben, dass er etwas wusste, vor dem er sich zu sehr fürchtete, um es zu erwähnen. (194)

Das Geheimnis von Projekt »Hermes«

Das »Hermes«-Projekt gilt heute als harmloses amerikanisches Raketenprojekt. Es handelt sich hierbei um das erste größere ballistische Raketenprogramm der USA in Fort Bliss, das durch Wernher von Braun und seine importierte »Paperclip«-Mannschaft realisiert wurde, wobei die Firma *General Electric* als industrieller Hauptauftragnehmer fungierte.
Eine verwirrende Vielfalt von Testvehikeln, Entwürfen und Plänen gehörte zum Projekt »Hermes«. So waren allein im Jahr 1950 vier Testsysteme von »Hermes« in der Entwicklung. Auf Basis deutscher V-2- und »Wasserfall«-Technologie sollten alle Phasen der Raketenforschung und -entwicklung im »Hermes«-Projekt zusammengefasst werden, um eine breite Basis zur Entwicklung von gelenkten Fernraketen in den USA zu schaffen.
Das offizielle »Factsheet« des White-Sands-Raketentestgeländes in New Mexiko beeilt sich aber zu erklären, dass die Herstellung von Gefechtsköpfen und Zündern nicht enthalten gewesen seien. Was soll hier verborgen werden?
Tatsächlich war die geplante Abschlussentwicklung der »Hermes« ein ballistischer Flugkörper für eine Nutzlast von 554 Kilogramm über eine Entfernung von 240 Kilometern. In den Jahren 1953/54 wurden sieben »Hermes« A-3A und sechs A3-B in White Sands gestartet, bevor das Programm offiziell 1954 eingestellt wurde.

In Wirklichkeit war geplant, aus der deutsch-amerikanischen »Hermes« eine Atomrakete entstehen zu lassen. (195) Ende 1949 plante die US-Armee, einen Uransprengkopf des »Geschosstyps« für diese Rakete herzustellen. Man wolle dazu den TX-8-Sprengkopf verwenden, der seinerseits eine Leichtgewichtsversion der Hiroshima-Bombe »Little Boy« darstellte.
In meinem Buch *Hitlers Siegeswaffen* (Band 1) habe ich bereits über die engen Zusammenhänge zwischen der TX-8-Bom-

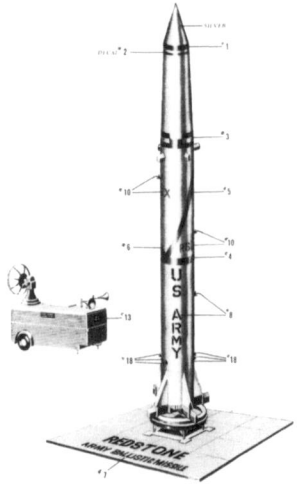

US-Army-»*Redstone*«-*Atomrakete, alias* »Hermes C-1«

Chrysler-»*Redstone*«-*Rakete auf einem seltenen Revell-Bausatz aus den 1960er-Jahren.*

be und deutschen Weltkriegsentwicklungen berichtet.

Mitte März 1951 schlug die US-Armee vor, Annäherungszünder der »Hermes«-Rakete für Atomwaffen des Typs W-5 zu verwenden. Der W-5-Sprengkopf war der erste für amerikanische Waffen benutzte Atomsprengkopf und sollte neben der »Hermes« auch für die »Rigel«- und »Matador«-Waffensysteme der USA Verwendung finden.

Die ersten TX-8-Atombomben wurden in größter Eile im März 1951 fertig, während der W-5 erst im Juli 1954 in Produktion ging.

Das *US Army Missile Center* in Redstone war damals das wichtigste Entwicklungszentrum für ballistische Flugkörper im Westen. Von ziviler Weltraumfahrt war keine Spur zu sehen!

Das erste Produkt aus Alabama war so die Atomrakete »Redstone«. In Wirklichkeit gehörte sie zum »Hermes«-Projekt – und sollte »Hermes C-1« heißen. Auf der deutschen V-2- und A-9-Technik basierend, war sie mit einer Trägheitslenkung ausgestattet und sollte eine nukleare Ladung transportieren. Im Juli 1950 konzipiert, flog die »Redstone«-Rakete erstmals am 20. August 1963 in Cape Canaveral.

Die »Redstone«- alias »Hermes«-Weiterentwicklung bildete den Grundstein zur »Jupiter-C«-Dreistufenrakete, mit der der erste zivile amerikanische Satellit in den Erdumlauf geschossen wurde. Mit einer anderen »Redstone« wurde nach offizieller Lesart im Mai des Jahres 1961 der erste US-Astronaut auf einer ballistischen Flugbahn in den Weltraum befördert. Obwohl die Weltraumversion der »Redstone«-Rakete nicht gerade als Beispiel für Zuverlässigkeit gelten konnte (von 35 Flügen waren immerhin 20 bis 1961 schiefgegangen), zeigt sich hier der eindeutige Zusammenhang zwischen der aus deutscher Kriegstechnologie hervorgegangenen ballistischen Entwicklung einer Atomrakete und der »zivilen« Weltraumfahrt.

Nur wenige Tage nach dem Flug fand in Washington eine triumphale Parade für den Astronauten Shepard und den amerikanischen Präsidenten Kennedy vor 250 000 Zuschauern statt. Dabei kam es nach den Worten der *New York Times* zu einem Jubel wie seit dem Ende des Zweiten Weltkriegs nicht mehr. Dass dieser nur durch deutsche Wissenschaftler und erbeutete deutsche Weltkriegstechnologie möglich war, gehört zur Ironie der Geschichte, über die man nicht gerne sprechen möchte.

Himmlers »Kartenspiel«: Gingen die Russen wirklich leer aus?

Aus heutiger Sicht scheint völlig klar, dass sich die Amerikaner mit deutscher Hilfe den Löwenanteil des Raketen- und Flugkörperprogramms des Dritten Reiches sichern konnten. Ist dies aber die ganze Wahrheit? Nach autobiografischen Angaben von Albert Speer zeigte Heinrich Himmler am 2. Mai 1945 trotz seiner fehlgeschlagenen Friedensbemühungen um ein separates Abkommen mit den Westmächten plötzlich ein unverständliches Selbstvertrauen und Zuversicht in seine eigene persönliche Zukunft.

Der von Hitler seiner Ämter bereits enthobene ehemalige Reichsführer-SS soll danach über ein, wie er es nannte, »Kartenspiel« verfügt haben, mit dem er mit den Siegermächten spielen wollte. Diese Karten würden nach Himmlers Worten, wenn sie in die richtigen Hände gerieten, den Japanern helfen, ihren Krieg im Pazifik zu gewinnen oder den Russen den Sieg im bevorstehenden unabwendbaren Weltkonflikt zwischen Ost und West erlauben. Die Sowjets sollten dazu Details über das Geheimnis des deutschen Weltraum- und Nuklearprogramms erhalten. (196)

Inwieweit die Sowjets Himmlers Material tatsächlich erhielten, ist bis heute nicht bekannt. Während sich die Amerikaner die wichtigen »offiziellen« Vertreter des deutschen Raketen- und Flugkörperprogramms wie Wernher von Braun, Dr. Walter Dornberger nebst Mitarbeitern, die Hauptproduktionsanlage in Nordhausen sowie wesentliche Dokumente sichern konnten, gelang es den Russen dennoch merkwürdig schnell – trotz fehlender eigener industrieller Basis –, das deutsche Raketenprogramm noch vor den technologiebegeisterten Amerikanern umzusetzen.

Ist dieser schnelle Fortschritt wirklich nur dem Zufall oder der Genialität der russischen Wissenschaftler zu verdanken?

Die Frau des späteren Verlegers Robert Maxwell fotografierte 1958 in Moskau anlässlich des »Internationalen Geophysikalischen Jahres« in ihrem Hotelzimmer von ihrem Mann (zu Spionagezwecken) ausgeliehene russische Originalakten und entdeckte, dass ab Seite 30 des 63-seitigen Manuskripts nicht wie angekündigt »Buchtitel« sondern deutsche Zeilen standen mit dem Titel: »Die deutschen Firmen, deren Einrichtung demontiert und zur Ausfuhr nach der Sowjetunion bestimmt sind«. Die Liste habe noch »by the Nazis themselves« (von den Nazis selbst) hergerührt. (197) Es ist bekannt, dass es in der SS einen starken »Linken Flügel« gab, der keinerlei Sympathie für die Westmächte hatte. Himmler und Dr. Kammler dürften hierüber im Bilde gewesen sein.

Sollte der deutsche »Handel« irgendeinen Sinn für die Nachkriegszeit haben, kann er aus heutiger Sicht nur darin bestanden haben, auch den Sowjets einen Anteil an Deutschlands Geheimwaffen zu übergeben, um eine totale technische Übermacht einer der großen Siegermächte über den Rest der Welt möglichst zu verhindern.

Himmlers Leute verfügten aufgrund ihrer Kontrolle über Deutschlands Geheimwaffen über entscheidende Kopien der Peenemünder Akten.

Einige Hinweise sprechen dafür, dass russische Einheiten dann auch in Prag (»Kammler-Gruppe«) nach Kriegsende den sogenannten »3. Satz« der in dreifacher Ausfertigung existierenden Peenemünder Zeichnungsunterlagen sichergestellt haben.

Das Schicksal des »2. Satzes« (den ersten erbeuteten die Amerikaner in Dörnten) ist ungeklärt. Wartet er heute noch in einem Versteck in den Alpen auf seinen Finder?

Auch menschliches Versagen war im Spiel. Jahrzehntelang wurde von den Amerikanern verschwiegen, dass am 12. Mai 1945 durch die Naivität eines US-Offiziers die ausgesuchtesten und wichtigsten Dokumente der »Kammler-Gruppe« mit den neuesten und langfristig wichtigsten großdeutschen Forschungsergebnissen an die Sowjets übergeben wurden. (198) Er hatte verhindert, dass drei immer noch getarnte Mitglieder der SS-Abwehrgruppe in Pilsen einen von ihnen mit den entsprechenden Kisten bereits beladenen Lkw wie geplant den Amerikanern übergeben konnten. Diese von der SS für ein späteres noch »größeres Großdeutschland« in Angriff genommenen Projekte verschafften der Sowjetunion einen jahrzehntelangen technologischen Vorsprung in Raumfahrt und Rüstung. Bis heute ist es schwer, das volle Ausmaß dieses groben Fehlers zu bewerten, da das offizielle Washington alle Versuche, diese beschämenden Vorgänge aufzuarbeiten, fast 50 Jahre lang nachdrücklich unterdrückt hat, bis es Tom Agoston gelang, diese Story zu veröffentlichen. Ein weiterer Teil der Kammler-Skoda-Unterlagen wurde noch vor dem Zusammenbruch des Dritten Reiches mikroverfilmt und die Negative wurden ausgelagert. Ihr Schicksal – immerhin beschäftigte sich die »SS-Forschungs- und Denkfabrik« in Pilsen mit den Geheimwaffen der zweiten Generation, Strahlenwaffen und der Anwendung des Nukleartriebs für Flugzeuge und Lenkwaffen – ist bis heute ungeklärt.

Wie sah es nun in Peenemünde aus, das am 4. Mai 1945 von der Roten Armee besetzt worden war? (187) Über Peenemünde wissen wir, dass am 1. Juni 1945 das sowjetische Raketentechnologie-Bergungsteam TsKB-1 auf der Halbinsel Usedom ankam, nachdem es sich schon seit dem 24. Mai 1945 in Berlin aufgehalten hatte. Dabei waren die Russen erstaunt über die Vielzahl der Raketen und Teststände, die sie in Peenemünde immer noch vorfanden. Obwohl sich russische Stellen nie genau geäußert haben, was sie dort entdeckten, deuten russische Nachkriegsberichte an, dass es sich hierbei um mehr als nur die V-2 gehandelt hat, von der zehn Stück von in Peenemünde verbliebenen deutschen Technikern für die Sowjets zumindest teilweise wieder zusammengesetzt werden konnten. (188, 189)
Auf jeden Fall dürfte klar sein, dass Peenemünde nicht – wie in der Nachkriegsliteratur oft behauptet wird – vor dem Einmarsch der Sowjets völlig zerstört wurde. Selbst das gigantische Kraftwerk lief immer noch, als die Russen einmarschierten.
Da den Deutschen dort eine vorherige Sprengung aller Anlagen ohne Probleme möglich gewesen wäre, taucht die Überlegung auf, ob die SS nicht, ähnlich wie bei der Übergabe der Raketenfabrik in Nordhausen an die Amerikaner, absichtlich darauf verzichtet hatte. SS-Obergruppenführer Dr. Kammler dürfte die unterbliebene Zerstörung Peenemündes sicher nicht übersehen haben.
Kommen hier Teile von »Himmlers Kartenspiel« zum Vorschein?
Genau wie im Fall der Übergabe der deutschen Geheimprojekte an die USA entstand aber bei den Nachforschungen des Autors der Eindruck, dass die Sowjets nur einen Teil der »Karten« aus dem Spiel Himmlers erhielten und dass einige der für sie vorgesehenen »Trümpfe« nicht (mehr) übergeben wurden, sondern stattdessen vernichtet oder versteckt wurden (siehe Abschnitt: Plan »Moskau IV«). So zerstörten Otto Skorzenys SS-Jagd-kommandos kurz vor dem Einmarsch der Russen sämtliche oberirdischen Überreste der Auer-Atomfabrik in Oranienburg, die den schweren US-Bombenangriff vom 15. März 1945 überstanden hatten.
Himmlers »Kartenspiel« war anscheinend schon nach den Eröffnungszügen mit einem für seinen Besitzer unglücklichen Ausgang zu Ende gegangen, ohne dass die Details über die Züge und Gegenzüge der »Spielpartner« bis heute offenliegen.

Plan »Moskau IV« – das russische
Gegenstück zur »Operation Paperclip«

Luigi Romersa berichtete in seiner zehnteiligen Artikelserie über Wernher von Braun auch über eine Begebenheit, die bis heute so gut wie unbekannt geblieben ist: den Plan »Moskau IV«. (199)

Seiner Meinung nach trägt diese wahre Geschichte alle Züge eines Romans. Das Ganze begann in der auf den Abwurf der Atombombe auf Hiroshima folgenden Nacht. Die Hauptfigur des Geschehens war ein Oberst namens Klimov. Klimov kündigte in dieser Nacht als Erster in Moskau an, dass er in der Siemens-Fabrik Arnstadt einige Kisten mit ungewöhnlichen Apparaten gefunden habe. Er verlangte deshalb die Abstellung von Technikern der Ingenieurabteilung der Armee und ließ die Kisten in einem Untergrundraum verstecken, der von bewaffneten Soldaten bewacht wurde. Als Stalin den Bericht des Oberst erhielt, benannte er eine Gruppe von Wissenschaftlern, die die Kisten aus Arnstadt untersuchten und dann behaupteten, es seien atomische Geräte und Teile von Motoren für ferngesteuerte Flugzeuge mit Reaktionsantrieb.

Darauf wurde sofort der Plan »Moskau IV« in Gang gesetzt.

Die Amerikaner und Engländer, die sich damals auch mit ähnlichen Nachforschungen und Ausplünderungen beschäftigten, seien dabei von der Geschwindigkeit der Russen überrascht worden.

Die Geheimboten des Plans »Moskau IV« durchquerten Deutschland in alle Richtungen, verhörten Tausende von Personen und durchwühlten deutsche Fabriken von vorne bis hinten, auch die, die man völlig in Trümmerhaufen verwandelt hatte. Die Ergebnisse waren hervorragend und die sensationellsten Entdeckungen kamen in Karlshorst, Thüringen, Erfurt, in den Büros von Telefunken in Jena, in Lauta, in den chemischen Anlagen in Leuwnen (bei Leuna?, Anmerkung Autor) sowie in den Junkerswerken in Dessau und Stassfurth zustande. Später wurden im Bezirk von Luben einige gemauerte Behälter gefunden, in denen die Deutschen riesige Mengen eines speziellen synthetischen Treibstoff gelagert hatten (…). In der Nähe von Heringen wurden in einem Bergwerk, in 100 Metern Tiefe, 70 Blaupausen geborgen, die kurz vor dem deutschen Zusammenbruch Himmler persönlich übergeben wurden; in Berlin Dalem (Dahlem?, Anmerkung Autor) wurden aus dem Keller eines Hauses einige Kisten voll mit Projekten von ferngesteuerten Projektilen und Atomwaffen herausgeholt (Labor Prof. von Ardennes?, Anmerkung Autor), und in Radelberg in der Nähe von Dresden (Radeberg?, Anmerkung Autor) wurden die Blaupausen von Flugzeugen mit Düsenantrieb, von Flugzeugen mit Raketenantrieb und von ferngesteuerten Flugzeugen entdeckt (...). Die Agenten des Plans »Moskau IV« machten in Zossen und Gutengorf (?, Anmerkung Autor) die sensationellste Entdeckung: Sie fanden das Projekt einer Rakete, um New York zu bombardieren. Die kolossale Flugbombe hatte eine Reichweite von fast 6000 Kilometer, enthielt sechs Tonnen Sprengstoff und 84 Tonnen Treibstoff bei einem Totalleergewicht von 16 Tonnen. Die Geschwindigkeit des Projektils wurde auf 23 000 Kilometer pro Stunde berechnet. Romersa fuhr fort, dass nach Berechnungen, die damals für kurze Zeit veröffentlicht wurden, die sowjetische »Sputnik«-Startrakete genau diese Geschwindigkeit erreicht hat.

Einiges aus Romersas Bericht ist heute allgemein bekannt, wie z.B. die Junkerswerke in Dessau und Stassfurth, während es in Leuna um die dortige Schwerwasserproduktion gegangen sein dürfte, die die Russen in der frühen Nachkriegszeit eine Zeit lang weiter aufrechterhielten.

Bereits die in der Nähe von Luben in speziellen gemauerten Behältern gefundenen großen Mengen eines speziellen synthetischen Treibstoffs geben aber Rätsel auf. Handelte es sich hier um den berühmt-berüchtigten N-Stoff Myrol oder einen anderen exotischen Treibstoff für neuartige Flugobjekte?

Das Bergwerk in der Nähe von Heringen wurde auch im *Harper's Magazine* in dem Artikel »Secrets by the Thousands« (Oktober 1946) erwähnt, als es um die amerikanische Ausplünderung des deutschen Patentamts ging. *Harpers* schrieb, dass das deutsche Patentamt einige seiner geheimsten Patente am Ende eines 1600 Fuß tiefen Minenschachts eingelagert hatte, über den Zylinder mit Flüssigsauerstoff gestapelt wurden. Als das amerikanische *Joint Intelligence Objectives Team* das Objekt gefunden hatte, war es zweifelhaft, ob die Patente geborgen werden konnten. Sie waren zwar lesbar, aber in so schlechtem Zustand, dass sie eine Beförderung an die Oberfläche aufgelöst hätte. Es sei dann gelungen, eine fotografische Ausrüstung, samt einer Besatzung, in den Schacht hinunterzulassen, der eine komplette Aufnahme der Patente gelungen sei.

Wie den Russen die Bergung der 70 Himmler-Patente gelang, ist genauso unbekannt wie die Frage, warum die Amerikaner diese vorher übersehen hatten.

Die Himmler-Projekte von Heringen sind möglicherweise Teil des vorher erwähnten »Kartenspiels« des Reichsführers-SS gewesen, die dieser bei seinen Verhandlungen mit den Alliierten verwenden wollte.

Tatsache ist, dass das erste rein russische Interkontinentalraketenprojekt R-3 (79 Tonnen Gesamtgewicht, 3000 Kilometer Reichweite) 1950/51 kläglich gescheitert war. Dies zeigt, dass auch die Russen ihre »Kaputtniks«

hatten. Anders als bei den Amerikanern blieb ihnen mangels TV-Übertragung eine weltweite Blamage aber erspart. Danach »warf der russische Raketenkonstrukteur Korolov einen Blick auf die deutschen Interkontinentalraketenkonzepte, einschließlich der A-9/10«. Dieser der sowjetischen Akademie der Wissenschaft zugeschriebene Satz beweist erneut, dass es außer der A-9/10 (die den Russen wegen der Stufentrennung technisch zu riskant erschien) weitere Interkontinentalraketenprojekte gegeben hat.

Rätselhaft ist auch das Großraketenprojekt von Zossen und Gutengorf. Handelte es sich hierbei um eine Version der EMW A-11, die Wernher von Braun bis 1947 fertig haben wollte, oder taucht hier ein bisher unbekanntes neues Projekt auf, aus dem die spätere russische Interkontinental- und Satellitenträgerrakete R-6 hervorging?

Die rote V-2

Das einzige Land, dem es nach dem Zweiten Weltkrieg gelang, selbst die V-2-Rakete herzustellen, war die Sowjetunion.

Unter Wiederinbetriebnahme alter Weltkriegs-2-Herstellungsstätten und unterstützt von Hunderten deutscher Techniker wurden im »Institut Rabe« in der Sowjetzone bis September 1946 bereits 30 V-2 Raketen zusammengebaut, in die Sowjetunion verfrachtet und auf dem Raketentestgelände Kapustin Yar östlich von Stalingrad erfolgreich getestet.

Die eigene Produktion in der Sowjetunion begann nach Überführung der deutschen Techniker im Jahr 1948. Nach einem ersten Fehlschuss der R-1A genannten »roten V-2« am 17. September 1948 gelang der erste

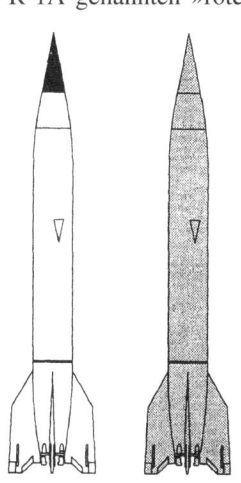

erfolgreiche Flug dieses Raketentyps am 10. Oktober 1948.

In den regulären Armeebestand wurde die Rakete am 28. November 1950 übernommen. Die weiterentwickelte R-2 mit einer Reichweite von 600 Kilometern flog im September 1949. Das erste Serienexemplar wurde im Juli 1953 fertig.

Stalin setzte die Einführung der R-1 und R-2 gegen starke Widerstände einflussreicher Armee-Marschälle nicht ohne Grund durch, wie weiter hinten noch zu zeigen sein wird.

Versionen der R-2: links Testversion, rechts Truppendienstversion mit Atomsprengkopf

Das Rätsel der 72. Brigade und die nuklear bewaffneten V-2-Kopien der Sowjets

Als erste russische Atomrakeeneinheit wurde nach offizieller Lesart die 72. Brigade im Jahr 1955 mit R-5-Raketen in Medved bei Novgorod gebildet.

In Wirklichkeit wurde die 72. Brigade bereits im Juli 1946 in der Sowjetzone aufgestellt. Warum wurde sie gerade in Deutschland formiert und dies zu einem Zeitpunkt, als auf Jahre hinaus noch weit und breit keine eigene sowjetische Rakete existierte?

Nach neueren russischen Angaben sollte die Brigade der sowjetischen Besatzungsmacht in Deutschland »bei der Bewältigung der V-2-Technologie« assistieren. Komischerweise wurde diese Einheit später dennoch nicht zur ersten russischen V-2 (alias R-1)-Einheit, wie dies logisch gewesen wäre. Stattdessen wurde dazu die 23. Garde-Spezialeinsatzbrigade des RVGK im Sommer 1950 herangezogen.

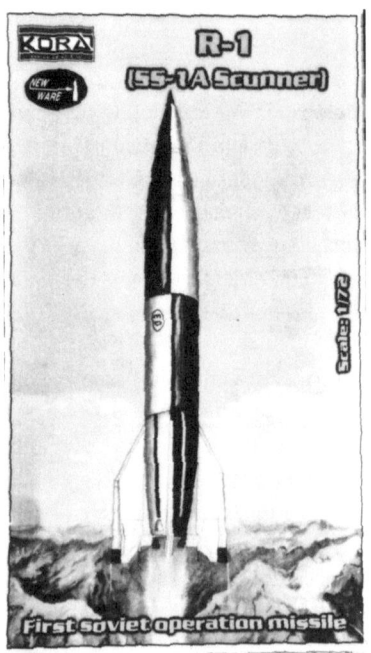

Russische Nachkriegsverwirklichungen der V-2 mit Nuklearsprengköpfen: R-1 (SS-1A »Scunner«), Quelle: Kora-Modellbausatz 003, und R-2 (SS-2 »Sibling«), Quelle: Kora-Modellbausatz 004

Es stellt sich deshalb die Frage nach den wirklichen Aktivitäten der 72. Brigade in Deutschland und Russland in den Jahren 1946 bis 1955. Wie bei Amerikanern und Franzosen dürfte es bei dieser Einheit um die Übernahme der deutschen Idee zur Montage von speziell adaptierten Atomsprengköpfen auf die V-2 gegangen sein. Erinnerungen an die ehemalige mysteriöse deutsche Artillerie-Abteilung 903 werden wach.

Während moderne sowjetische Quellen heute die R-5 als »erste Atomrakete« der Welt in den Vordergrund stellen, flog die erste nuklearadaptierte R-2 schon ein Jahr vor der R-5 mit einem nuklearen Attrappen-Testsprengkopf. 1956 wurde der Atomsprengkopf für die R-1- und R-2-Raketen offiziell in den Truppendienst übernommen.

Bis heute herrscht russischerseits Schweigen darüber, wenn es um genauere Details über die nuklearen R-1 und R-2 geht. Es wäre wohl zu peinlich zuzugeben, dass hier ehemalige deutsche Weltkriegspläne realisiert wurden. Zwischenzeitlich war man sich in der Nachkriegswelt einig, dass es nie ein deutsches Atomwaffenprojekt gegeben hatte.

Dr. Kammlers »Frankreich-Geschäft«

Frankreich befand sich bei Kriegsende in einem Dilemma. Massiv auf fremde – speziell amerikanische – Hilfe bei Armee und Wirtschaft angewiesen, tat sich das Land schwer, überhaupt in den Kreis der Sieger aufgenommen zu werden. Außerdem fühlte man sich unsicher und vor den Verbündeten in entscheidenden Fällen im Stich gelassen, wie Charles de Gaulle an Eisenhower schrieb: »(…) Wir haben auch nicht vergessen, dass die amerikanische Hilfe im Ersten Weltkrieg erst nach drei langen Kriegsjahren eintraf, die sich für Frankreich fast als tödlich erwiesen hätte. In den Zweiten Weltkrieg griffen die USA erst ein, als Frankreich bereits vernichtend geschlagen war (…).« (200) De Gaulle hatte zudem die Bombardements französischer Städte durch die Alliierten während der Invasion genauso wenig vergessen wie die Haltung der USA im Januar 1945 bei der deutschen Offensive im Nordelsaß. Auch hatten die Franzosen genau beachtet, dass die Engländer nach Kriegsende in einem Akt des Misstrauens die Reste der ehemaligen deutschen V-Waffen-Bunker von Mimoyecques (Hochdruckpumpe, HDP) und Wizernes (A-4, A-10) auf französischem Gebiet sprengten. Für de Gaulles Regierung war klar, dass die eigene militärische Unabhängigkeit mit deutscher Hochtechnologie wie Raketen und Atombomben geschützt werden konnte.

Eine Initiative vonseiten hoher SS-Leute kam da gerade recht. SS-Obergruppenführer Dr. Kammler nahm während des Krieges auch Kontakt mit den französischen Behörden im Hinblick auf den Transfer von Waffen und Plänen auf. Er versprach dabei, Adolf Hitler von sämtlichen Verhandlungen auszuschließen. (201, 202)

Gesprächspartner dürfte Prof. Henri Moureu gewesen sein, der spätere Chef der CEPA.

Die Details der Gespräche und ihr Ergebnis sind bis heute unbekannt. Betrachtet man die späteren Vorgänge in der Nachkriegszeit genauer, spricht viel dafür, dass SS-Obergruppenführer Dr. Kammlers deutschfranzösischer Transfer tatsächlich stattgefunden haben könnte.

Während der Löwenanteil der bekannten Wissenschaftler wie Dr. Wernher von Braun und sein Team sowie die Peenemünder Hauptakten in die Hände der USA gerieten, war der französische »Anteil« dennoch nicht gering. Insgesamt arbeiteten mindestens 123 bekannte deutsche Spezialisten ab dem Kriegsende in Frankreich an Großraketen. Es ist bemerkenswert, dass es sich dabei fast um die gleiche Anzahl von deutschen Raketenfachleuten handelte, wie sie jeweils auch für die USA und die Sowjetunion tätig waren.

War dies nur ein Zufall, oder sieht man hier die Hand von SS-Obergruppenführer Dr. Kammler?

Auch die Produkte der in Frankreich tätigen Deutschen konnten sich sehen lassen. Mit dem Projekt 4212 (Super-V-2) begann der ehemalige Peenemünder Heinz Bringer bereits ab 1946 die Vorarbeiten zu einer Boden-Boden-Rakete, die bei gleichen äußeren Ausmaßen und Formen wie bei der A-9 durch ein stärkeres Triebwerk von 40 Tonnen Schub eine Reichweite von 1500 Kilometern erreichen sollte.

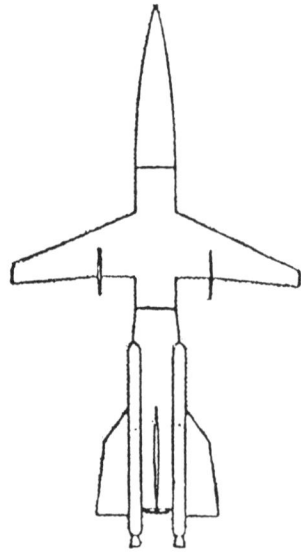

Das Projekt R2M

Ihre letzte Ausführung mit Gleitflügeln und zwei Starthilfsraketen sollte unter der Bezeichnung R2M eine Tonne Sprengstoff sogar bis auf 3600 Kilometer Entfernung transportieren.

Ein Überwachungsteam begab sich im November 1946 nach Algerien und wählte einen Platz in der Nähe von Colomb-Bechar für V-2- oder A-9-Flugtests aus. Aufgrund des zu geringen offiziellen Interesses französischer Stellen wurden diese Projekte, die amerikanischen und sowjetischen

Entwicklungen teilweise weit voraus waren, 1947 aufgegeben. Regierungschef de Gaulle war 1946 (vorerst!) abgelöst worden.
Zwischenzeitlich hatte der Kolonialkrieg in Indochina begonnen und drohte an Schärfe zuzunehmen. Für diesen Dschungelkampf brauchte man keine Hochtechnologieraketen, sondern eine Unmenge konventioneller Rüstungsmittel. Frankreich, dessen Wirtschaft völlig am Boden lag, konnte sich nicht beides leisten.
So verhinderte der Geldmangel im zerstörten Nachkriegs-Frankreich, dass aus Dr. Kammlers Frankreich-Geschäft ein großer Nutzen für die Grande Nation entstehen konnte.
Heinz Bringer blieb in Frankreich und schuf 1965 im modernen LRBA-Institut auf dem Plateau von Vernon den Flüssigkeitsraketenmotor »Viking« für die erste und zweite Stufe der Europa-Rakete »Ariane«. Ingenieur Bringer war stolz darauf, dass keiner der vielen »Ariane«-Fehlstarts durch das Versagen seines Motors verursacht wurde. Die »Viking«-Motoren wurden bis 1995 bei allen »Ariane«-Flügen eingesetzt und erst danach durch den neuen Raketenmotor »Vulcain« abgelöst.
Die deutschen Raketenwissenschaftler, die für Frankreich erfolgreich Satellitenträger sowie land- und seegestützte ballistische Atomraketen entwarfen, legten anscheinend ein ähnliches Verhalten an den Tag wie ihre ehemaligen Peenemünder Kollegen in den USA. So beschwerte sich der französische Kommandant in St. Louis, wo die Deutschen für die französische Regierung arbeiteten, dass die deutschen Spezialisten trotz französischer Kontrolle immer wieder Befehle aus Deutschland zu bekommen schienen. (203)

Der »Konkurrenz« weit voraus oder: nukleare Abschreckung und die französischen Raketenpläne 1947

Paris hatte das zweifelhafte Vergnügen, das erste Ziel einer ballistischen Rakete zu werden, als am 8. September 1944 gegen 11:00 Uhr morgens die erste V-2 in der Seine-Metropole einschlug.
Noch am gleichen Tag hatte sich Prof. Henri Moureu an der Einschlagsstelle der V-Waffe mit der Entschlüsselung des deutschen Raketengeheimnisses befasst. Später wurde er zum Direktor der CEPA (*Centre de Etude de Projectiles Auto Propulsés*) ernannt.
Behindert vom amerikanischen Verbündeten und mit lauwarmer Unterstützung der britischen Seite gelang es Prof. Moureu, ein schlagkräftiges deutsches Expertenraketenteam zusammenzustellen.

Außer einigen Teilen für zwei V-2, die ihnen die Amerikaner schließlich doch noch überlassen hatten, gelang es den Franzosen, in ihrer Besatzungszone zahlreiche kleine Werke zu entdecken, die sich während des Dritten Reiches mit der Produktion der V-2 beschäftigt hatten, wie den sechs Kilometer langen Tunnel von Dernau, wo eine Montagekette der Firma MAN für V-2 untergebracht war.

Schon im Sommer 1945 war für Prof. Moureu klar, dass die V-2 der ideale Träger für eine nukleare Sprengladung darstellte. Und bereits am 13. August 1945, sieben Tage nach Hiroshima, wurde ein entsprechender Vorschlag an das französische Oberkommando gerichtet.

Während Heinz Bringer seine verbesserte Super V-2 (Projekt 4212) mit einem 40-Tonnen-Triebwerk und einer Reichweite von 800 Kilometern für die Franzosen entwickelte, schlug Prof. Moureu am 17. Mai 1947 vor, dass Frankreich eine kleine Zahl von nuklear bewaffneten Raketen herstellen solle, die von nichts abgefangen werden könnten. (204) Er stellte dabei die »Theorie der Abschreckung« erstmals öffentlich vor.

Nach dieser Theorie sollte ein neuer Konflikt bereits im ersten brutalen Angriffsschlag durch einen Überraschungsangriff nuklearer Raketen auf ein Feindesland entschieden werden. Dabei sollten die Nervenzentren des feindlichen Landes von Nuklearwaffen verwüstet werden, die vorher auf abfangsichere Raketen montiert worden waren. Das so angegriffene Land würde nach einem nuklearen Erstschlag geradezu enthauptet sein, und allein die Drohung mit einem zweiten Angriff würde zu einer sofortigen Kapitulation des Feindes führen. Die aus der V-2 abgeleiteten Raketen seien genau für diesen Zweck entworfen worden.

In der Nachkriegszeit aus deutschen Teilen für Frankreich zusammengebaute »Atom V-2« mit M25-Zugmaschine (Projekt 1945–1947) (Modell: Georg)

Moureu verlangte für die Realisierung seines Projektes die damals enorme Summe von ungefähr 1,5 Milliarden Franken, um 30 V-2 herzustellen, zu testen und die nötigen Versuchsanlagen zu errichten.

Das deutsche Raketenteam in Frankreich hatte dazu bereits Quartier in Vernon bezogen und Bringer hatte die Versuche am 40-Tonnen-Triebwerk der A-4 wiederaufgenommen, von dem bereits in Peenemünde ein Prototyp existierte. Er kam dort noch bis zum Prüfstandstest, bevor der Krieg zu Ende war.

75 Prozent der für die 30 V-2 nötigen Teile wurden bereits in Frankreich gelagert. Größtenteils wurden sie von ehemaligen deutschen V-2-Fertigungsbetrieben in der französischen Zone nachgebaut.

Im Jahr 1947 wurde die Idee, 30 V-2 wiederherzustellen aus Mangel an Geld und wegen des Fehlens eines geeigneten Atomsprengkopfes aufgegeben. Dazu mag auch beigetragen haben, dass der führende Verfechter des Projekts, Prof. Henri Moureu, 1947 von den weiteren Forschungen ausgeschlossen wurde. Er war in den Verdacht geraten, ein kommunistischer Sympathisant zu sein, da er früher als Assistent von Frédérik Joliot-Curie arbeitete. Prof. Joliot-Curie war einer der bekanntesten Pioniere der Atomforschung! Obwohl französischer Patriot, hatte er während des Krieges auch enge Beziehungen zu deutschen Forschern, und es ist möglich, dass er einer der Kontaktpersonen Dr. Kammlers war.

Mit dem Jahr 1950 begannen die deutschen Raketenwissenschaftler Vernon wieder zu verlassen.

Heute sind Raketen zur nuklearen Abschreckung Teil der Militärdoktrinen von Amerika bis Israel geworden. Prof. Moureu propagierte diese Militärtheorie bereits 1947 – zu einem Zeitpunkt, als Frankreich noch viele Jahre von der Zündung seiner eigenen ersten Atombombe entfernt war. Die Trägerwaffe für die Bombe sollte aber bereits kurz nach Kriegsende in großer Eile zusammengebaut werden. Das heißt, dass die Franzosen schon im Sommer 1945 sehr genaue Vorstellungen von der Beschaffenheit und Funktionsweise einer solchen Kombination gehabt haben müssen. Da die Amerikaner zu diesem Zeitpunkt keinerlei Details über ihre Bomben an ihre ehemaligen Verbündeten mitteilten, bleibt erneut nur der Schluss, dass auch Prof. Moureu lediglich deutsche Kriegsideen verwirklichen wollte.

Deutsche Raketenforscher in »Down Under«

Auch Australien profitierte massiv von der deutschen Raketentechnologie. Der australische Nachkriegspremier Chifley gab im September 1949 in einer Rundfunkansprache zu, dass die Australien zugeteilte Beute von 6000 deutschen Industrieberichten und 46 deutschen Wissenschaftlern einen in Geld nicht zu berechnenden Wert besäße und dass dieser Anteil, der Australiens Lohn für die Kriegsteilnahme sei, für mehr als 100 Jahre reichen würde. (205)

Tatsächlich wurden unter Chifley und den folgenden Regierungen zwischen 1946 und 1951 nicht 46, sondern mindestens 127 deutsche Wissenschaftler mittels der »Operation Matchbox« (»Operation Streichholzschachtel«) importiert. (206)

Als diese Tatsache 1999 veröffentlicht wurde, war klar, dass noch heute bestimmte Namen und deren Arbeiten in Australien geheim gehalten werden. Der Inselkontinent war ja das große Labor, die Fabrik und das Testgelände, auf dem die Raketen und A-Bomben des *Commonwealth* entwickelt wurden. Australische Berichte sprechen davon, dass einige der deutschen Wissenschaftler die Sicherheitsfreigabe für die Waffenentwicklung und Raketenforschung in Woomera (Südaustralien) bekamen. Anders wäre das Ende 1946 gegründete Raketentestgebiet wohl kaum so schnell einsatzfähig geworden. Bereits am 22. März 1949 konnte die erste Rakete in Woomera abgefeuert werden. Veröffentlichte Bilder zeigen eine große Ähnlichkeit Woomeras mit der ehemaligen deutschen Raketenanlage bei Rudisleben (Thüringen).

Obwohl 127 deutsche Forscher in Australien tätig waren, druckte die Zeitung *Sydney Morning Herold* am 17. August 1999 nur die Namen von 32 der Spezialisten. Schon diese kleine, restriktive Liste enthielt führende Köpfe der Zukunftstechnologien Raketenbau, Computer und Atomphysik, sodass man die Dimensionen der Vorteile erahnen kann, die der Kontinent aus den Deutschen ziehen konnte.

Maos deutsche Raketentechnik

China und Peenemünde stellen auf den ersten Blick eine unwahrscheinliche Kombination dar. Das China Mao Tse Tungs hatte jedoch gegenüber Hitlers Raketentechnik eine große indirekte Schuld, auch wenn niemand heute daran erinnert werden möchte.

Schon bei Kriegsende war der führende Aerodynamiker der USA, der Sino-Amerikaner Tsien Hsioe-Shen, einer von zehn Topwissenschaftlern, die als Mitglied des »Projekt Lusty« direkt hinter den amerikanischen Linien das zerstörte Deutschland mit dem Auftrag betraten, nach Dokumenten und Führungspersonal der dem US-Programm um Lichtjahre überlegenen deutschen Luft- und Raumfahrttechnologie zu suchen. Schon am 5. Mai, also noch drei Tage vor der Kapitulation der deutschen Wehrmacht, interviewte Dr. Tsien Wernher von Braun und andere Mitglieder seines Teams. Daraus stellte Tsien seinem Furore machenden Report *Survey of developement of liquid missiles in germany and their future prospect* (zu deutsch: *Übersicht über die Entwicklung der Flüssigkeitsraketen Deutschland und ihre zukünftigen Aussichten*) vor, der die spätere Leitlinie der Raketenentwicklung in den USA darstellte. (207)

Unmittelbar nach seiner Rückkehr aus Deutschland fasste Dr. Tsien seine Ergebnisse auf einem 800-seitigen Bericht mit dem Titel *Jet Propulsion* (zu deutsch: *Düsenantrieb*) zusammen, der die geheime technische Bibel der Nachkriegs-Luft- und Raketen-Forschung in den USA war. Als 1951 China militärisch mit den USA im Korea-Krieg zusammenstieß, wurde Dr. Tsiens Loyalität zu Amerika in Frage gestellt. Nach einer Reihe von bis heute kontroversen Ereignissen wurde Tsien im September 1955 gegen amerikanische Kriegsgefangene ausgetauscht. Einmal in China, übernahm Dr. Tsien sofort die Führung der chinesischen Anstrengungen zur Entwicklung von ballistischen Raketen und Weltraumtechnologie.

Um diese Anstrengungen zu unterstützen, stimmte die Sowjetunion 1956 zu, China mit Raketentechnologie zu beliefern, und begann eine kleine Anzahl von R-1- und R-2-Raketen samt den zugehörigen technischen Unterlagen zu transferieren.

Die sich verschlechternden politischen Beziehungen zwischen China und der Sowjetunion verzögerten jedoch das Programm, sodass die beschränkte Herstellung der chinesischen Kopie der R-2 unter dem Namen DF-1 erst im Sommer 1960 beginnen konnte. Wie die »Redstone« wies die DF-1 Rumpfkeile zur Verbesserung der Zielgenauigkeit auf. Die DF-1 ist bis jetzt der letzte Nachkomme des Peenemünder Raketenprogramms. Jedoch sind die Raketen der »Langer Marsch«-Serie, die in China immer noch erfolgreich verwendet werden, direkte Ableitungen der deutschen Weltkriegs-2-Technologie, die über Dr. Tsien und die von den Russen gelieferten R-1 und R-2 ins Land kam.

»Weltherrschaftswaffe« oder ziviler Raumtransporter? – der Kampf um die Verwirklichung von Prof. Sängers Traum 1941 bis 2001

Wären tatsächlich spätestens 1946 Sänger-Siebel-»Orbitalbomber« des KG 200 in den Weltraum gestartet, wie es das *American Magazine* auf

Basis erbeuteter Unterlagen schrieb? Obwohl die Deutschen schon direkt am Prototyp arbeiteten, ist bis heute nicht einmal sein Bauvorschlagsheft erhalten geblieben.

Eine mögliche Antwort auf die Frage, wie weit man in der Entwicklung gelangte, bietet hier Prof. Sängers »Zwölf-Punkte-Programm«: Unter Punkt 7 seiner U. M. 3538 führte er die zwölf Punkte umfassenden Entwicklungspläne zur Realisierung seines Raketenbombers auf. Betrachten wir im Einzelnen, wie weit man in Bezug auf die aufgeschlüsselten Punkte gelangte:

1) *Entwicklung der Verbesserungskammer und Ausstoßdüse des Hauptmotors.*
Stand bei Kriegsende: Prüfstände seit 1941 fertig, fotografischer Nachweis vorhanden, dass Arbeiten am Haupttriebwerk 1942 schon im Gange waren.

2) *Entwicklung von Spezialtreibstoffen für die Raketenmotoren.*
Stand bei Kriegsende: Experimente durch Prof. Sänger bis 1945.

3) *Entwicklung der Hilfsmotoren für den Raketenbomber.*
Stand bei Kriegsende: Fotografischer Nachweis aus der Zeit vor 1942 vorhanden.

4) *Entwicklung eines voll funktionsfähigen Prototypen des Hauptmotors.*
Stand bei Kriegsende: fertig.

5) *Windkanaltests des Flugkörpers und Schleppversuche in der Luft.*
Stand bei Kriegsende: Erste Windkanalmodelle seit 1938 vorhanden, Schleppversuche in der Luft unbekannt.

6) *Konstruktion eines Prototypen des Flugkörpers.*
Stand bei Kriegsende: Prototyp im Bau oder Fertigstellung des Prototypen.

7) *Statische Tests des im Prototypen eingebauten 100-Tonnen-Raketenmotors.*
Stand bei Kriegsende: unbekannt.

8) *Entwicklung und Tests der Startschiene und der Abschussanlage.*
Stand bei Kriegsende: Verkleinerte Anlage im Test in Peenemünde, nach noch unbestätigten Berichten soll in den österreichischen Alpen eine Rampe im Entstehen gewesen sein. Schlittenraketenantrieb erfolgreich in Peenemünde getestet.

9) *Start und Landetests:*
Stand bei Kriegsende: nichts bekannt.

10) *Flugtests des Bombers.*
Stand bei Kriegsende: nichts bekannt.

11) *Navigationstests mit dem Sänger-Raketenbomber.*
Stand bei Kriegsende: nichts bekannt.
12) *Bombenabwurftests*
Stand bei Kriegsende: noch 1944 Expedition nach Grönland geplant.

Fazit: Bei Kriegsende war Prof. Sängers »Zwölf-Punkte-Programm« mindestens bis Punkt acht verwirklicht. Dieser Stand von 1945 wurde bis heute von niemandem übertroffen, denn selbst im 21. Jahrhundert existiert immer noch keine dem Sänger-Kriegsprojekt entsprechende Weltraumwaffe, obwohl es in Ost und West schon mehrere Anläufe dazu gab.
Den ersten Anlauf unternahmen die Russen. Die in Peenemünde gefundene Kopie der U.M. 3538 wurde sofort nach Moskau gebracht, übersetzt und in 100 Kopien im Zentralkomitee der KPdSU verteilt. (99)
Die sich damals in russischer Hand befindenden Peenemünder waren aber nicht in der Lage, ihren neuen Herren beim Sängerprojekt entscheidend weiterzuhelfen, denn zwei Jahre nach Kriegsende erließ Stalins Ministerrat am 18. April 1947 folgendes Geheimdekret: (208)
»Der Ministerrat der UdSSR ordnet an, dass eine Regierungskommission gebildet wird, um die wissenschaftliche Forschung von Flugproblemen im Hinblick auf mit Piloten bemannte Raketenflugzeuge und das Sänger-Projekt zu leiten und zu koordinieren. Die Kommission besteht aus Generaloberst Genosse Serow (Vorsitzender) (später Chef des Geheimdienstes und der Sicherheitskräfte, Anmerkung Autor), Ingenieur-Oberstleutnant Genosse Tokajew (stellvertretender Vorsitzender), Mitglied der Akademie Genosse Keldisch (Mitglied), Professor Genosse Kischkin (Mitglied). Die Kommission wird sofort nach Deutschland reisen, um ihre vorbereitenden Arbeiten aufzunehmen. Ein ausführlicher Bericht ihrer Arbeiten und erzielten Ergebnissen muss dem Ministerrat bis zum 1. August erstattet werden. Der Marschall der Sowjetunion, Genosse Sokolowski, wird hiermit angewiesen, der Kommission jede erforderliche Unterstützung zu gewähren.« (100)
Warum sah man sich veranlasst, eine so hochrangige Delegation ins besetzte Deutschland zu schicken, nachdem die Russen – ebenso wie die anderen Alliierten – bis dahin bereits sämtliche Geheimwaffenfabriken und Labors schon längst bis in die hintersten Winkel durchsucht hatten?
Es muss also allem Anschein nach im Jahr 1947 noch bisher vernachlässigte »Spuren« eines weiteren Programms gegeben haben.
Es ist sicher, dass die Sowjetunion dann an einer russischen Kopie des Sänger-Bombers gearbeitet hat.

Am 29. November 1946 wurde das NII-1-NKAP-Forschungsinstitut unter Leitung von M. V. Keldysh zum Nachbau des »Sänger-Bombers« gebildet. Zusätzlich zum 100-Tonnen-Triebwerk wollten die Russen eine weitere Version des »Sänger« mit zwei Staustrahltriebwerken an den Flügelenden ausrüsten. (Wir erinnern uns an Prof. Sängers rätselhafte Riesen-Lorin-Triebwerke vom Sommer 1944.)

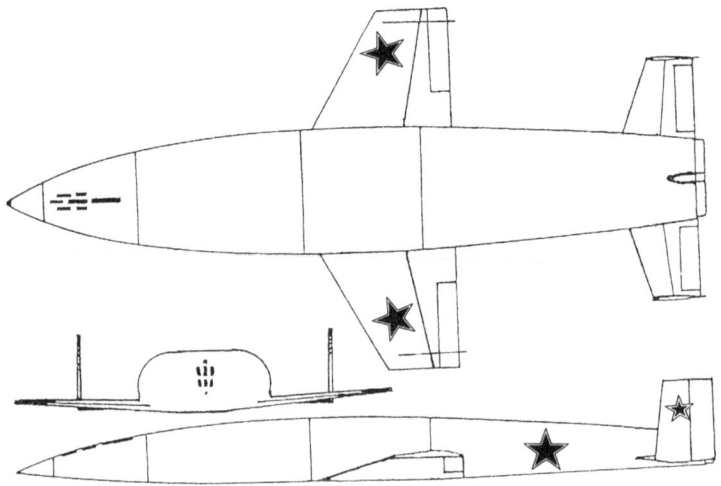

Russisches Nachkriegsprojekt zur Verwirklichung eines eigenen zweimotorigen »Sänger-Bombers«. Nur die Sowjets versuchten eine direkte Verwirklichung des Antipodenbombers. (Quelle: Bastion Moskau*)*

Angeblich sollen die russischen Bemühungen im Dezember 1949 wieder aufgegeben worden sein, da man nicht in der Lage war, die technischen Probleme in absehbarer Zeit zu lösen.

Ob dies stimmt, ist öfters angezweifelt worden. Über Flugtests von Prototypen wurde nie etwas bekannt. Die endgültige Wahrheit dürfte noch in russischen Geheimarchiven verborgen sein. (209, 210)

Höchstwahrscheinlich waren die russischen Bemühungen ohne die direkte Mithilfe von Prof. Dr. Sänger, der ab 1945 in Frankreich arbeitete, wohl von vornherein zum Scheitern verurteilt.

Die Russen hatten eine Zeit lang ernsthaft geplant, Prof. Sänger aus dem Westen mit Gewalt in die Sowjetunion zu entführen, nachdem ihre materiellen »Lockrufe« bei ihm ohne Echo geblieben waren. Josef Stalins Sohn Vasilli und der Agent Tokaev waren diesbezüglich 1947 nach Paris gereist. Prof. Sänger war mit der Mehrzahl des Führungsteams der DFS-Ainring, seiner Frau Irene und seinem führenden Mitarbeiter Graf Helmut von Zborowski ebenso in die Dienste der Franzosen getreten wie Oberst Siegfried Knemeyer (der sich später von den USA abwerben ließ). Ihr Einfluss auf die Nachkriegs-Luft- und Raumfahrt-Industrie der Franzosen kann nicht hoch genug eingeschätzt werden.

Wenngleich das Geld der Franzosen nicht zur Wiederaufnahme der Arbeiten am Sänger-Antipodenbomber ausreichte, gelangen schon 1957 die ersten Flüge der damals sensationellen Nord 1500 »Griffon II« mit kombiniertem Staustrahl/Düsentriebwerk – ein Projekt von Prof. Sänger. Sängers Mitarbeiter von Zborowski verwirklichte seinen – nicht weniger revolutionären – Senkrechtstarter »Coleopter«. Andere Schöpfungen des deutschen Wissenschaftlerteams in Frankreich waren die berühmten »Atar«-Düsentriebwerke und wesentliche Elemente des »Concorde«-Überschalltransporters, der bis vor Kurzem noch New York, London und Paris auf einzigartige Weise miteinander verband.

In der Nachkriegszeit wurde die Idee des Sängerschen Hemisphärenbombers im Westen zuerst kaum weiterverfolgt. Sie wurde wohl als zu revolutionär betrachtet. Stattdessen wurden die ehemaligen Raketenprojekte der EMW Peenemünde wieder aufgenommen. Erst bei deren Verwirklichung, also viel später, entstanden die »BoMi«- und X-20-»Dynasoar«-Projekte.

Dr. Dornberger – damals bei den amerikanischen *Bell*-Werken festangestellt – wollte Prof. Sänger dazu in die USA holen, aber der Professor lehnte, wie weiter vorn erwähnt, das Angebot seines Freundes aus der Kriegszeit ab. Er versuchte so, sein eigenes weiterentwickeltes Kriegsprojekt an die *US Air Force* zu verkaufen, aus dem das »Dyna Soar«-Vorhaben entwickelt wurde. »Dyna Soar« wurde aber dann kurzsichtigerweise vom US-Verteidigungsminister eingestellt.

Prof. Sängers ehemalige Prüfanlagen in Trauen hatten die Engländer bis 1948 für den Test von erbeuteten V-2-Triebwerken eingesetzt. Danach waren die meterdicken Teststände von ihnen gesprengt worden. Nach vieljähriger Pause erfolgte im September 1963 eine Wiederbelebung der Anlage durch die in Bremen 1961 gegründete Arbeitsgemeinschaft ERNO (Entwicklungsring Nord), die erneut Raketenprüfstände mit Entwicklungsbüros, Werkstätten und Treibstoffversorgungseinrichtungen in Trauen aufgebaut hatte. (211)

Zwischenzeitlich wollte dann in den 1960er-Jahren jemand errechnet haben, dass Prof. Sängers Antipodenbomber auf jeden Fall beim Wiedereintritt in die Atmosphäre verglüht wäre. Eine gute Entschuldigung für das jahrzehntelange eigene Versagen.

Nach den vergeblichen Versuchen in den USA und Russland fand die Idee des wiederverwendbaren geflügelten Raumtransporters von Prof. Sänger im Rahmen des nationalen Raumfahrtprogrammes der Bundesrepublik Deutschland eine Wiederbelebung.

Unter Zugrundelegung des ehemaligen Kriegsprojektes wurde ein zunächst einstufiges, später zweistufiges Transportsystem in Verbindung mit einer aufwendigen Triebwerkstechnik (Kombinationsantrieb) entwickelt. Es entstanden so drei Raumtransporterstudien von ERNO, Junkers (»Sänger I«) und MBB. Der plötzliche Tod von Prof. Eugen Sänger am 10. Februar 1964 war jedoch ein schwerer Schlag für die weitere Entwicklung der deutschen Raumtransporter. Was war geschehen?

Obwohl zwischenzeitlich wieder in deutschen Diensten, hatte Prof. Sänger wie viele ehemalige andere deutsche Kriegswissenschaftler Ägypten beim Aufbau einer eigenen modernen Luft- und Raumfahrtindustrie helfen wollen. Er soll dabei an folgenden, Israel mit radioaktiven Ladungen bedrohenden Raketen gearbeitet haben: »Al Zafar« (375 Kilometer Reichweite), »Al Kahar« (1000 Kilometer Reichweite) und »Al Raid« (ebenfalls 1000 Kilometer Reichweite). Nachdem er deswegen in Deutschland auf amerikanischen und israelischen Druck hin aus seinen Ämtern entlassen wurde, emigrierten Prof. Sänger und seine Frau nach Ägypten, wo er zum Chef des Raketenprogramms in der Nähe Kairos ernannt wurde. Außer seinem Job in Ägypten hielt Prof. Sänger aber auch noch Vorlesungen an der Freien Universität in Berlin. Dort ereilte ihn im Alter von 58 Jahren plötzlich der Tod durch eine Herzattacke. Die Gerüchte sind nie verstummt, dass es sich dabei um keinen natürlichen Tod gehandelt hat. Ägyptens Raketenprogramm kam dann prompt auch zum Erliegen ...

Auch ohne Prof. Sänger sah die wiedererwachte deutsche Luft- und Raumfahrtindustrie in der Verwirklichung seines ehemaligen Projekts ihre große Zukunftschance. Es war aber unklar, ob der immer noch nicht ganz souveräne Staat Bundesrepublik Deutschland die praktische Verwirklichung eines solchen Zukunftsprojektes überhaupt in Angriff nehmen durfte. Trotzdem gelang es bis 1967, diese technisch revolutionären Konzeptvorschläge auszuarbeiten. Es sollte sich jedoch herausstellen, dass die politische Rückendeckung zur Durchführung eines solch aufwendigen, aber wirtschaftlich vielversprechenden Zukunftsprojektes mangels Weitsicht der Parteien zunehmend nachließ. 1974 wurde es gänzlich eingestellt.

Die »Sänger I«-Raumtransporterstudien beeinflussten aber später den Entwurf des amerikanischen »Space Shuttle«.

In den Jahren 1987 bis 1995 wurde erneut von der Firma MBB an einem Leitkonzept für den zweistufigen Raumtransporter »Sänger II« gearbeitet.

Der vollständig wiederverwendbare zweistufige »Sänger II«-Raumtransporter sollte horizontal von einem normalen Flughafen in Europa starten und auch wieder auf ihm landen können. Bei der unteren Stufe sollte ein interkontinentales Hyperschallflugzeug verwendet werden. Als raketengetriebene Oberstufe hätte entweder ein bemannter »Horus«-Flugkörper oder ein unbemannter Lastenträger namens »Cargus« Verwendung finden können.

Der »Sänger II«-Raumtransporter hätte bereits in der Gewichtsklasse der Boeing B-747 Jumbo Jet gelegen.

Schnell stieß der deutsche Raumtransporterentwurf auf großes internationales Interesse und um die Chance auf eine führende Position der Bundesrepublik Deutschland auf diesem strategisch wichtigen Gebiet der Luft- und Raumfahrt zu wahren, wurde das Projekt im Unterschied zu »Sänger I« von der deutschen Regierung und dem Bundestag zuerst ausdrücklich unterstützt. Diese Unterstützung hielt aber erneut nicht lange an.

Obwohl sich bis dahin die grundsätzliche Realisierbarkeit des zweistufigen »Sänger II«-Hyperschall-Raumtransporters erwiesen hatte und beachtliche Fortschritte bei der Entwicklung seines Hyperschallantriebs erzielt worden waren, strich die Bundesregierung bereits 1994 wieder einen Teil der weiteren Finanzierung des »Sänger II« und bestand Ende 1995 auf der Beendigung des deutschen Hyperschall-Technologieprogramms. (208) Über die wirklichen Gründe, warum diese zukunftsträchtige Technologie in Deutschland nicht weiterentwickelt werden durfte, kann nur spekuliert werden.

Das MBB-Projekt »Sänger II«, hier als Militärversion mit »Cargus«-Lastenträger, musste 1995 auf Anordnung der Bundesregierung eingestellt werden. (Modell: Georg)

So wartet Dr. Eugen Sängers wiederverwendbares, suborbitales Raum-flugzeug bis heute auf seine Verwirklichung. Im Jahr 2000 nahm in den USA die Boeing X-43 A »Hyper Soar« ihren Flugtest auf. Bei der »Hyper Soar« handelte es sich um den erneuten Versuch, das Konzept von Prof. Eugen Sänger zur Entwicklung eines hypersonischen Weltraumgleiters und Atomwaffenträgers zu verwirklichen. (209)

Wird es im 21. Jahrhundert endlich gelingen, den wissenschaftlichen, wirtschaftlichen und militärischen Wert des Entwurfs von Prof. Sänger aus dem Jahr 1938 zu beweisen?

Das Endziel ist derzeit die Entwicklung eines suborbitalen amerikanischen »Space-bombers«, der aus einer Höhe von 60 Meilen mit 15-facher Schall-geschwindigkeit jedes Ziel der Erde angreifen können soll. Seine Bomben sollen wegen ihrer großen Auftreffgeschwindigkeit in der Lage sein, jedes Ziel ohne Sprengstoff zu zerstören (kinetische Bomben). Innerhalb von 90 Minuten würde dann die Maschine wieder an ihrem Ausgangspunkt landen. (211) Das, was hier von internationalen Zeitungen als letzte ameri-kanische Hochtechnologiewaffenentwicklung vorgestellt wurde (z. B. im *The Observer* am 29. Juli und in *El Mundo* am 30. Juli 2001), ist aber im Wesentlichen genau dieselbe Maschine mit der gleichen Bewaffnung, wie sie Prof. Sänger vor mehr als 60 Jahren konzipierte und wahrscheinlich noch vor Kriegsende als Prototyp fast (oder ganz) fertigstellte!

Mai 1945: Dummheit und Wut vernichten »Traummaschinen«

Die bekannten englischsprachigen Fachleute David Oliver und Mike Ryan schrieben in der Einleitung ihres Buches *X-Planes, Secret-Plans and Secret Missions* über die bekanntesten technologischen Zukunftprojekte des 21. Jahrhunderts: »Als sich die Alliierten im Jahr 1945 ihren Weg durch das verwüstete Dritte Reich bahnten, wurden futuristische Projekte in Heuschobern, Salzminen und künstlichen Höhlen entdeckt. Bei vielen wurde nicht erkannt, was sie bedeuteten, und sie wurden kurzerhand auf der Stelle zerstört. Es wird nie bekannt werden, wie viele deutsche ›Traum-maschinen‹ so für immer verloren gingen.« (212)

Schlussbetrachtungen

Mit dem Balkenkreuz zum Mond oder:
»Alles schon einmal da gewesen?«

Entweder wird von den Großmächten »Schwarze Welt«-Technik in riesigem Umfang verborgen gehalten oder es drängt sich der Schluss auf, dass alles, was wir heute aus der Luft- und Raumfahrt kennen, im Prinzip schon vor 1945 auf dem Reißbrett da gewesen ist.

Daran ändert auch nichts, dass man nach Kriegsende erbeutete deutsche Reißbrettentwürfe, Patente und Prototypen als »neu erfundene« amerikanische oder russische Technik ausgab.

Nach dem Technologiesprung während des Dritten Reichs scheinen die vergangenen Jahrzehnte keine wirklichen Entwicklungen neuartiger Aerospace-Geräte aufzuweisen. Was es an Fortschritten in Ost und West gab, beschränkt sich darauf, dass man stärkere Triebwerke, allgemeine Detailverbesserungen (Miniaturisierung) und leistungsfähige Computer verwendete.

Auch weiterhin sind die »neuen« Ideen die alten: So ist das geplante Raumschiff der NASA für das 21. Jahrhundert mit dem Namen »Orion« nichts anderes als eine moderne Version der »Apollo«-Kapsel aus den 1960er-Jahren mit ein paar Teilen des »Space Shuttle« in Verbindung mit einem J2-Triebwerk der antiken »Saturn«-Rakete Wernher von Brauns.

Im Jahr 2018 steht dann der vorläufige Höhepunkt des »neuen« »Orion«-Programms ins Haus: 50 Jahre nach der ersten Umkreisung des Mondes soll eine neuerliche (?) Mondlandung stattfinden.

Egal ob die Amerikaner 1969 wirklich mit Peenemünder Hilfe auf dem Mond waren – es wird auch diesmal immer noch nicht ohne die »Technik mit dem Balkenkreuz« gehen. – Vorwärts in die Vergangenheit!

Paradoxerweise spricht einiges dafür, dass die Wahrheit über die umstrittenen US-Mondlandungen der 1960/70er-Jahre durch die Deutschen bewiesen werden wird. Tatsächlich plant Deutschland als Vorbereitung einer europäischen bemannten Mondlandung, mit dem Kleinsatelliten BW 1 im Jahr 2010 eine komplette Karte der Mondoberfläche aufzunehmen. Böswillige Anhänger von Verschwörungstheorien werden sicherlich bald Wetten darauf abschließen, ob BW 1 mit seiner indischen Trägerrakete (die Zeiten haben sich geändert!) jemals heil sein Ziel erreichen wird.

Die »Zweite Militarisierung« des Weltraums als Nachfolger von Hitlers »Sternenkrieg«

»Wernher von Braun zielte mit seinen Raketen auf die Sterne, traf aber zufällig immer London.«
Das Dritte Reich konnte mit der Umsetzung seiner Weltraumwaffenpläne aufgrund des Zusammenbruchs von 1945 nicht mehr beginnen. »Star Wars 1947« wurde so zwar verhindert, aber die dahinterstehende Idee scheint auf die Siegermächte großen Eindruck gemacht zu haben.

Die Weltmächte USA und Sowjetunion fingen jedenfalls mit Hilfe deutscher Wissenschaftler Ende der 1950er-Jahre an, ihrerseits den Krieg im Weltraum vorzubereiten.

Dazu wurden Anti-Satellitenraketen, Weltraumnuklearsprengköpfe, Weltraumabfangjäger, Minenleger und bemannte Kampfstationen entwickelt und teilweise bereits im Flug erprobt. Selbst Kampfversionen der »Apollo«-, »Gemini«- und »Sojuz«-Kapseln wurden entwickelt. Die »Star Wars«-Planer der 1960er-Jahre schreckten nicht einmal davor zurück, eine militärische Rolle für die friedlichen LEM-Mondlandefähren einzuplanen! Seine große Manövrierfähigkeit sollte das Landemodul zum Abfangjäger feindlicher Raumschiffe und Satelliten geeignet erscheinen lassen.

Man muss deshalb davon ausgehen, dass, falls der Kalte Krieg in einen »heißen« Krieg übergegangen wäre, schon in den 60er-Jahren des 20. Jahrhunderts auch im Weltraum erbittert gekämpft worden wäre. Glücklicherweise bewahrte uns das Ende des Ost-West-Konflikts im Jahr 1991 vor der Verwirklichung der Fantasien eines Steven Spielberg!

Die Russen erprobten 1987 bereits den Verschuss einer Weltraumkampfstation mit dem Namen »Polyus«, die von einer »Energia«-Rakete in die Umlaufbahn getragen werden sollte. Neben rückstoßfreien NR-Selbstverteidigungskanonen sollte sie auch über nukleare Weltraumminen und Laserreflektoren verfügen. Die von einem schwarzen Anti-Radar-Schutzmaterial – auch dies eine ehemalige deutsche Erfindung – umgebene »Polyus« hätte innerhalb von sechs Minuten nukleare Sprengköpfe aus dem Orbit an jeden Punkt in den USA bringen können. (213)

Der erste Prototyp stürzte jedoch am 15. Mai 1987 – angeblich wegen eines defekten Leitsensors – in den Südatlantik. Staats- und Parteichef Michail Gorbatschow ließ dann das Programm stoppen.

Auch den USA gelang es zu einem noch unbekannten Zeitpunkt, eine orbitale DSP (Defense Space Platform) unter der Bezeichnung »Sky Station« als nuklear betriebene Kampfplattform in die Erdumlaufbahn zu schießen. Auch sie soll zum Transport von Atomwaffen geeignet gewesen sein. Als diese Nachricht 1999 bekannt wurde, war auch diese militärische Kampfplattform bereits in Gefahr geraten, bald abzustürzen. Was ist aus der »Sky Station« (und ihren potenziellen Nachfolgern) geworden?

Wie man unschwer erkennen kann, ist die alte Idee der deutschen Wissenschaftler zur Schaffung einer Weltraumkampfstation von den Großmächten des Kalten Krieges verwirklicht worden.

Das Fazit muss daher lauten: Das Wettrüsten geht weiter und höher. Gegenwart und Zukunft der Raumfahrt sind militärisch und atomar geprägt, also so, wie sie es auch schon in ihrer Vergangenheit waren.

Wie ein Hohn muss da die von den USA und der damaligen Sowjetunion gebilligte UN-Resolution 1884 vom 17. Oktober 1963 wirken, die ein Verbot des Einbringens von nuklearen oder ähnlichen Massenvernichtungswaffen in den Weltraum beinhaltet.

»Mond-Walt-Disney« auch auf der russischen Seite?
Eine der Merkwürdigkeiten um die erste Mondlandung kam aus dem östlichen Deutschland: Bereits am 22. Dezember 1967 hatte die DDR-Post Entwürfe für Briefmarken und Blocks anlässlich der ersten bemannten Mondlandung in Auftrag gegeben. Von vornherein war klar, dass hier aber nur die Sowjetunion gemeint sein konnte. Auch der Termin für den »Triumph der Sowjetmacht« stand schon fest: der 1. September 1970.

Warnung statt Nachwort
oder: die »Dritte Militarisierung des Weltraums«

Bedauerlicherweise versteckt sich hinter der zivilen auch immer die militärische Raumfahrt mit ihren ungeheuerlichen Möglichkeiten, über die man allerdings recht wenig hört.

Am Ende des Nürnberger Tribunales sagten Hermann Göring und Albert Speer übereinstimmend aus, dass die Gefahren für die Menschheit nicht auszudenken wären, wenn irgendjemand all die neuen Geheimwaffenentwicklungen jemals einsetzen würde, die das Dritte Reich geplant hatte. (214) Außer Dr. Kammler wussten diese beiden Männer sicherlich am besten unter den ehemaligen Führern des Dritten Reiches über die »Waffen, die es gar nicht geben durfte« Bescheid.

Unmittelbar vor seinem Selbstmord am 16. Oktober 1946 wies Göring in seinen Abschiedsaufzeichnungen nochmals auf einen künftigen »Krieg der Sterne« hin. Diese letzten Mitteilungen wurden vom damaligen Kommandanten des Gefängnisses beim Nürnberger Tribunal, Oberst Burton C. Andrus, unter Verschluss genommen. Sie sind bis heute nur teilweise freigegeben.

Der Inhalt der Warnung des ehemaligen Reichsmarschalls, die auf einen zerknüllten Zettel geschrieben war, wurde zwischenzeitlich aber trotzdem bekannt. Sie soll direkt an Winston Churchill gerichtet gewesen sein.

Görings »Abschiedsbriefe« wurden seinerzeit als so gefährlich eingestuft, dass ihre Veröffentlichung, so hieß es, eine vernichtende Wirkung auf die Besetzung Deutschlands (»disastrous effect on the ocupation«) haben würde. Man beschloss daher, dass »alle Kopien vernichtet und die Originale so lange geheim gehalten werden sollten, wie die alliierte Besetzung Deutschlands andauerte, wenn nicht noch länger«. (215)

Wie das Dritte Reich in den 40er-Jahren des letzten Jahrhunderts betrachten heutige Militärstrategen den Weltraum als »hochgelegenes Gelände« von entscheidender Bedeutung. Ballistische Langstreckenraketen, bemannte Raketenflugzeuge und Weltraumstationen sind heute ebenso in den Arsenalen der Großmächte existent wie Laser- und Partikelstrahlwaffen, an denen auf deutscher Seite bereits im Zweiten Weltkrieg herumexperimentiert wurde.

So ist in der 1996 von der amerikanischen *Air University* an der *Maxwell Air Force Base* in Montgomery, Alabama, erarbeiteten Mammutstudie *2025* ohne Umschweife zu lesen: »Der Weltraum ist der ultimative Höhengrund – ein Gravitationszentrum in jedem künftigen Konflikt. Wer auch immer hier das Sagen hat, und zwar auf jede Weise, der wird die künftige Kriegführung beherrschen.«

Besser hätten es die Deutschen im Zweiten Weltkrieg auch nicht ausdrücken können, nur waren sie keine Welthegemonialmacht ohne direkten Feind, sondern befanden sich im verzweifelten totalen Krieg gegen einen Gegner, der nichts weiter als Deutschlands bedingungslose Kapitulation forderte.

Ein »Krieg im Weltraum« klingt Anfang des 21. Jahrhunderts immer noch nach Science-Fiction. Tatsächlich fanden bisher angeblich noch keine Kämpfe außerhalb unserer Atmosphäre statt.

Amerikanische Kreise berichten aber, dass von russischer Seite während des Kalten Krieges versucht wurde, Spionagesatelliten der USA zu »blenden«, und im Jahr 2001 enthüllte der deutschstämmige Ingenieur Günter Wendt, dass der russische Geheimdienst KGB einst plante, die Mondrakete »Saturn-V« mit »Apollo-11« durch Radiowellen abstürzen zu lassen. Wendt, der als NASA-Direktor für die Sicherheit auf der Abschussrampe in Cape Caneveral zuständig war, arbeitete von 1967 bis 1989 für die amerikanische Weltraumbehörde und berichtete in seinem Buch *The unbroken chain* (zu deutsch: *Die ungebrochene Kette*), dass am 16. Juli 1969 vor der Küste Floridas als harmlos geltende Fischkutterboote des KGB operierten, die die »Apollo«-Elektronik mit Radiowellen lahmlegen wollten, um so einen Absturz herbeizuführen. Doch der Plan der Russen misslang, da der amerikanische CIA von der Aktion rechtzeitig vorher Wind bekommen hatte und die Amerikaner ein Gerät entwickeln konnten, das die gefährlichen Wellen zerstreute. Es habe auch noch ein zweiter Plan des KGB existiert, bei dem die Russen die »Apollo«-Kapsel nach der Wasserung samt Besatzung entführen wollten. Doch auch hier seien die Amerikaner schneller an der Kapsel im Pazifischen Ozean gewesen als die Russen. (216)

Als der amerikanische Eisbrecher *USCG »Southwind«* am 8. September 1970 als erstes US-Schiff nach dem Weltkrieg den russischen Hafen von Murmansk anlief, übergaben sowjetische Behörden den überraschten US-Seeleuten eine echte »Apollo«-Kommandokapsel! Sowjetische »Fischerleute« hatten die leere »Apollo«-Trainingskapsel BP-1227 vorher in der Bucht von Biscaya »gefunden« … (217)

Am 10. Oktober 1984 ließ der sowjetische Verteidigungsminister Ustinov

OUR DEFENSIVE MACHINES STOP FEW ATTACKERS

US-General H. A. P. Arnold warnte im US-Magazin Life *vom 19. November 1945 vor einem Weltraumkrieg. Seine auf deutsche Projekte zurückgehenden Ausführungen enthielten auch eine Zeichnung, auf der eine ballistisch anfliegende Atomrakete durch eine Antirakete im Weltraum abgefangen wird. Jahrzehnte später verkündete der scheidende Chef der amerikanischen NORAD, General Joseph W. Ashy, im Jahr 1996: »Es ist politisch sensibel, aber es wird passieren. Wir werden im Weltraum kämpfen.«*

Propagandaplakat aus dem 21. Jahr-
hundert: Zerstörung der USA durch
nordkoreanische Raketen

persönlich das US-»Space Shuttle« »Challenger« von der Hochenergielaser-Station »Terra-3« in Sary Sagan probeweise »beleuchten«. Diese Übung soll bei dem von den Sowjets wohl nicht zu Unrecht als potenziellen A-Waffen-Träger angesehenen »Space Shuttle« schwere Störungen bei Gerät und Besatzung verursacht haben. (218) Ob die Amerikaner Ähnliches gegen die russische Weltraumfahrt versuchten, ist unbekannt. Wer aber die Geschichte des Kalten Krieges kennt, dürfte nicht überrascht sein, wenn eines Tages herauskommt, dass solche Aktionen ebenfalls durchgeführt wurden.

Selbst nach dem Ende des Kalten Krieges ist absehbar, dass die führenden Großmächte weiter zum Krieg in der »Dimension Weltraum« rüsten. Damit sind aber nicht mehr nur die USA und Russland gemeint. Auch die Chinesen haben heute ihr eigenes »Star Wars«-Programm, sodass Militärexperten, wie der amerikanische Ex-Verteidigungsminister Rumsfeld, bereits von der Gefahr eines »Space Pearl Harbor« sprachen, also der drohenden Gefahr eines Überraschungsangriffs aus dem Weltraum. (219) Auffällig ist, dass das neue »Weltraum Pearl Harbor« hier von den gleichen Persönlichkeiten propagiert wird, die Derartiges schon vor dem 11. September 2001 als Chance für eine Beschleunigung des Machtzuwachses der USA propagiert hatten. Klammheimlich ließ die Bush-Administration im Oktober 2006 ein umfangreiches Papier an einem Freitag-Nachmittag ins Internet stellen, das den Vorrang der militärischen Interessen der Raumfahrt gegenüber wissenschaftlichen offen postulierte. Auch sollte Ländern, so hieß es in diesem Weißbuch, »die US-Interessen gefährden, der Zugang zum All verwehrt werden«. Rüstungskontrollvereinbarungen für das All wurden von der Bush-Administration ausdrücklich abgelehnt. Wen wundert es da, dass kürzlich ein US-Satellit »zufällig« von einem aus China kommenden Laserstrahl getroffen wurde?

Chinesische Militärexperten wie Wu Tianfu und Xu Nengwu haben dann auch bereits gewarnt, dass strategische Konfrontationen im Weltall in Zukunft nur schwer vermieden werden können. Es gebe Anzeichen, dass die Militarisierung des Weltalls jetzt schon nicht mehr aufzuhalten sei. Wegen ihres großen Lärms über die Dominanz im All erschaffe die USA so Rivalen und provoziere Konfrontationen, folgerten die zwei Autoren. (221) Auch die von »Schwellenländern« her drohende Gefahr eines Interkontinentalraketenbeschusses nimmt schnell zu. Glaubt man einer Meldung, die am 6. März 2003 im *Handelsblatt* zu lesen war, wurden in Alaska bereits Teile des Endstücks eines nichtscharfen nordkoreanischen Raketensprengkopfes gefunden. (220)

Dennoch erteilte die US-Administration in ihrem erwähnten Weißbuch allen Versuchen, den Rüstungswettlauf im All zu bremsen, eine brüske Absage. Man werde keine Abkommen unterzeichnen, die das amerikanische Raumfahrtprogramm einschränken, und wer versuche, die Interessen der USA im Kosmos zu durchkreuzen, werde gar »davon abgehalten« werden. Was darunter zu verstehen ist, gibt die Studie *2025* ohne Umschweife bekannt: »So würde jeder Angriff auf einen amerikanischen Satelliten, wie Kommunikations-, Militär-, Wetter-, Spionage- oder GPS-Satelliten (…) wie ein Atomangriff behandelt und daher unverzüglich mit einem nuklearen Gegenschlag beantwortet werden.« Außerdem müsse es für alle potenziellen Gegner der USA »schwierig« bleiben, in den wesentlichen technologischen Bereichen überhaupt in Konkurrenz zu den Vereinigten Staaten zu treten. (219)

Nachdem die Amerikaner in der Lage waren, den Kalten Krieg mit ihrer Geldmacht (Money Power) zu gewinnen, soll künftig die Erde monopolartig von den USA aus dem Weltraum heraus beherrscht werden, denn es könnte ja sein, dass durch gigantische Fehlspekulationen oder aufkommende neue Handelsmächte (China, Indien, Russland) die US-Geldmacht plötzlich versickert! Bei der traditionellen Bescheidenheit Washingtons wird wahrscheinlich nur durch Zufall vergessen gemacht, dass die neue radikale US-Weltraumpolitik immer noch auf Technologien basiert, die man in den 1940er-Jahren aus Deutschland »mitnahm« – und zwar fast kostenlos!

Literatur- und Quellenverzeichnis

1. Olaf Rose, *Julius Schaub – In Hitlers Schatten*, S. 23, 347, 353, Druffel, 2004.
2. Ron Miller, *The Dream Machines, A pictorial history of the Spaceship in Art, Science and Literature*, S. 236–237, 272, Krieger, 1993.
3. Guido Knopp, *History* (ZDF), 18. März 2001, »Mondflug«-Film im Dritten Reich.
4. Franz Kurowski, *Raketenpionier Arthur Rudolph, Geehrt – verfemt – rehabilitiert*, S. 28–29, Vowinckel, 2001.
5. Otto Skorzeny, *Meine Kommandounternehmen*, S. 155–158, Universitas, 1993.
6. Henry Picker, *Hitlers Tischgespräche im Führerhauptquartier*, S. 683, 2. Auflage, Propyläen, 1997.
7. Telefonische Mitteilung von K. Knaack an den Verfasser vom 24. Februar 2001.
8. Peter P. Wegener, *The Peenemünde Wind Tunnels, A memory*, S. 177, Yale University, 1996.
9. Bar-Zohar, *Die Jagd auf die deutschen Wissenschaftler*, S. 114–115, Ullstein, 1970.
10. Peter Ernst, *Der Weg ins All*, S. 56, 57, Motorbuch Verlag, 1988.
11. RG 38 (Chief of Naval Operations, Intelligence Division, Top Secret Reports of Naval Attachees 1944–47. Air Intelligence Report No 100-13/1-100 »Significant Developments and Trends in Aircraft and Aircraft engines, Antiaircraft Guided Missiles«, Formerly Entry 98C), Box II.
11A. Rainer Karlsch, *Hitlers Bombe*, S. 294–295, DVA, 2005.
12. Curtis Peebles, *Shadow Flights – Americas Secret Air War against the Sowjet Union*, S. 4–7, Presidio, 2000.
13. Paul Lashmar, *Spy Flights of the Cold War*, S. 40, 201–216, Naval Institute, 1996.
14. Renato Vesco, *Operazione Plenilunio*, S. 178, Mursia, 1972.
15. Edgar Mayer, Thomas Mehner, *Das Geheimnis der deutschen Atombombe – Gewannen Hitlers Wissenschaftler den nuklearen Wettlauf doch?*, S. 47–49, Kopp, 2000.
15A. Rainer Karlsch, *Hitlers Bombe*, S. 295, DVA, 2005.
16. Matthias Uhl, *Stalins V-2*, S. 122, 123, Bernard & Graefe, 2001.
16A. Albert Ducrocg, *Les Armes Secretes Allemandes*, S. 245, Berger-Levrault, 1947.
17. Hartmut E. Sänger, *Ein Leben für die Raumfahrt. Erinnerungen an Prof. Dr. Ing. Eugen A. Sänger*, S. 101, Stedinger, 2006.
17A. Renato Vesco, *Operazione Plenilunio*, S. 170, Mursia, 1972.
17B. Horst Lommel, *Luftfahrt History 2: Fieseler Fi-103 Reichenberg*, S. 34–39, Lautec, 2005.

18. GBI/Tech/319 (EE)-44U/4, Subject »Piloted V-1 for Ramming«, 23. May 1945 and 8. June 1945.

19. Horst Lommel, *Luftfahrt History 2: Fieseler Fi-103 Reichenberg*, S. 34–39, Lautec, 2005.

20. Manfred Griehl, *Heinkel He-111*, S. 285/286, Motorbuch, 1997.

21. David Myhra, *Arado Ar 234C*, S. 32, Schiffer, 2000.

22. Perry Biddiscombe, *The last Nazis*, S. 45, Tempus, 2000.

23. J. Miranda, P. Mercado, *Die geheimen Wunderwaffen des III. Reiches*, S. 57, Flugzeug Publikations GmbH, 1995.

24. Otto Skorzeny, *Wir kämpften, wir verloren*, S. 23, Cramer, 1978.

25. P. W. Stahl, *Geheimgeschwader KG-200*, S. 166/167, 1. Aufl., Motorbuch, 1977.

26. Steven J. Zaloga, *Target America, The Soviet Union an the Strategic Arms Race, 1945–1964*, S. 113, Presidio, 1994.

27. Daniel Velazco, Mitteilung vom 11. Februar 2001.

28. Horst Lommel, *Luftfahrt History 2: Fieseler Fi-103 Reichenberg*, S. 34, 39, Lautec, 2005.

29. Gordon Cooper mit Bruce Hendson, *Leap of Faith*, S. 153/154, Harper Collins, 2000.

30. Brian Ford, *Armas secretas Alemanas prologo a la astronautica*, S. 102, San Martin, 1975.

31. Horst Lommel, *Luftfahrt History 2: Fieseler Fi-103 Reichenberg*, S. 39, Lautec, 2005.

32. Botho Stüwe, *Peenemünde-West*, S. 790, Bechtle, 1995.

33. David Myrha, *Fieseler Fi 103R*, S. 42, Schiffer, 2001.

34. David Masters, *German Jet Genesis*, S. 100, Janes, 1982.

35. Dieter Herwig, Heinz Rode, *Geheimprojekte der Luftwaffe, Band II, Strategische Bomber 1935–1945*, S. 214–215, Motorbuch, 1998.

36. Fritz Hahn, *Deutsche Geheimwaffen 1939–1945, Flugzeugbewaffnungen*, S. 392/393, Erich Hoffmann, 1963.

37. David Myhra, *»Sänger«, Germans Orbital Rocket Bomber in World War II*, S. 18, Schiffer 2002.

38. Horst Lommel, *Junkers Ju 287*, S. 157–158, 164, Aviatic, 2003.

38A. Harry V. Martin, David Caul, »Mind Control«, S. 2, unter: www.beyondweist. com/.../Bruce_Waltons_The Underground_Nazi_Invasion_S.2; FSC-37 »Space Medecine Brauch of the Aerospace Medical Association-papers«, S. 2, www.libraries.wright.eda/special/manuscripts/FSC-3/htm.

38C. Harry V. Martin, David Caul, »Mind Control«, S.2, unter: www.beyondweist. com/ Bruce_Walton_The_Underground_Nazi_Nazi_Invasion_S2.htm; Strughold, H. Rectypes, »Oral History Interview«, 25. November 1974, USAF Maxwell Microfilmroll.

Hubertus Strughold, »Basic Environmental Problems Relating Man and the Highest Region of the Atmosphare as seen by the Biologist«, in: Clayton S. White: »Physics and Medicine of the upper Atmosphäre: A Study of the Aeropause. Related Altitudes at which human functional borders occure within the altitudes at which the various physical caracteritics of space

occure Albaquerque 1952«, via NASA internet pages; »Beginnings of Space Medicine«, unter: www.ng.nasa.govr/office/pao/History/ SP-4201/ch2-2htm.

39.   David Myhra, *DFS 228*, S. 100, Schiffer, 2000.

39A. C. Lester, »Secrets by the Thousands«, in: *Harper's Magazine*, S. 329, 1946.

40.   David Myhra, *DFS 228*, S. 100, Schiffer, 2000.

40A. Manfred Griehl, telefonische Mitteilung an den Verfasser vom 7. Dezember 2001.

40B. Andrej O. Alexandrov, Manfred Griehl, »Die geheime Entwicklung der DFS-346«, in: *Flugzeug*, Nr. 4/1991, S. 18–23.

40C. Hans-Ulrich Meier, *Die Pfeilflügelentwicklung in Deutschland bis 1945*, S. 357, 341, 445–446, Bernard & Graefe, 2006.

40D. Jean Cuny, »Les avions des combat francais 1944–1960«, in: *II-Chasse lourde, Bombardement, Assaut, Exploration*, S. 261–263, Docavia 30 Editions Lariviere, 1989.

42.   NBBS, Meldung vom 8. März 1945, via David Monagham am 8. März 2002.

43.   Au dela de Ciel, No. 8, »La Fusée Pilotée T«, S. 16–31, Juli 1958, zitiert in: GRP-Schrift *Rumored German Wonder weapons*, Report No. 1, 1997.

44.   Antonio Chover, Mitteilung an den Verfasser vom 19. Juli 2003.

45.   Dr. Felix Kersten, herausgegeben von Herma Briffault, *The memoirs of doctor Felix Kersten*, S. 256–258, Double Day, 1947.

46.   Renato Vesco, *Operazione Plenilunio*, S. 91, Mursia, 1972

47.   Dr. Felix Kersten, *The Kersten Memoirs,* Hutchinson, Mac Millan, Time-Life, 1956.

48.   Carter Plymton Hydrick, *Critical Mass*, S. 61, 1st Books library, 2003.

48A. Albert Ducrocq, *Les Armes Secrètes Allemandes*, S. 192–195, Berger-Levrault, 1947

49.   Steve Coates, J.-C. Carbonel, *Helicopters of the Third Reich*, S. 110–111, 115, Classic Publications, 2002.

50.   Guido-Gordon Henco, *Die phantastischen Erfindungen im Dritten Reich*, S. 71, Podzum-Pallas, 2004.

51.   Walter Dornberger, *V-2 – Der Schuss ins Weltall,* S. 245–249, Bechtle, 1995.

52.   Werner Buedeler, *Geschichte der Raumfahrt*, S. 268, Sigloch Edition, o. J.

53.   W. L. Heiberg, »Franz Peter« (Austrian), Germany-Inventions Rockets, 26. Oktober 1944, RG 38, Chief of Naval Operations – (No) Entry 98 C, Box 3, NARA.

53.   Bernd Henze, Gunther Hebestreit, *Raketen aus Bleicherode, Spuren der Vergangenheit*, Band 1, S. 36–37, 1. Aufl., H & H, 1998.

54.   Jürgen Michels, *Peenemünde und seine Erben in Ost und West*, S. 41, 42, 213, Bernard & Graefe, 1997.

56.   Renato Vesco, *Operazione Plenilunio*, S. 172, Mursia, 1972.

55.   Gerhard Reisig, »Raketenforschung in Deutschland, Wie die Menschen das All eroberten«, S. 728, in *Wissenschaft & Technik*, 1999.

57.   Hanns Schwarz, *Brennpunkt FHQ*, S. 16, 132, Arndt, 1998.

58.   Renato Vesco, *Operatzione Plenilunio*, S. 63–68, 77–82, 89–90, 95–96, Mursia, 1972.

59.   Friedrich Georg, *Hitlers Siegeswaffen*, Band 2, S. 218, 222, Amun, 2003.

60. Air Force Sbir OO 1 Topics, »AF 00-033 Advanced Integrated spacraft and lausch vehicle Technologies … inert monoatomic gases«, unter: www.acq.osd.mil/sadbu/sbir/solicitations/shir 001/afooh.hhh.

61. Werner Buedeler, *Geschichte der Raumfahrt*, S. 324–331, Sigloch, o. J.

62. Gerry Vassilatos, *Secrets of Cold War Technology*, S. 283–284, Bayside, 2000.

63. Leslie E. Simon, *Secret Weapons of the Third Reich, German Research in World War II*, S. 148, WE, 1972.

64. Renato Vesco, *Operazione Plenilunio*, S. 172–173, Mursia, 1972.

65. Luigi Romersa: »Wernher von Braun y la America del Futuro«, Teil III: »Visita a la zona prohibida des Arsenal de Redstone«, in: *Las Provincias*, 11. März 1959, S. 16.

66. Luigi Romersa: »Wernher von Braun y la America del Futuro«, Teil IV: »Técnicos y secretos cientificos alemanes, en poder de los rusos«, in: *Las Provincias*, 12. März 1959, S. 18.

67. Friedrich Georg, Thomas Mehner, *Atomziel New York*, S. 78–81, Kopp, 2004.

68. Dr.-X-Papiere vom 21. Januar 2001, 4. Februar 2001 und 21. Dezember 2003.

69. Antonio Chover, E-Mail an den Verfasser vom 12. April 2005.

70. Major Donald E. Keyhoe, *Aliens from space*, S. 154–163, Doubleday, 1973.

71. http:// roswell prof. homestead. Com/satellites.

72. Antonio Chover, E-Mail an den Verfasser vom 9. Mai 2005: Times-Recorder-23-11-1954.doc (1946 Whinte Starts).

73. Mark Wade, »German Full Pressure Suit«, unter: www.Astonautix.com, 2001.

74. J. Mirande, P. Mercado, »Pressure Suits«, in: *Reichdreams Databook 2002*, Selbstverlag, 2002.

75. Kristian Knaack, Brief an den Verfasser vom 12. Mai 2004.

76. Igor Witkowski, *Truth about the Wunderwaffe*, S. 260, European History Press, 2003.

77. Mark Wade, »Von Braun« – Third Stage Re-entry Vehicle«, S. 4, unter: www.astronautix.com.

78. Jürgen Michels, *Peenemünde und seine Erben in Ost und West*, S. 72, Bernard & Graefe, 1997.

79. Michael J. Neufeld, *The Rocket and the Reich*, S. 156–157, The Free Press, 1995.

80. Dokument »Escala a-10/A-4«.

81. CIOS Evalution Report 187 (10. July 1945): »Technische Akademie der Luftwaffe Bad Blankenburg ITH«.

82. J. Miranda, P. Mercado, *Die geheimen Wunderwaffen des III. Reiches*, S. 65, 75, Flugzeug Publikations GmbH, 1993.

83. Leslie E. Simon, *Secret weapons of the Third Reich*, S.146, WE, 1972.

84. Ron Miller, *The Dream Machines, A Pictorial History of the spaceship in Art, Science an Literature*, S. 313, Krieger, 1993.

85. Gordon Cooper mit Bruce Henderson, *Leaps of Faith*, S. 154, Harper Collins 2000.

86. Ron Miller, *The Dream Machines, A Picotrial History of the spaceship in Art, Science an Literature*, S. 313–314, Krieger, 1993.

87. »V-2 History«, unter: www.canadianarrow-com/V2 History, 2003.

88. »Canadian Arrow: Vehicle overview«, unter: www.canadianarrow.com/vehicle, 2003.

89. PMP A Escala, EMW A10/A4, Cat. No. 5073.

90. J. Miranda, P. Mercado, *Die geheimen Wunderwaffen des III. Reiches*, S. 73–80, Flugzeug Publikations GmbH, 1995.

91. Friedrich Georg, Thomas Mehner, *Atomziel New York*, S. 58–62, Kopp, 2004.

92. Dr.-X-Papiere vom 21. Januar 2001.

93. Dr.-X-Papiere vom 24. Januar 2001.

94. Dr.-X-Papiere vom 22. August 2002.

95. Albert Cucrocq, *Les Armes secrets Allemandes*, S. 192–195, Berger-Levrault, 1947.

96. German Research Project, Mitteilung vom 3. Mai 1999.

97. Klaus Peter Rothkugel, *Das Geheimnis der deutschen Flugscheiben*, S. 126–132, VDM, 2002.

98. Counter Intelligence Corps, Salzburg Detachment, United States Forces Austrial, Case No. S/Z/55, 4. August 1945.

99. Justo Mirando, *V. T. O. Interceptor*, Dossier No. 9, The Reichdreams Research Services, o. J.

100. Ebenda.

101. Dr.-X-Akte vom 15. Dezember 2003.

102. Scott Lowther, »1/72 Manned A-9«, PTM, Lakewood, o. J.

102A. David Myhra, *»Sänger« – Germany's Orbital Rocket Bomber in World War II*, S. 50–51, S. 111, Schiffer, 2002.

103. Dr.-X-Akte vom 15. Dezember 2003.

103A. Pravda Ru: Top Stories, 17:32, 4. Dezember 2001, »Gagarin was not the first Cosmonaut« in: http://english.pravda.va/main/2001/04/12.

104. Gordon Cooper, *Leap of Faith – An Astronauts Journey into the Unknown*, S. 153–154, Harper Collins, 2000.

105. George C. Marshall Space Flight Center, FOIA request # 2001-212, 17. Oktober 2001.

106. Mitteilung von Antonio Chover an den Autor vom 6. September 2005.

107. Hans-Peter Dabrowski, »Überschalljäger P13a und Versuchsgleiter DM-1«, *Waffenarsenal*-Band 102, S. 42–47, Podzun-Pallas, 1986.

108. Manfred Grichl, *Jet Planes of the Third Reich*, Volume I, S. 126, Monogram, 1998.

109. Rudolf Lusar, *Die deutschen Waffen und Geheimwaffen des 2. Weltkrieges und ihre Weiterentwicklung*, S. 150–151, J. F. Lehmanns, 6. Aufl., 1970.

110. Igor Wirkowski, *Truth about the Wunderwaffe*, S. 222, European History Press, 2003.

110A. Hartmut E. Sanger, *Ein Leben für die Raumfahrt, Erinnerungen an Prof. Dr. Ing. Eugen A. Sänger*, S. 57, Stedinger, 2006.

110B. Ebenda, S. 12, 13, 64.

284

111. Friedrich Georg, Thomas Mehner, *Atomziel New York, Geheime Groß-raketen- und Raumfahrtprojekte des Dritten Reiches*, S. 285–291, Kopp, 2004.

112. Robert Cornog (Übersetzer), *Über einen Raketenantrieb für Fernbomber*, C-84296, Wright-Patterson Technical Libary, 1952. Leider enthält diese in den USA freigegebene übersetzte Version der U.M. 3538 nur etwa ein Drittel der Seiten des deutschen Originals.

113. E. Sänger, J. Bredt, *Über einen Raketenantrieb für Fernbomber*, Deutsche Forschungsanstalt für Segelflug E.V.»Ernst Udet«, z. Zt. Ainring, Deutsche Luftfahrtsforschung, Untersuchungen und Mitteilungen Nr. 3538, Zentrale für wissenschaftliches Berichtswesen der Luftfahrtforschung, 1944. Über entsprechende Kontakte gelang es wenigstens, einige der fehlenden Seiten zu bekommen.

114. Igor Witkowski, *Truth about the Wunderwaffe*, S. 238, European History Press, 2003.

115. Aussage »Professor E.« vom 11. Oktober 1991 gegenüber dem Verfasser.

116. Heinz-Weibel-Altmeyer, *Hitlers Alpenfestung, Ein Dokumentarbericht*, S. 61–62, Eduard Kaiser, 1966.

117. Klaus-Peter Rothkugel, *Das Geheimnis der deutschen Flugscheiben*, S. 158, VDM, 2002.

118. Friedrich Georg, Thomas Mehner, *Atomziel New York, Geheime Groß-raketen- und Raumfahrtprojekte des Dritten Reiches*, S. 265–290, Kopp, 2004

119. Friedrich Georg, *Hitlers Siegeswaffen*, Band 1, S. 122–124, 161–165, Amun, 2000.

120. »Arche typical Engineering – Alex Tremulis: Saucer Designer«, unter: www.AFX.org.Tremulis.htm.

121. Col. D. C. Putt, USAF, »German Developments in the Field of Guided Missiles«, in: *SAE Transactions*, Volume 54, No. 8, 1946, S. 410–411.

122. D. C. Putt, »German developments in the field of guided missiles: an address before the SAE in New York, 07. March 1946«, Dayton, Ohio, Air Material Command, 1946.

123. Horst Lommel, *Vom Höhenaufklärer bis zum Raumgleiter 1935–45*, S. 101–107, Motorbuch Verlag, 2000.

124. Mark Wade: »Keldysh Bomber«, unter: www.astronautix.com, 9. Mai 2001.

124A. Manfred Griehl, *Jet Planes of the Third Reich*, Vol. II, S. 329, Monogram, 2004.

125. Ron Miller, *The Dream Machines*, S. 304, 322–324, Krieger, 1993.

126. Lt. Col. Charlton G. Strathy (7-115361), USAF Air Research and Development Command, 23. August 1957.

127. Manfred Griehl, *Jet Planes of the Third Reich*, S. 329, Monogram, 2004.

128. Helmut Hopmann, *Schubkraft für die Raumfahrt*, S. 74–77, Stedinger, 1999.

129. http://history.msfc.nasa.gor/special/rtfor95.htm.

129A. Charles R. Christensen, *A History of the Development of Technical*

Intelligence in the Air Force, 1917–1945, Operation Lusty, S. 189, The Edwin Mellan Press, 2002.

130. Werner Buedeler, *Geschichte der Raumfahrt*, S. 141, Sigloch Edition, o. J.

131. Friedrich Georg, Thomas Mehner, *Atomziel New York – Geheime Großraketen und Raumfahrtprojekte des Dritten Reiches*, S. 305–309, Kopp, 2004.

132. Werner Buedeler, *Geschichte der Raumfahrt*, S. 141–144, Sigloch Edition, o. J.

133. Rainer Eisfeld, *Mondsüchtig – Wernher von Braun und die Raumfahrt aus dem Geist der Barbarei*, S. 186–200, Stalling, 1996.

133A. Ernst Peter, *Der Weg ins All*, S. 15, Motorbuch, 1988.

133B. Friedrich Georg, *Hitlers Siegeswaffen*, Band 2 B, S. 226–235, Amun, 2004.

133C. Friedrich Georg, Thomas Mehner, *Atomziel New York*, S. 305–310, Kopp, 2004.

134. Olaf Rose, *Julius Schaub – In Hitlers Schatten*, S. 353, Druffel, 2005.

135. Georg Dyson, *Projekt Orion*, S. 200–202, Henry Holt, 2002.

136. C. B. Milikan, »Survey of German Ramjet Developments«, CIOS Target 6/124, CIOX XXX-81.

137. Antony L. Kay, *German Jet Engine and Gas Turbine Development 1930–1945*, S. 270–274, Airlife, 2002.

137A. Hermann Oberth, Hans Barth (Hrsg.) *Briefwechsel*, S. 242, Kriterion, 1979.

138. Ludwig F. Schmidt, BIOS: »Dipl. Ing. Kurt Speil«, Target No. C4/319 Main Interest: Rocket Fuels (Gr2), Interrogation Report No. 270, Ref. No. AIU/PIR/72, 10. April 1946.

139. Igor Witkowski, *Truth about the Wunderwaffe*, S. 206–207, European History Press, 2003.

140. Renato Vesco, *Operazione Plenilunio*, S. 127, Mursia, 1972.

141. George Dyson, *Project Orion, The true Story of the atomic spaceship*, S. 22–23, 93, 142, 242–243, 248, Henry Holt, 2002.

142. Friedrich Georg, *Hitlers Siegeswaffen*, Band 2A, S. 87–89, Amun, 2003.

143. Hartmut E. Sänger, *Ein Leben für die Raumfahrt, Erinnerungen an Prof. Dr. Ing. Eugen Sänger*, S.14, Stedinger, 2006.

144. Thomas Mehner: Mitteilung an den Verfasser, 10. März 2005.

145. Jan Oliver Löfken, »NASA will mit Kernkraft zum Mars reisen«, in: *Die Welt*, S. 31, 21. Januar 2003.

146. Holman W. Jenkins, Jr., »How to spell NASA revival: N-U-K-E«, in: *The Wall Street Journal Europe*, Thursday, 6. February 2003, A9; Renato Vesco, *Operazione Plenilunio*, S. 68–69, 92–93, Mursia, 1972; http://nuclear weapon archive.org/Nwf...96.html.

147. Renato Vesco, *Operazione Plenilunio*, S. 125–127, 148–149, Mursia, 1972.

148. CIOS Report XXXIII: »Opportunity Targets – The University of Leyden and the University of Amsterdam – Atomic Physics«, S. 73–74, H. M. Stationnary Office, 1945.

149. Igor Witkowski, *Truth about the Wunderwaffe*, S. 206–207, Books International 2003

286

150. Renato Vesco, *Operazione Plenilunio*, S. 126–127, Mursia, 1972.

151. Igor K. Butkevitch, Homepage, P. L. Kapitza Institute for Physical Problems, http://Kapitza.ras.ra/people/butkevit/homepage.html. The Pro-Nuclear Space Movement, Homepage, Pratt & Whitney Thermal Nuclear Rocket Engine Triton, http://www.nuclearspace.com.

152. Horst Lommel, *Vom Höhenaufklärer bis zum Raumgleiter, Geheimprojekte der DFS 1935–45*, S. 227, Motorbuch, 2002.

153. Werner Buedeler, *Geschichte der Raumfahrt*, S. 277, Sigloch Edition, o. J.

154. Renato Vesco, *Operzione Plenilunio*, S. 97–98, Mursia, 1972.

154A. Henry Stevens, *Hitlers Flying Saucers*, S. 130–135, Adventures Unlimited, 2003.

155. W. L. Heiberg, »Franz Peter (Austrian), Germany-Inventions-Rockets«, 26. Oct. 1944, RG38, Chief of Naval Operations-(NO) Entry 98C, Box 3, NARA.

156. Igor Witkowski, *Truth about the Wunderwaffe*, S. 238–289, Books International, 2003.

157. Henry Stevens, Mitteilung an den Verfasser vom 6. Juli 2005.

158. Friedrich Georg, *Hitlers Siegeswaffen*, Band 2, Teil A, S. 24, Amun, 2003.

159. Johannes Jürgenson, *Das Gegenteil ist wahr*, Band 2, S. 96–97, Argo, 2003.

160. Adrian Mahr, Brief an den Verfasser vom 2. April 2003.

161. Susanne Lips, *Fuerteventura*, S. 131–134, Dumont, 2000.

162. Carl Boyd, Akiluko Yoshida, *The Japanese Submarine Force in World War II*, S. 117, Naval Institute, 1995.

163. Joseph Mark Scalia, *Germany's last Mission to Japan*, S. 174, Naval Institute, 2000.

164. Ebenda, S. 299.

165. Peter Herde, *Der Japanflug – Planung und Verwirklichung einer Flugverbindung zwischen den Achsenmächten und Japan 1942–1945*, S. 232, Franz Steiner, 2000.

166. Joseph Mark S. Colin, *Germany's last Mission to Japan*, S. 208, US Naval Institute, 2000.

167. Carter Plymton Hydrick, *Critical Mass*, S. 302–303, 1st Books Library, 2003.

168. J. Richard Smith, Eddie J. Creek, *Me-262*, Vol. IV, S. 871, Classic Publ., 2000.

169. »Operation LUSTY report«, NASM-Filmrollen C.5098 und B/5537.

170. Tom Agoston, *Teufel oder Technokrat*, S. 45, Mittler, 1993.

171. Friedrich Georg: *Hitlers Siegeswaffen*, Band 1: *Geheime Nuklearwaffen des Dritten Reiches und ihre Trägersysteme*, S. 39–46, Amun, 2000.

172. Geoffrey Brooks, *Hitlers Terror Weapons*, S. 3, Leo Cooper, 2002.

173. Igor Witkowski, *Truth about the Wunderwaffe*, S. 280, European History Press, 2003.

174. Jürgen Schultz, »Mit Atombomben-Geheimnis 1945 auf Tauchfahrt nach Japan«, in: *Ostsee-Zeitung*, 20. August 1993, S. 21.

175. Volkhard Bode, Gerhard Kaiser, *Raketenspuren – Peenemünde 1936–1996*, S. 126, Bechtermünz Verlag, 1997.

176. Dokument »Jörg Kammler«, 1995.
177. Tom Agoston, *Teufel oder Technokrat? – Hitlers graue Eminenz*, S. 67, 68, Mittler, 1993.
178. Bernd Henze, Gunther Hebestreit, »Raketen aus Bleicherode«, in: *Spuren der Vergangenheit*, Band 1, S. 122/23, H & H, 1998.
179. Johannes von Buttlar, *Projekt Aurora, Geheime Technologien des 3. Jahrhunderts*, S. 116, V9S, 1999.
180. Hans-Ulrich Rudel, *Trotzdem*, S. 214–215, Neuauflage, KW Schütz, 1966.
181. David Monoghan, »Summary of some of the key documents at the PRO« – Mitteilung vom 16. Juli 2001.
182. Jürgen Michels, *Peenemünde und seine Erben in Ost und West*, S. 214, Bernard & Graefe, 1997
183. Public Records Office, Ref. FO 10211128.
184. Joseph P. Farrell, *The SS Brotherhood of the Bell*, S. 78–80, 424–425, Adventures Unlimited, 2006.
185. Antonio Chover: E-Mail an den Verfasser vom 21. März 2003.
186. Jürgen Michels, *Peenemünde und seine Erben in Ost und West, Entwicklung und Weg deutscher Geheimwaffen*, S. 194–201, Bernard & Graefe, 1997.
187. Dr. Olaf Przyhilski, *Spurensuche*, Band 10: *Das Geheimnis der deutschen Raketen und raketengetriebenen Fluggeräte*, S. 7, Podzun-Pallas, 2002.
188. Bar-Zohar, *Die Jagd auf die deutschen Wissenschaftler*, S. 118–120, Ullstein, 1970.
189. Michael J. Neufeld, *The Rocket and the Reich*, S. 269, The Free Press, 1995.
190. Gerhard Ortmeier, *Mehr als der 8. Mai 1945*, ära edition, S. 135–139, DWS, 2005.
191. WMR fact sheet: »V-2 Story«, Public Affairs Office, White Sands Missile Range, New Mexico.
192. Gerhard Wisnewski, *Lügen im Weltraum*, S. 73–79, Knaur, 2005.
193. Joseph P. Farrell, *The SS Brotherhood of the Bell*, S. 124–125, Adventures Unlimited, 2006.
194. Steven M. Greer, M. D., *Disclosure: Military and Government Witnesses Reveal the Greatest Secrets in modern History*, S. 255–256, Crossing Point, 2001.
195. *US Nuclear Weapons*, S. 179, 190–191, 221, Aerofax, 1988.
196. Tatsächlich wollte Himmler noch einen Tag vorher, am 1. Mai, zurücktreten oder Selbstmord begehen (Peter Padfield, *Himmler – Reichsführer SS*, S. 603, Cassell, 2001).
197. Joseph P. Fawell, *The SS Brotherhood of the Bell*, S. 119–120, Adventures Unlimited, 2006.
198. Tom Agoston, *Teufel oder Technokrat?*, S. 88–95, Mittler, 1993.
199. Luigi Romersa: »Wernher von Braun y la America del Futuro«, Teil IV: »Technicos y secretos Centificos alemanes, en poder de los rusas«, in: *Las Provincias*, 12. März 1959, S. 18.

200. Gerhard Ortmeier, *Mehr als der 8. Mai: 1945*, ära edition, S. 147, DWJ, 2005

201. Jürgen A. Michels, *Peenemünde und seine Erben in Ost und West*, S. 266–278, Bernard & Graefe, 1997.

202. Fereue A. Vajda und Peter Dancey, *German Aircraft industry and Production 1933–1945*, S. 104, SAE, 1998.

203. Joseph P. Parrell, *The SS Brotherhood of the bell*, S. 424–425, Adventures Unlimited Press, 2006.

204. Olivier Huwart, »Les héritages francais de la fùsee V2«, in: *Le Fana de l'Aviation*, No. 366, S. 53–37, Mai 2000.

205. Antonio Chover: E-Mail an den Verfasser vom 21. März 2003.

206. »Records found to show Australia hired Nazis«, unter: http://www.abc.net. au/7.30/stories/S44578.htm.

207. »German Diaspora«, http://astronautix.com/articles/gerspora.htm.

208. Reinhard Hauschild und Hellmut H. Führing, *Raketen. Die erregende Geschichte einer Erfindung*, S. 60, Athenäum, 1958.

209. Helmut Hopmann, *Schubkraft für die Raumfahrt*, S. 386–401, Stedinger, 1999.

210. David Oliver, Mike Ryan, *Warplanes of the future*, S. 171–172, MBI, 2000.

211. »Bush plans Space Bomber« – Information via Antonio Chover, 5. März 2002.

212. David Oliver, Mike Ryans, *Planes*, S. 7, Harper Collins, 2000.

213. Mark Wade, »Polyus«, »Asat« in: *encyclopedia astronautica*, unter: www.astronautix.com, 2000.

214 Tom Agoston, *Teufel oder Technokrat?*, S. 144, Mittler, 1993.

215. »Görings Letters«, in: *The Persicope, Newsweek*, 18. November 1946, Vol. XXVIII, No. 21.

216. Stefan Blatt, »Wollten die Russen Apollo-11 entführen?«, in: *Bild*, 31. Oktober 2001, S. 12.

217. Mark Wade, »Sovjets recovered an Apollo Capsule«, unter: www.astronautix.com.

218. Steven J. Zaloga, *The Kremlin's Nuclear Sword – The rise and fall of Russia`s Strategic nuclear Forces 1945–2000*, S. 205–206, Smithsonian, 2002.

219 »Rumsfeld II – The future defence secretary tells now to avoid a ›Space Pearl Harbour‹«, S. 8, *The Wallstreet Journal*, 15. Januar 2001; »Bush will Interessen im All verteidigen«, in: *Handelsblatt*, 19. Oktober 2006, Nr. 202, S. 7.

220. »US-Jet abgedrängt. Nordkoreanische Raketenteile in Alaska gefunden«, in: *Handelsblatt*, 5. März 2003, S. 5.

221. »China sucht im Weltall Konfrontation mit den USA«, in: *Die Welt*, 3. Juni 2008. S. 6.